新型工业固废基混凝土

王长龙 李 颖 蔡 红 肖建章 著

U0174094

科学出版社
北 京

内 容 简 介

针对大宗工业固体废弃物在水泥混凝土中的资源化,本书从以下五个方面展开研究与应用:粉煤灰矿渣高性能混凝土的制备、冶金渣制备高强度人工鱼礁混凝土、钼尾矿制备高强混凝土、金尾矿制备胶凝材料及其固氯机理和钒钛铁尾矿制备预拌混凝土,按照固废特性→活化特性→制备研究→性能研究→机理研究→应用研究的思路,搭建新型工业固废基混凝土研究框架,为解决固体废弃物混凝土中的技术瓶颈提供了参考,促进固体废弃物综合利用向高性能化、高值化良性发展。

本书适合高等院校矿业工程、土木工程和材料科学与工程及相关专业师生使用,也可供有关领域工程技术人员参考。

图书在版编目(CIP)数据

新型工业固废基混凝土 / 王长龙等著. —北京:科学出版社,2021.1
ISBN 978-7-03-066873-8

Ⅰ.①新… Ⅱ.①王… Ⅲ.①工业固体废物-应用-水泥-混凝土-制备
Ⅳ.①TU528.450.6

中国版本图书馆 CIP 数据核字(2020)第 222867 号

责任编辑:刘宝莉 罗 娟 / 责任校对:郭瑞芝
责任印制:吴兆东 / 封面设计:陈 敬

科 学 出 版 社 出版
北京东黄城根北街 16 号
邮政编码: 100717
http://www.sciencep.com

北京九州迅驰传媒文化有限公司 印刷
科学出版社发行 各地新华书店经销
*
2021 年 1 月第 一 版 开本:720×1000 B5
2024 年 1 月第三次印刷 印张:16 3/4
字数:338 000

定价:138.00 元
(如有印装质量问题,我社负责调换)

前　　言

人类文明的发展史是一部认识资源、掌控资源、利用资源的历史。资源综合利用水平既是科技文明发达程度的标志，又是国家对社会生态环境的长远责任。

近年来，随着我国国民经济的快速发展，大宗工业固体废弃物（简称固废）的产量迅猛增加并大量堆存，带来了土地、资源、环境、安全等一系列问题。开展大宗工业固体废物综合利用是节约利用资源，推动能源、资源利用方式根本转变，促进工业绿色转型发展，建设生态文明的有效手段，是节能环保战略性新兴产业的重要组成部分，是发展可持续产业、推进循环经济发展、实现资源枯竭型城市转型发展的潜力所在，是为工业又好又快发展提供资源保障的重要途径，也是解决工业领域资源处置不当与堆存所带来的环境污染和安全隐患的治本之策。

工业固体废弃物主要是企业在生产过程中产生的固体状、半固体状和高浓度液体状废弃物的总称，包括危险废弃物、冶金渣、粉煤灰、炉渣、煤矸石、尾矿、放射性废弃物和其他废弃物等 8 种。目前我国工业固体废弃物的产出情况大致为：尾矿 29%，粉煤灰 19%，煤矸石 17%，炉渣 12%，冶金渣 11%，其他废弃物 10%，危险废弃物 1.6%，放射性废弃物 0.4%，但从组成来看，尾矿、粉煤灰和煤矸石是三大主要固体工业废弃物。我国的工业固体废弃物有 95% 来自以下行业：矿业、电力、黑色金属冶炼及压延加工业、化学工业、有色金属冶炼及压延加工业、煤炭开采和洗选业、建筑材料及其他非金属矿物制造业、机械电子设备制造业等。

目前，我国大宗工业固体废弃物综合利用主要集中在建筑建材行业。水泥混凝土和新型墙材每年消耗的工业固体废弃物量占工业固体废弃物利用总量约 70%，水泥混凝土及制品产业已经成为大宗工业固体废弃物综合利用的最有效途径。从大宗工业固体废弃物综合利用制备水泥混凝土方面来看，替代水泥的系列化胶凝材料产品的技术相对成熟，但是对机理和耐久性方面的研究相对不足。目前我国在利用钢渣、粉煤灰、脱硫石膏、煤矸石、尾矿等大宗工业固体废弃物制备绿色无水泥熟料或少水泥熟料胶凝材料方面开展了大量的研究工作，成功开发出能够在建筑工程中应用的 C30、C40、C50、C60 预拌泵送高性能混凝土，广泛应用于道路,路面,砂浆,各种砖、砌块、混凝土预制件等领域。工业固体废弃物胶凝材料制备的混凝土硬化后综合耐久性指标比普通混凝土提高3～8倍,同时可以改变混凝土产业生产模式、简化工艺流程、减少环境污染、提高产品质量、显著降低生产和管理成本、提升企业盈利水平。但是对水化胶凝材料硬化机理方面的研究不够深入,制约了人们对工业固废基胶凝材料的认知。另外,对于大宗工业固体废弃物替代水泥混凝土骨料组分的研究还有待深入。水泥混凝土及其制品中还需要大量的砂石骨料,虽然大多数情况下固体废弃物只能是部分替代天然砂石,但数量仍然巨大。砂子是世界上仅次于水的第二大自然资源,全球每年近70%的砂子消耗在亚洲,仅中国在2011～2013年所使用的砂子就超过了美国20世纪整整100年的消耗量,砂石骨料的大量开采、大量使用,引发了砂石骨料资源的短缺,同时砂石骨料的大量开采对生态环境造成了严重的影响。因此,利用大宗工业固废,如尾矿砂、废石、煤矸石、粉煤灰、钢渣等制备粗细骨料大有可为。根据各种固体废弃物的不同特性制备的粉体材料,可在混凝土中作为性能调节型材料(改善胶凝性、提高密实性、改善工作性、提高耐久性等),一些工业固体废弃物已经成为实现混凝土某些性能不可或缺的功能和结构组分。虽然随着建材工业的结构调整和水泥强度要求的提升,32.5等级复合硅酸盐水泥逐步被取缔,工业固体废弃物作为掺合料的比例有所下降,但42.5及以上等级水泥的平均利用废渣比例仍可维持在20%。目前,大宗工业固体废弃物在水泥混凝土中资源化利用的潜力并没有完全被挖掘和利用,一些高性能化和高值化利用的技术路线和创新缺乏创意,从而制约了大宗工业固体废弃物在混凝土中的应用。

本书从大宗工业固体废弃物制备绿色胶凝材料及其在混凝土中的应用展开系列研究,包含大宗工业固体废弃物中的粉煤灰、矿渣、钢渣、钼尾矿、金尾矿、铁尾矿等,形成固体废弃物水泥混凝土建材化的研究框架,突破工业固废基混凝土的关键技术,对促进我国发展循环经济以及建设资源节约型社会具有重要意义。

河北工程大学王长龙负责全书的内容结构设计及统稿工作。撰写人员分工如下:第1章由河北工程大学完成(撰写人员:王长龙),第2章由北京科技大学完成(撰写人员:李颖),第3章由河北工程大学和中国水利水电科学研究院共同完成(撰写人员:王长龙、蔡红),第4章由中国水利水电科学研究院完成(撰写人员:肖建章),第5章由中国水利水电科学研究院完成(撰写人员:蔡红、肖建章)。

本书提炼了国家重点研发计划(2017YFC0804607)、中国博士后科学基金(2015T80095、2015M580106、2016M602082)、河北省自然科学基金(E2018402119、

E2020402079)、固废资源化利用与节能建材国家重点实验室开放基金(SWR-2019-008)、河北省教育厅科研计划(ZD2016014,QN2016115)、陕西省尾矿资源综合利用重点实验室(商洛学院)开放基金(2017SKY-WK008)等项目的研究成果。

　　特别感谢中国水利水电科学研究院流域水循环模拟与调控国家重点实验室和固废资源化利用与节能建材国家重点实验室对本书出版的资助。

　　由于作者水平有限,书中难免存在不足之处,敬请读者和专家批评指正。

目　　录

第 1 章　粉煤灰和矿渣超细矿物掺合料制备及其在高性能混凝土中的应用

1.1　研究背景及意义

混凝土是建筑结构中应用最广泛的建筑材料,而高性能混凝土的发展应用为特殊建筑结构和大型建设工程提供了材料上的保障,因此高性能混凝土的利用率在不断提高[1]。高性能混凝土是一种新型的建筑材料,它代表着混凝土的发展方向,也标志着混凝土建筑材料的耐久性及其他性能得到了大幅度的提高[2]。高性能混凝土将水、骨料和外加剂等混凝土组分材料的潜力进行充分挖掘,使其生命周期远超于普通混凝土。由普通混凝土的应用经验可知,混凝土在恶劣环境下的过早老化和变质,推动了混凝土耐久性的发展[3,4]。高性能混凝土耐久性的生产涉及适当选择组分及各组分的配合比,以产生一种主要特征为孔隙率和细孔结构极低,能有效防止有害物质(如氯和硫酸根离子、二氧化碳、水和氧气)的渗透,并以此增强混凝土的耐久性。耐久性是高性能混凝土工程设计的主要目标。高性能混凝土的特点是:低水胶比、添加减水剂和额外使用足够数量的改善及减小基体体系孔隙率的矿物掺合料(如粉煤灰、矿渣粉、硅灰、高岭土、石灰石粉、稻壳灰等)[5,6]。

矿物掺合料已经成为高性能混凝土不可或缺的重要组分,超细矿物掺合料是一种微粉末,比表面积大。这些超细矿物掺合料的掺入对新拌混凝土的流变性和成型混凝土的耐久性有很大影响[7]。除具有普通磨细的矿物掺合料的基本效应外,超细矿物掺合料对混凝土的性能有特殊作用。例如,在填充性方面,超细颗粒能和水泥颗粒形成良好的匹配,超细颗粒填充于水泥颗粒之间,能够大幅度改善混凝土的密实性和界面结构,并对混凝土结构起到增塑效应;同时,填充在浆体孔隙中的超细矿物掺合料颗粒还能置换出浆体中的水分,使其成为自由水,起到一定的减水作用,改善了混凝土的流动性。要实现建筑业的可持续发展,必须对超细矿物掺合料在混凝土中的应用进行深入系统研究。通过对超细矿物掺合料的研究,推动混凝土技术的发展,而混凝土技术发展的同时,也为超细矿物掺合料的应用提供了动力方向。本章将对超细矿物掺合料的研究现状进行分析,同时对超细矿物掺合料的制备及其在高性能混凝土中的应用进行分析。

1.2　超细矿物掺合料的应用研究现状

1.2.1　矿物掺合料概念及演化

矿物掺合料是以硅、铝、钙氧化物为主要成分,在配制混凝土时掺入能改变新拌硬化混凝土的性能、具有一定细度的无机活性矿物细粉,国外将这种材料称为辅助胶凝材料[8]。矿物掺合料是以活性 SiO_2、Al_2O_3 以及其他有效矿物为主要成分的粉体材料,它具有潜在水硬性或火山灰活性,其掺量大于 5%,可以代替部分水泥、改善混凝土综合性能[9]。矿物掺合料也叫矿物外加剂,它是加入高性能混凝土中,用以改善混凝土工作性和耐久性,颗粒细度小于水泥的一种材料。

对矿物掺合料的研究可以分为几个阶段。最初对矿物掺合料的研究是从粉煤灰作为水泥混合材料开始的。煤粉锅炉替代工业锅炉后,产生了大量的具有火山灰性质的粉煤灰等工业废渣。起初这些废渣只是被用作水泥生产,用来降低生产原料成本。20 世纪 30 年代,美国开始对砂浆和混凝土掺入粉煤灰进行较完整的研究。Davis 等[10]利用粉煤灰取代部分波特兰水泥,得到一种新型混凝土——粉煤灰水泥混凝土。1942 年,Grun[11]发表了高炉矿渣在水泥生产中的应用研究,这是较早应用矿渣作为水泥混合材料的报道。Davis[12]在俄马坝工程(美国蒙大拿州)的混凝土中大规模使用粉煤灰,树立了矿物掺合料应用的典范。

20 世纪七八十年代,受环境污染、资源枯竭及能源危机等问题的困扰,再次激发了研究者对矿物掺合料等工业废渣的研究兴趣。Mehta 等[13,14]提出以稻壳灰、硅灰作为矿物掺合料在混凝土中应用,开发出现代混凝土中应用效果最佳的硅灰矿物掺合料。20 世纪 80 年代,我国人们对矿物掺合料的认识水平提高,在大型建筑物以及水工基础的大体积混凝土施工中,为了减少温度裂缝、降低水化热,掺入矿物掺合料。90 年代以后,矿物掺合料的品质有了较大幅度的提高,人们开始转变对矿物掺合料的认识。

此后,随着我国建筑市场的大规模发展,对混凝土建筑材料的需求增大,尤其是近十几年国内混凝土建筑材料行业向高纵深发展,混凝土中高效减水剂的推广使用及高性能混凝土的需求增大。因此混凝土中单位体积水泥用量提高、水胶比降低,在低水胶比的条件下,矿物掺合料能降低混凝土水化热、提高密实度等优点体现明显,而其只具有潜在水化活性的弱点被掩盖,因此矿物掺合料在混凝土中的作用越来越被重视。

现在,通过一定机械设备和技术措施制备的优质超细矿物掺合料,对混凝土的物理力学性能及微观结构有明显的改善作用,利用超细矿物掺合料制备的超高强混凝土暴露于普通混凝土易于被破坏的恶劣环境中时,其对抗外部环境作用的能力表现优异。超细矿物掺合料的掺入,可以克服硅酸盐水泥自身的缺陷,改善对混凝土耐久性不利的晶体结构、高水化热形成的微裂纹等,对环境保护和降低水泥生成成本具有重要意义。

1.2.2　矿物掺合料种类及效应

据不完全统计,我国 2019 年生产混凝土超过 22 亿 m^3,如果以每立方米混凝土使用矿物掺合料为 200kg 计算,每年需矿物掺合料 5 亿 t。这就要求矿物掺合料供应企业和混凝土生产企业扩大矿物掺合料的生产和使用范围,以当地资源为条件,生产出能够满足当地使用的矿物掺合料。

由于矿物掺合料种类较多,通常根据来源(见表 1.1)和活性(见表 1.2)两种方式进行分类。

表 1.1　根据来源进行分类的矿物掺合料

类别	品种
人工类	偏高岭土、矿渣、钢渣、煅烧页岩等
天然类	稻壳灰、凝灰岩、硅质页岩、石灰石、火山灰、沸石粉等
工业废料类	硅灰、粉煤灰等

表 1.2　根据化学活性进行分类的矿物掺合料

类别	品种
具有一定胶凝性且火山灰反应活性高	矿渣、高钙粉煤灰等
无胶凝性且火山灰反应活性很高	稻壳灰、硅灰等
无胶凝性且火山灰反应活性中等	天然矿物材料(煅烧)、低钙粉煤灰等
无胶凝性且火山灰反应活性低	火山灰、炉渣和钢渣等
无胶凝性和火山灰反应活性	石英砂、石灰石等

掺合料效应是矿物掺合料掺入混凝土中的行为与作用的基本解释。沈旦申等[15]通过研究混凝土中掺入粉煤灰后的性质及粉煤灰在混凝土中所起到的作用,提出了粉煤灰效应包含微集料效应、形态效应和活性效应的假说。随着混凝土工

艺和技术装备的进步,掺合料效应得到了逐步充实,它较好地解释了矿物掺合料在混凝土中的作用。

1. 微集料效应

微集料效应是指在水泥形成的浆体基相中,矿物掺合料的各种粒级的颗粒均匀分布于其中,能起到增强并硬化浆体的效用,和微细集料的作用一样。微集料效应主要表现在掺合料颗粒与水泥颗粒之间的级配调节作用、填充作用和分布水化产物的"晶核作用"。填充作用是指矿物掺合料粒径小于水泥颗粒粒径,矿物掺合料的颗粒能填充水泥及水泥水化生成的水化产物间的孔隙,提高水泥的密度,改善界面结构,提高混凝土的物理力学性能指标。

人们在研究混凝土时,通常只是注意粗细骨料的颗粒级配,使它们之间形成良好的填充,以减小颗粒之间的堆积孔隙率,然而却忽略了胶凝材料部分存在的颗粒级配问题。通常水泥颗粒中粒径小于 $10\mu m$ 的颗粒不足,其颗粒平均粒径基本为 $20\sim30\mu m$。因此,水泥中颗粒的填充性不好,要使胶凝材料形成良好填充性,需要掺入含有超细粒子的材料,使粗细级配合理,超细矿物掺合料的掺入可以起到这样的填充效应。随着粉体工业的进步,研究者进行了矿物掺合料粒度分布对混凝土胶凝材料体系物理力学性能影响的研究,在矿物掺合料的粒径、分布分析技术及处理工艺等方面取得了较大进步,提出了许多关于粉末颗粒密实度堆积的模型。Dhir 等[16]的研究表明,粉煤灰化学成分差异较小,对混凝土质量影响较小,但是其物理性能差异较大,对混凝土质量的影响显著。Mehta[17]对低钙粉煤灰的颗粒分布和活性进行研究,研究结果表明,粉煤灰颗粒粒径大于 $45\mu m$ 时与活性成反比,而小于 $10\mu m$ 时与活性成正比。

随着高性能混凝土的迅速发展以及人们对混凝土耐久性重视程度的不断加深,对矿物掺合料颗粒级配及分布的研究已经深入,并展开到新拌混凝土的流动性、水泥浆体的密实性方面。谢友均等[18]、龙广成等[19]利用 Goff 和 Aim 模型研究了矿物掺合料颗粒粒径对堆积密实度的影响,研究结果表明,矿物掺合料颗粒粒径越小物理填充的效果越好;矿物掺合料的填充能够改善水泥浆体的流动性和密实性,同时硬化后的水泥浆体力学性能有所改善。Tsivilis 等[20]研究了矿物掺合料石灰石对密实度的影响,研究结果表明,石灰石易磨性较好,粒径减小密实度提高,同时石灰石粉对硬化浆体的抗折强度贡献较大,对水泥浆体的工作性改善较大。

2. 形态效应

形态效应是指矿物掺合料的几何特征(包括颗粒形貌、级配、粗细、内外结构、表面粗糙度等),以及其物理特征(包括密度、色度等)对混凝土物理力学性能产生的效应。减水作用是形态效应的表现形式,它能够形成紧密堆积的胶凝材料体系,生成均匀化和致密化的水泥石结构。

新拌混凝土中的水分为填充水和表层水两部分。表层水是指形成在颗粒表面的一层水膜,水膜形成的厚度决定了混凝土的流动性;填充水填充在颗粒之间,对混凝土流动性不造成影响。颗粒的比表面积与表层水有关,使用的矿物掺合料的细度大于水泥(水泥的比表面积为 $350\sim500m^2/kg$),表层水的水量将被提高。减水剂在高性能混凝土中的掺入,主要是用来减少表层水,因此减水剂(超塑化剂)与矿物掺合料的使用,使得新拌混凝土的需水量降低,流变性能得到改善。颗粒的密实度与填充水水量有关,由于掺入的矿物掺合料粒径比水泥的小,颗粒体系的密实度一定程度上得到提高,一部分填充水被置换出,填充水的水量减少。

李辉等[21]研究了矿物掺合料粉煤灰的理化性质及形貌,按照所含元素分为富钙微珠、富铁磁珠、富硅铝微珠及未燃尽炭粒。由形貌观察可知:粗颗粒海绵体集中着未燃尽的炭粒,富钙铝微珠表面光滑、球形度好,按表面结晶形状可将富铁磁珠分为鱼鳞状、块状、片状、针状、粒状。姚丕强等[22]通过对比比表面积为 $1100m^2/kg$ 的超细磨粉煤灰和原状灰的颗粒形貌,发现经超细加工的粉煤灰中粒径较大的球形微珠一部分被破坏,但是粒径为 $3\sim4\mu m$ 的微珠还大量存在,整个粉磨是黏连体微珠的破解和多孔玻璃体细碎过程,超细粉煤灰能有效减少坍落度损失,提高了混凝土力学性能。赵旭光等[23]研究了立磨和球磨矿渣粉的颗粒形貌,发现立磨矿渣粉的圆度比球磨矿渣粉的要差,立磨矿渣粉中可见少许薄片状或长条形颗粒。粉磨后的矿渣粉中粗颗粒多为砾石状,部分颗粒可见急冷缩孔(几微米至几十微米)位于棱边和断面上,而细粒级颗粒断面呈光滑弧面,球磨矿渣粉圆度比立磨矿渣粉稍好。立磨矿渣粉有别于球磨矿渣粉形貌的典型特征是在立磨矿渣粉中可见少许长条或薄片状颗粒。

3. 活性效应

活性效应是指水泥水化释放出的 $Ca(OH)_2$ 与矿物掺合料中 SiO_2、Al_2O_3 等活性成分发生二次水化反应,有 C-S-H 凝胶生成,它能提高水泥水化体系内部的矿物掺合料颗粒的黏结程度,也能减少对混凝土耐久性不利的晶相数量,可以改善混凝土过渡区界面和孔结构,有效降低水泥水化热,改善其抗化学腐蚀性、徐变性和抗渗性,提高综合耐久性。

活性效应还表现在矿物掺合料在加工、粉磨等过程中机械力化学效应对反应过程的促进。矿物材料在粉磨,尤其是超细磨的条件下,随着颗粒细化,产生晶格缺陷,矿物材料表面化学活性较高,提升晶相间反应程度[24,25]。

随着分析手段及技术的进步和研究的深入,人们发现矿物掺合料通过发生二次水化作用,对改善水泥基材料内部的微结构有一定的益处。冯乃谦等[26]、丁铸等[27]采用扫描电子显微镜(scanning electron microscope,SEM)、X射线衍射(X-ray diffraction,XRD)、压泵法(mercury intrusion porosimetry,MIP)等测试手段对掺入超细矿物掺合料磷渣(矿渣)的水泥石进行分析,发现Ca(OH)$_2$经超细粉二次水化后已经被大量消耗,更多的C-S-H凝胶生成,硬化浆体小孔增多、大孔减少,体系的孔结构得到改善。张月星等[28]利用示差扫描量热-热重(differential scanning calorimetry-thermogravimetric,DSC-TG)分析及SEM对水泥净浆(基准和复合矿物掺合料)物相和微观形貌分析发现,掺合料水泥净浆水化初期生成C-S-H凝胶和Ca(OH)$_2$在未反应的颗粒表面包裹,界面易断裂分开,所以早期强度不高,但随龄期增长二次水化反应发生,新生成的大量C-S-H凝胶相互交织,填充在未参加反应颗粒间小孔中,使孔径变小,结构比早期牢固密实,使水泥净浆体后期性能指标增加幅度大。Kong等[29]研究了掺与未掺粉煤灰的轻骨料混凝土抗Cl$^-$扩散性能以及水泥石中孔隙率和骨料附近Ca(OH)$_2$的变化情况。研究结果表明,随着轻骨料掺量的增加,掺有粉煤灰硬化浆体Ca(OH)$_2$含量(28~90d龄期)降低幅度比未掺粉煤灰的大,且浆体内部孔隙率下降,孔径细化,可见后期轻骨料中返出水分起到粉煤灰水化作用。Yuan等[30]研究了掺有矿物掺合料矿渣、粉煤灰等混凝土的界面特性。研究结果表明,界面区的厚度随龄期增长而变薄,表明随龄期增长界面区变得均匀和致密;同时掺入20%矿物掺合料的混凝土试件界面区Ca(OH)$_2$的取向指数随龄期的增加而减小,说明随着龄期增长Ca(OH)$_2$含量下降。可见,在混凝土中适量掺入轻骨料时,粉煤灰二次水化与轻骨料返水特性的协同作用,能够使混凝土后期抗渗性能明显高于普通骨料混凝土。

1.3　超细矿物掺合料的制备

作为混凝土中制备矿物掺合料使用的工业废渣,每种废渣的物理和化学性质(如颗粒粒径组成、化学成分组成)各不相同,因此要有效地利用这些废渣作为混凝土矿物掺合料,必须对其进行深加工处理后,才能充分发挥其潜能。但是,掺合料的制备中还存在性价比的问题,废渣粉磨得越细,能耗越大,成本也就相应提高,所以在生产中矿物掺合料的使用要根据应用要求寻找最佳性价比的细度[31]。

粉煤灰质量波动大是矿物掺合料应用的一个难题。常用的工艺方法是采取(液力或气力)分级方法,粉煤灰分选后物理及化学性能制备较稳定。但是分选后大量的低等级灰产生,如何高附加值地对这些低等灰进行应用,亟须解决。此外,我国现堆存大量低等级灰不能很好地应用及处理,解决该问题的一个重要途径就是粉煤灰细化,粉煤灰通过磨细能使其活性有效地提高,质量指标得到改善。但现有的整套粉磨工艺系统生产成本高、能耗大,是制约粉磨灰利用的重要原因[32]。因此,如果能够大规模、低成本地生产600~1200m²/kg比表面积的粉煤灰,将会大大提高粉煤灰利用率[33]。

对于矿渣、钢渣等硬度指标较大的工业废渣,其超细矿物掺合料的制备可以采用基本相同的设备、技术和工艺。国际上使用的粉磨装备以辊压机立磨生产系统为主,而国内厂家的粉磨装备大多为球磨和立磨两种生产系统[34]。目前制备厂家常使用的技术主要有振动磨生产技术、球磨机开流生产技术、立磨生产技术、辊压机联合粉磨或终粉磨生产技术、球磨机闭路生产技术。矿渣和钢渣矿物掺合料的制备中,使用立磨或闭路磨生产工艺的,为了保证产量、设备的正常运转,生产中要注意除铁,否则铁聚集在磨床内,不但影响产量,而且对设备的磨损大[35]。

陈海焱等[33]、余博等[36]和林龙沅等[37]采用自行研制的蒸汽气流粉碎系统,利用火电厂低品位的过热蒸汽,研究低品位蒸汽能向机械能(高品位能)的转化机制。研究结果表明,低品位过热蒸汽可通过超声速喷嘴技术,为粉碎系统提供巨大动能,用低等级粉煤灰获得的超细粉煤灰玻璃微珠被有效保护,且形貌特征和粒径分布良好,粉煤灰活性被提高,达到砂浆和混凝土的使用要求。

祝平[38]利用自行研发的GFM型超细磨,将分选后的粗粉煤灰和粉煤灰及矿渣掺合料制备成超细粉煤灰和KM超细粉。该磨的研磨体为低铬耐磨微段型研磨体,设置隔仓装置可使筛分曲线更趋合理,磨尾设置排渣管和双层卸料装置。工程实际表明,GFM型超细磨有效地将粗粉煤灰中的粗大颗粒粉到粒径小于$45\mu m$,同时粒径$3\sim30\mu m$粒子的含量提高,且该机单产耗能比水泥磨低$40\%\sim50\%$;通过该磨粉磨的KM超细粉料,比表面积能达到650m²/kg以上,$45\mu m$方孔筛余量小于2%。

向江洪[39]利用涡式粉煤灰干法分级机进行粉煤灰分选加工,通过调整系统的一次风、二次风和给料量,可得到Ⅰ级灰、Ⅱ级灰和超细灰产品,超细粉煤灰产量不大,但粉煤灰比表面积达880m²/kg,性能优异。

高凤岭[40]采用风力离心分级原理的超细分级机(XFJ型)分选粉煤灰。粉煤灰通过高压引风机(高压风机采用离心式)在负压作用下,经给料机的原状灰随气流被传输送到分级机,其中大于设定粒径的进入分级机底部粗灰库;而小于设定的粉煤灰颗粒,经分级机排出口随气流进入旋风除尘器内进行收集。将比表面积为250~300m²/kg的原状电厂粉煤灰经过分级机分选后,得到粉煤灰比表

面积为 $500\sim600\mathrm{m}^2/\mathrm{kg}$,88%以上颗粒粒径小于 $45\mu\mathrm{m}$,其分散度比一般磨细灰高。

姚丕强等[22]对多种粉煤灰利用半工业化 TLS1500 型高效高细选粉机(采用 $\Phi0.75\mathrm{m}\times2.50\mathrm{m}$ 半工业化球磨机)进行超细粉磨,研究了系统的工艺参数,并测定分析得到超细灰的性能和微观形貌。研究结果表明,该系统可以实现粉煤灰的超细粉磨,得到比表面积为 $1100\mathrm{m}^2/\mathrm{kg}$、中位粒径小于 $4.0\mu\mathrm{m}$ 的超细粉煤灰。经测试,该粉煤灰活性很高,对混凝土及砂浆工作性促进作用显著,可减水 10%。

程伟等[41]、任丽云等[42]、李文武等[43]和何力等[44]利用球磨机圈流系统,配备在 O-SEPA 基础上改进研制的高效空气喷射型选粉机,集平面涡流分级、预分级和悬浮分散等技术于一体,可调节切割粒径范围、分级精度高。该粉磨工艺系统由气箱脉冲除尘器和改进型球磨机共同组成,单位电耗小于 $70\mathrm{kW}\cdot\mathrm{h}/\mathrm{t}$,制备矿渣微粉的比表面积大于 $400\mathrm{m}^2/\mathrm{kg}$,粒径分布中 $3\sim30\mu\mathrm{m}$ 的颗粒含量占 70%时,设备性能最佳。空气喷射型选粉机是该超细粉磨系统的关键设备,对微细粉能够精确分级,使传统球磨机成功应用于矿渣超细粉磨。

孙锡承等[45]采用 TCX 超细粉磨制备矿渣超细粉,该机可分选物料粒径为 $2\sim80\mu\mathrm{m}$,可用来生产比表面积为 $400\sim700\mathrm{m}^2/\mathrm{kg}$ 的矿渣粉及普通水泥。

张福根等[46]、刘文兵[47]利用立磨粉磨矿渣,该设备与其他立磨不同之处在于物料的喂入方式、辊臂加压系统、增加刮料板、机内设计除铁装置等。采用该设备可获得比表面积为 $470\sim500\mathrm{m}^2/\mathrm{kg}$ 的超细矿渣粉。

1.4 矿物掺合料应用中的不足

矿物掺合料经过几十年的研究与应用,已经取得了巨大进展,在混凝土力学性、工作性和耐久性等方面尤为显著。但是由于矿物掺合料的矿物组成、种类、化学品质存在较大差异,在工程应用方面存在部分问题,具体体现在以下三个方面。

1. 矿物掺合料的应用缺乏科学性

矿物掺合料可以让普通混凝土具有耐久、耐磨、抗酸碱、高强等性能,但是在实际使用中还存在很多问题,掺合料的使用缺乏理论和科学技术指导,仍然难以真正达到改善混凝土质量的目的。例如,高细度和活性的硅灰作为混凝土矿物掺合料在我国已经应用多年,早在渔子溪二级电站(1985 年)的混凝土工程中,硅灰作为矿物掺合料就已得到有效应用,但是经过 30 多年的发展,国内混凝土企业仍然在应用理念和技术方面存在欠缺,限制了硅灰的应用。由于矿物掺合料品质和种类不同,特性各异,给实际应用带来了一定难度。目前矿物掺合料可以分为具有火山灰质的、具有潜在水硬性的、其他(能与水泥某些组分发生反应的)三类,因此在应用中需要将实际需求和矿物特质相结合,做到因地制宜。事实上,以常用的矿物掺合料硅灰、粉煤灰、石灰石粉、矿渣粉为例,它们在用途、产生效果和性能方面存在明显的差异,且不同生产厂家在原材料、环境、工艺等方面都存在差异,因此在混凝土施工中矿物掺合料的应用受到一定影响。因此,在使用矿物掺合料中,要根据实际情况确定具体的掺量,结合矿物掺合料自身的优缺点,使用适量。

2. 矿物掺合料与现代混凝土发展不相适应

随着矿物掺合料的研究不断深入,普通矿物掺合料的缺陷已经开始凸显。例如,粉煤灰在水化初期活性低,相应的混凝土早期强度低,导致混凝土易碳化,在冻融的环境下,混凝土表层容易脱落;矿渣粉容易使新拌混凝土泌水,同时混凝土的收缩增大,使建筑物存在开裂风险;硅灰粒度较小,混凝土初期水化反应快,易导致混凝土早期收缩,导致混凝土或建筑物开裂。同时,现代混凝土还存在很多问题没能解决,如混凝土早强(低温或常温条件下)、混凝土耐久性提升与保持(特殊或严酷条件时)、混凝土黏度调节(复杂胶凝体系且低水胶比条件下)。因此,普通的矿物掺合料不能完全解决现代混凝土(耐久性、力学性、工作性等)的问题,高性能矿物掺合料的开发是混凝土行业发展的必然趋势。要解决现代混凝土发展中遇到的问题,关键是对胶凝材料体系进行改善,实现矿物掺合料的功能化、高性能。例如,在解决混凝土黏度大的问题中,可以加入矿物掺合料调控黏度,降低混凝土黏度,使颗粒间作用力减小;超早强矿物掺合料掺入混凝土,有利于降低 Cl^- 扩散系数,提高混凝土抗冻性能;对于特殊严酷环境的混凝土,可掺入高性能矿物掺合料提高混凝土的酸碱盐的抗腐蚀性能。

3. 矿物掺合料制备技术和装备的不足

我国对超细矿物掺合料的制备所使用的制备技术和装备多是针对单一的矿物掺合料的,而且能耗大、成本高。由于矿物掺合料的品种较多,使用矿物掺合料时要结合当地情况和资源状况有针对性地选择使用当地的矿物掺合料,而装备的多样性不利于矿物掺合料的制备和应用,这也与现代混凝土发展高性能、多功能、精细化的混凝土掺合料方向不相适应,这就要求生产矿物掺合料的企业在装备和制备技术上做出改进和革新,才能制备出适合现代混凝土发展需要的高性能混凝土掺合料。

1.5　结　　论

高性能混凝土矿物掺合料能够在一定程度上提升混凝土性能,同时起到消耗固体废弃物、节省水泥用量、延长建筑寿命等作用。它可以满足建筑结构对现代混凝土耐久性、力学性、工作性等各指标更高、更多的要求。随着建筑业的高速发展，过去单纯强调使用矿物掺合料的强度和成本的观念已经不能满足现代建筑业的发展需要，这就决定了现代混凝土矿物掺合料的发展应该向高性能、多功能和精细化发展。

提高混凝土质量的有效举措就是推进矿物掺合料应用技术研究，这是开展绿色建筑行动的需要，也是现代混凝土企业实现转型的需要。

参 考 文 献

[1] Brooks J J, Megat Johari M A, Mazloom M. Effect of admixtures on the setting times of high-strength concrete[J]. Cement and Concrete Composites, 2000, 22(4): 293-301.

[2] Aïtcin P C. The durability characteristics of high performance concrete: A review[J]. Cement and Concrete Research, 2003, 25(4-5): 409-420.

[3] Hassan K E, Cabrera J G, Maliehe R S. The effect of mineral admixtures on the properties of high-performance concrete[J]. Cement and Concrete Composites, 2000, 22(4): 267-271.

[4] Amin K A, Hala E. Developing high performance concrete for precast/prestressed concrete industry[J]. Case Studies in Construction Materials, 2019, 11: 290-298.

[5] Josef F, Petr B, Roman C, et al. Macroscopic and microscopic properties of high performance concrete with partial replacement of cement by fly ash[J]. Solid State Phenomena, 2019, 4809: 108-113.

[6] Shen D J, Yang J, Jia C K, et al. Influence of ground granulated blast furnace slag on early-age cracking potential of internally cured high performance concrete[J]. Construction and Building Materials, 2020, 233: 83-91.

[7] Zhang X, Han J H. The effect of ultra-fine admixture on the rheological property of cement paste[J]. Cement and Concrete Research, 2000, 30(5): 827-830.

[8] Zhuang S Y, Sun J W. The feasibility of properly raising temperature for preparing high-volume fly ash or slag steam-cured concrete: An evaluation on DEF, 4-year strength and durability[J]. Construction and Building Materials, 2020, 242: 94-103.

[9] Yoo D Y, Kang S T, Yoon Y S. Enhancing the flexural performance of ultra-high-performance concrete using long steel fibers[J]. Composite Structures, 2016, 147: 220-230.

[10] Davis R E, Carlson R W, Kelly J W, et al. Properties of cements and concretes containing fly ash[J]. ACI Journal Proceeding, 1937, 33: 577-612.

[11] Grun R. The application of blast furnace slag in cement industry (in German)[J]. Stahl U Eisen, 1942, 62: 301-307.

[12] Davis R E. Historical accounts of mass concrete[J]. International Concrete Abstracts Portal, 1963, (6-7): 1-36.

[13] Mehta P K. The chemistry and technology of cements made from rice-husk ash[J]. Regional Centre for Technology Transfer, 1979:113-122.

[14] Mehta P K, Gjørv O E. Properties of portland cement concrete containing fly ash and condensed silica fume[J]. Cement and Concrete Research, 1982, 12(5):587-595.

[15] 沈旦申, 张荫济. 粉煤灰效应的探讨[J]. 硅酸盐学报, 1981, 9(1):57-63.

[16] Dhir P K, Apte A G, Munday G L. Effect of in-source variability of pulverized-fuel ash upon the strength of OPC/PFA concrete[J]. Magazine of Concrete Research, 1981, 33(117):199-207.

[17] Mehta P K. Influence of fly ash characteristics on the strength of Portland-fly ash mixtures [J]. Cement and Concrete Research, 1985, 15(4):669-674.

[18] 谢友均, 刘宝举, 龙广成. 水泥复合胶凝材料体系密实填充性能研究[J]. 硅酸盐学报, 2001, 29(6):512-517.

[19] 龙广成, 刘赫, 刘昊. 充填层自密实混凝土力学性能[J]. 硅酸盐通报, 2017, 36(12):3964-3970.

[20] Tsivilis S, Chaniotakis E, Kakali G, et al. An analysis of the properties of Portland limestone cements and concrete[J]. Cement and Concrete Composites, 2002, 24(3-4):371-378.

[21] 李辉, 商博明, 冯绍航, 等. 粉煤灰理化性质及微观颗粒形貌研究[J]. 粉煤灰, 2006, (5):18-20.

[22] 姚丕强, 王仲春. 粉煤灰的超细粉磨及其性能的研究[J]. 水泥, 2007, (6):1-7.

[23] 赵旭光, 李长成, 文梓芸, 等. 高炉矿渣粉体的颗粒形貌研究[J]. 建筑材料学报, 2005, 8(5):558-561.

[24] Sydorchuk V, Khalameida S, Zazhigalov V, et al. Influence of mechanochemical activation in various media on structure of porous and non-porous silicas[J]. Applied Surface Science, 2010, 257(2):446-450.

[25] Osvalda S, Piero S, Riccardo C, et al. Mechanochemical activation of high-carbon fly ash for enhanced carbon reburning[J]. Proceedings of the Combustion Institute, 2011, 33(2):2743-2753.

[26] 冯乃谦, 石云兴, 郝挺宇. 矿物超细粉对水泥浆体流动性和强度的影响[J]. 山东建筑材料学院学报, 1998, 12(S1):103-109.

[27] 丁铸, 张德成, 邵洪江. 含超细矿渣水泥的水化研究[J]. 建筑材料学报, 1998, 1(3):201-205.

[28] 张月星, 陆文雄, 王律, 等. 复合矿物掺合料在水泥中水化机理的实验研究[J]. 粉煤灰综合利用, 2006, (3):15-17.

[29] Kong L J, Ge Y, Zhang B S, et al. Effect of water release of lightweight aggregate on secondary hydration of fly ash[J]. Journal of the Chinese Ceramic Society, 2009, 37(7):1239-1243.

[30] Yuan Q, Zhou D J, Li B Y, et al. Effect of mineral admixtures on the structural build-up of cement paste[J]. Construction and Building Materials, 2018, 160:117-126.

[31] 谭洪光,唐祥正,杜庆檐.综述矿物活性掺合料在混凝土中的应用(下)[J].建材发展导向,
　　　2013,11(4):59-65.

[32] 孙望超,颜承越.粉煤灰形态效应及应用技术[J].房产与应用,1997,(2):35-36.

[33] 陈海焱,胥海伦.用电厂过热蒸汽制备微细粉煤灰的实验研究[J].现代电力,2003,20(5):
　　　6-9.

[34] 王文兵,张军涛.水泥立磨终粉磨和辊压机联合粉磨系统的比较[J].水泥,2013,(9):
　　　21-22.

[35] 丁奇生.矿渣微粉粉磨工艺首选方案[J].中国水泥,2008,(5):63-64.

[36] 余博,陈海焱,舒朗,等.用电厂低品位过热蒸汽制备超细粉煤灰[J].金属矿山,2008,(2):
　　　146-148.

[37] 林龙沅,陈海焱,胥海伦,等.应用电厂低品位过热蒸汽制备超细粉煤灰[J].中国粉体技术,
　　　2010,16(3):37-39.

[38] 祝平.粉煤灰分选粗灰磨细研究及生产[J].粉煤灰,2004,(3):27-29.

[39] 向江洪.优质粉煤灰的分选加工及应用[J].混凝土,2001,(1):37-38.

[40] 高凤岭.超细灰风选工艺及应用效益[J].粉煤灰综合利用,1998,(1):1-4.

[41] 程伟,任丽云,何力,等.超细矿渣粉的性能及其工业化生产线[J].广东建材,2003,(7):
　　　9-11.

[42] 任丽云,程伟,李文武,等.空气喷射型选粉机用于超细矿渣生产线[J].中国水泥,2003,
　　　(8):28-29.

[43] 李文武,任丽云,何力,等.矿物掺合料的制备技术[J].商品混凝土,2004,(3):35-38.

[44] 何力,任丽云,李文武,等.矿渣超细粉磨的技术进展[J].粉煤灰,2005,(4):40-43.

[45] 孙锡承,柴星腾,张曙光,等.超细产品及超细选粉机[J].水泥技术,2001,(3):26-29.

[46] 张福根,李盛林.CK-260立磨用于超细矿渣粉磨[J].中国水泥,2003,(9):66-67.

[47] 刘文兵.CK立磨超细粉磨矿渣[J].中国水泥,2005,(3):65-67.

第 2 章　冶金渣制备高强度人工鱼礁混凝土的研究

2.1　概　　述

冶金渣综合利用产业是一个新兴的再生资源产业、环保产业和钢铁资源循环产业,有利于提高资源利用率、节能减排和发展低碳经济,具有良好的经济环保和社会效益。我国作为世界产量第一的钢铁大国,冶金渣排放量巨大。解决冶金渣大量堆积和环境污染问题的有效措施之一就是将其用于生产混凝土。

鞍山钢铁集团公司(鞍钢)作为我国重点钢铁企业,历来对钢渣、矿渣综合利用技术的开发予以高度重视。目前,鞍山钢铁集团公司矿渣开发公司将水淬高炉矿渣加工成磨细矿渣粉,用于水泥、混凝土行业,取得了良好的环境效益和经济效益。自 2006 年开始,鞍钢位于营口市的鲅鱼圈钢铁项目开始建设,目前累计投入超过 200 亿元,建设了年产 493 万 t 生铁的高炉两座、年产 500 万 t 钢的炼钢厂一家、5500mm 宽厚板轧机生产线和 1580mm 热连轧生产线各一条,是冶金渣的产出大户。本章使用的鞍钢鲅鱼圈钢渣采用闷热法工艺处理,使导致钢渣膨胀的不稳定因素游离氧化钙(f-CaO)、游离氧化镁(f-MgO)和硅酸三钙(C_3S)通过各自反应,生成稳定产物。鞍钢钢渣处理技术发展的重点一直是以回收钢渣中的金属物料为主,而钢尾渣的进一步深加工、生产应用于建材领域的高附加值产品等方面的研究发展较为缓慢,本章的研究方向正是对这一方面的有益补充。

近年来我国渔业生产迅速发展,2010 年渔业产值达 6440 亿元,5 年年均增长5.7%。主要水产品产量稳定增加,已排在世界前列。但高强度的捕捞、加剧的环境污染及日益增多的海岸工程等因素,使海洋生态环境破坏与渔业资源衰退日趋严重。发展人工鱼礁是恢复近海生态的有效方法,我国正在积极开展人工鱼礁的建设。

本章利用鞍钢冶金渣制备高强度人工鱼礁混凝土。通过实验室试验,寻求适合制备大体积人工鱼礁的高强度混凝土材料。提出一种以冶金渣为主要原料的人工鱼礁混凝土的制备方案,能够大比例使用高炉矿渣、钢渣和脱硫石膏,掺入部分补充原料,生产满足环境友好性的高强度人工鱼礁混凝土材料。通过大量系统的净浆试验,优化胶凝材料配合比。以优化后的胶凝材料代替水泥,以闷热法稳定化的钢渣颗粒为骨料,使混凝土中钢渣成分的总量达到 75%~85%,制备高强度人工鱼礁混凝土的同时将大量冶金渣转化为工程材料。

利用冶金渣制备高强度人工鱼礁混凝土不仅具有资源意义、环境意义和经济意义,更能为现今社会的可持续发展做出重要贡献。

首先,设置人工鱼礁是改善海洋生态环境的重要措施。人工鱼礁的系统研究始于 20 世纪 60 年代的日本,因改造渔场的需要,关于鱼礁的环境功能、鱼礁的集鱼效果等研究被提出[1]。早期多采用天然石、砖、植物等原料建造人工鱼礁,后来废旧汽车、轮胎、船、油罐等大量用于人工鱼礁的建设。石块礁体存在空腔布局不合理、体积空间小等缺点,而废旧汽车、轮胎、船、油罐等,还可能在海水中释放出有害物质。鉴于上述原因,世界许多沿海国家纷纷发展混凝土人工鱼礁。混凝土材料可以制备出形状多样、结构复杂的人工鱼礁,但由于资金的限制,我国的人工鱼礁缺乏系统、全面的研究,人工鱼礁的礁体结构设计单一、远离网箱养殖的较远海区投放量少。随着渔业的高速发展,采用混凝土制备的高强度、大体积人工鱼礁必将成为今后人工鱼礁发展的重要方向。而且建设人工鱼礁不仅能改善生态环境,促进渔业增产,也能防止海岸侵蚀,给旅游垂钓、海底潜水运动提供便利,为休闲生态旅游发展等方面带来可观的经济效益。

其次,钢渣和矿渣作为冶金工业的主要废渣,一直以来都是固体废弃物资源化的重点研究对象。近年来,矿渣的利用率有所提高,达到 90% 以上。而钢渣的利用率还处于较低水平。我国每年产生的钢渣约 3 亿 t,现今钢渣的生产量占钢产量的 10%~25%,伴随钢铁产业的发展,钢渣的排放量也会不断增加。来源不同,钢渣种类也不同,进而加大技术难度。结合我国资源开发情况,提高钢渣矿渣作为二次资源再利用率,有着十分重要的经济意义和社会意义。

综合利用鞍钢钢渣、矿渣制备高强度人工鱼礁混凝土,一方面大量利用了鞍钢较难处理的钢渣,解决了钢渣带来的环境、经济问题,同时可以实现资源循环利用、变废为宝,为资源循环利用提供一条良好的途径;另一方面,冶金渣的大量应用能进一步降低人工鱼礁的成本,节省人工鱼礁混凝土中的水泥用量,从而减少生产水泥的 CO_2 排放量。这不仅能提高整个产业的经济效益,而且克服了由废旧汽车、轮胎、船、油罐等带来的海洋环境污染问题,缓解温室效应,为保护海洋环境、促进社会的可持续发展做出贡献。

2.2 人工鱼礁和冶金渣研究现状

2.2.1 人工鱼礁的研究现状

1. 内涵和意义

人工鱼礁是人为地设置于海洋中吸引鱼类前来栖息(隐蔽、觅食、繁殖)的构筑物,其材料多为石块、混凝土、玻璃钢、废旧汽车和轮胎、报废的渔船等。其作用主要是为弱小鱼类提供庇护物,为鱼类提供栖息、索饵和产卵的场所,从而保护及增殖渔业资源,改善海底环境,补充并增加渔业资源量,保护渔区的环境,避免海洋资源遭受破坏。

我国具有丰富的海洋资源,但由于近海海域遭受了不同程度的污染,加之对鱼类资源的过度捕捞,特别是沿海大陆架的底拖网作业,严重破坏了海底生态,导致渔业资源衰退。投放人工鱼礁,发展海洋牧场被公认为是恢复近海生态、促进渔业增产的有效方法。人工鱼礁的海洋生态修复原理是利用人工鱼礁对藻类的吸附作用、鱼礁礁体附着生物的滤食作用、鱼礁区内生物摄食对赤潮引发因子的抑制作用以及礁体降低海底有机物释放等,降低海洋水体富营养化程度,起到减少赤潮发生和净化海水水质的作用。

同时,人工鱼礁的投放可以阻止拖网作业滥捕,帮助海洋牧场形成良性的生态系统,通过不同种类海洋生物之间的相互作用,抑制赤潮生物影响其他海洋微生物的附着,利于有益藻类的生长繁殖,利用涡流防止赤潮生物物理性聚集。人工鱼礁具有诱鱼、聚鱼作用,大量生物的摄食作用,从食物链的角度降低了赤潮生物引起赤潮发生的可能性。人工鱼礁还能阻碍底泥和海底有机物的释放,降低水体富营养化程度。

另外,由于生态破坏及温室效应的影响,全球气候发生巨变。近几年我国沿海台风、暴风等灾难性海洋气候日渐频繁且强度更大、破坏力更显著。人工鱼礁的投放相当于在近海的海底设置一道"防浪堤",能有效阻止自然灾害对海岸的破坏作用。同时人工鱼礁在促进垂钓旅游业、海底潜水观光、发展休闲生态旅游等方面也有重要的意义。许多沿海国家、地区都在进行人工鱼礁建设,既能保护渔业资源,又能丰富旅游业。由于人工鱼礁具有显著的经济效益、社会效益和生态效益,近年来得到了快速和大规模的发展与实施。

2. 国外研究现状

国外最早开始进行混凝土人工鱼礁建设的是日本,从 1954 年到现在,经过几十年发展,日本已开发出式样众多、规格齐全的混凝土鱼礁,礁体大小、结构、空腔体积复杂多变。澳大利亚政府在其近海投放了一些废旧船只和几万个废轮胎,从 1974 年开始,在悉尼以南约 30km 的波特赫金近海海域投放了 70 万个废轮胎。海上石油钻井平台也是一种很好的人工鱼礁,具有体积大、礁体高的优势,具有良好的集鱼效果。

混凝土制备的人工鱼礁有很多优点,这是因为混凝土材料具有可塑性,能够制备出形状多样、结构复杂、规格各异、外形美观的人工鱼礁礁体。但普通水泥混凝土碱性很强,pH 一般大于 13,海水的 pH 仅为 8.3[2]。混凝土人工鱼礁中的 $Ca(OH)_2$ 在海水中不断溶解析出,使礁体表面及附近海水的 pH 升高,而强碱性条件对海洋生物的生长发育有危害作用。这样的人工鱼礁会破坏藻类及微生物的栖息环境,进而使鱼类缺乏饵料难以生存,因此普通混凝土不适合直接用来建造人工鱼礁。普通混凝土长期浸泡于海水中时,内部的 $Ca(OH)_2$ 会不断溶出,礁体碱度下降。在此过程中,混凝土人工鱼礁礁体外侧会附着生长耐碱性的藤壶,这种贝壳生物的附着会影响其他海洋微生物的附着和有益藻类的生长[3]。

为降低混凝土人工鱼礁的碱性,利用粉煤灰等活性掺合料可以有效抑制 $Ca(OH)_2$ 等碱性水化产物的大量生成,这类人工鱼礁得到广泛应用。但粉煤灰等掺合料的大量掺入,会令混凝土人工鱼礁早期强度下降。Belhassen 等[4]利用超临界 CO_2 碳化养护的技术手段,让水泥硬化体快速中性化,此技术可使普通混凝土得到硬化处理。水泥碳酸化反应产物 $CaCO_3$ 会令石灰藻大量繁殖,使得对水产资源有好处的硅藻类、褐藻类、红藻类和绿藻类以及微生物的生长受到不良影响[5]。采用硫酸亚铁制成混凝土人工鱼礁外层涂料,可以抑制内部混凝土人工鱼礁中 $Ca(OH)_2$ 的溶出。这种硫酸亚铁具强酸性,是钛矿石精炼副产物,一直以来作为废弃物未能得到有效利用。采用它作为抑制剂,不仅利用了工业废弃物,而且为海洋植物的生长提供了必需的 Fe 元素[6,7]。但这种方法仅是对混凝土人工鱼礁的表面进行改性,这类人工鱼礁的主体材料仍是普通水泥混凝土。

在强度方面,专门研究人工鱼礁强度的文献较少,这主要是因为目前采用的人工鱼礁大多为体型较小,结构不是十分复杂的种类,有些甚至是未经再加工的废旧渔船、轮胎,或只经过简单加工的石料及木、竹结构。人工鱼礁投放到海水中,受到很大的浮力,体积不是十分庞大的礁体,不需要达到很高的强度。随着近年来混凝土人工鱼礁的逐渐兴起,人工鱼礁正在向大体积、大孔洞率、结构复杂的方向发展。大型人工鱼礁可以投放到更远的海域,能进一步扩大海洋牧场的范围,创造更为丰厚的经济效益。这也对人工鱼礁的强度提出了更高的要求,只有满足一定强度要求的材料才适合制备这种大型高层的人工鱼礁。

在利用固体废弃物制造人工鱼礁方面,国外也有不少学者进行了相关的研究,比较突出的是利用粉煤灰作为主要成分。粉煤灰本身不具备胶凝性,只有在水泥、石灰、石膏、脱硫石膏等激发剂的作用下,才能激发出它的火山灰活性,进而将其制成各种形式的坚实构件,以给海洋生物提供附着的基质。Vose 等[8]采用粉煤灰和脱硫石膏(两者统称为电厂废弃物)外加 6% 的石灰和 3% 的水泥(质量分数)进行了制备人工鱼礁块的试验,研究发现采用较高的粉煤灰和脱硫石膏质量比(1.5∶1),可以制造出较高强度的人工礁块。Relini[9]经历了实验室试验、工厂试验和实际投海试验三个试验阶段,对以电厂粉煤灰和炉底灰为主要原料制备人工鱼礁进行了系统研究,认为粉煤灰具有火山灰活性,粉煤灰中的 SiO_2、Al_2O_3 与 $Ca(OH)_2$ 反应生成了稳定的凝胶,使礁块在流动的海水中具有良好的物理稳定性。

Suzuki[10]研究利用粉煤灰、水泥、砂子制备人工鱼礁,在不同原料配合比、不同养护方式、不同化学激发机制及掺量的条件下,可以制备出养护 28d 抗压强度为 10～40MPa 的人工鱼礁,并发现海水养护优于自来水养护。对于普通砂浆和混凝土,海水养护下混凝土的抗压强度比自来水养护下的抗压强度要低,这说明与普通混凝土人工鱼礁相比,粉煤灰人工鱼礁在海水中具有更良好的适应性。Kress 等[11]利用标准砂、粉煤灰制备人工鱼礁,投入 33 个月后,粉煤灰掺量为 40% 的礁体抗压强度大于 30MPa,是投入前礁体抗压强度的 4 倍,表现出良好的环境适应能力。

在环境友好性方面,粉煤灰人工鱼礁中所含的有害元素是稳定的,大量研究证明未发现有害元素溶出污染海洋环境的问题,鱼礁区生物体内也没有有害元素明显富集的现象。Relini 等[12]采用 49.4% 的粉煤灰、24.7% 的炉底灰、4.9% 的消石灰和 21% 的水,经压制成型所制备的礁块在流动海水池试验中的结果表明,附着在电厂废弃物礁块上的生物体多于附着在同等试验条件下的普通水泥混凝土礁块上的生物体。与普通混凝土礁块相比,电厂废弃物礁块对附着生物的生长既没有选择性也没有抑制作用,与普通水泥混凝土礁块相比更适合附着生物的生长。

3. 国内研究现状

我国人工鱼礁的历史源远流长。据考证,我国"椮业"早在春秋战国时期,最晚在汉代就已经出现,距今约有 2000 年的历史。

我国自 1979 年开始试验人工鱼礁,中间断断续续经过曲折的发展,目前所使用的人工鱼礁的简单构筑材料有天然岩石及废弃的车船体、轮胎、电线杆等,21 世纪初,逐渐开展了混凝土人工鱼礁的建设。目前我国大部分沿海省区,都在进行人工鱼礁的规划和建设。广东、山东、浙江等省均已建设了具有一定规模的人工鱼礁区,并针对当地的特征鱼类进行了大量科学试验研究。我国的人工鱼礁起步晚、规模有限,已有的人工鱼礁存在空间体积小、布局不合理等缺点,且大多采用碱性较大的普通混凝土材料进行建设,易对人工鱼礁周边的海洋环境造成不利的影响。

王磊等[13]对混凝土人工鱼礁的选型进行优化,对箱形、梯形、三角形、框架形和异体形人工鱼礁进行分析,认为框架形人工鱼礁可以形成更好的流态效应,但这几类礁体的稳固性比较差。另外,框架形人工鱼礁构造主要是混凝土梁结构,所以对强度的要求也较高。对于混凝土人工鱼礁碱度过大会影响生态相容性的问题,通过碳化处理可以降低混凝土表面碱度,但这种处理方法会较大的降低人工鱼礁的强度,因此降低碱度和提高强度需要达到一个平衡点。

将固体废弃物应用于人工鱼礁的制备方面,我国虽然起步较晚,但也有不少有意义的探索和成果。朱燮昌等[14]用粉煤灰、碱渣和消石灰制备了粉煤灰人工鱼礁,其中优化胶凝材料的配合比为:粉煤灰 75%、碱渣 10%、熟石灰 15%。采用 100℃ 蒸汽养护 8h 后礁体抗压强度为 6.7MPa,28d 自然保湿养护强度达到 4.63MPa。罗迈威等[15]在大连棒槌岛附近进行了粉煤灰人工鱼礁的投海试验。礁块的原料组成为:粉煤灰 73%、碱渣 10%、消石灰 7%。礁块采用手工浇注成型,自然养护 28d 后的强度为 3.8~4.9MPa。投礁后 5 个月对礁体进行海底观察和取样。研究结果表明,礁体外形完好,礁体的生物附着种类多样,水质分析结果表明无任何污染迹象。刘秀民等[16]采用 80%的粉煤灰并配以 10%的碱渣及少量石灰和水泥可以制备出抗压强度为 2~7MPa 的礁块。海水浸泡试验表明,早期浸泡过程中礁块抗压强度下降幅度较大。经过 137d 的浸泡后,初始强度为 6.7MPa 的礁块的抗压强度下降了 7%。

　　除粉煤灰以外,其他固体废弃物制备人工鱼礁的研究较少。在确保环境友好性的基础上,开发多种固体废弃物用于制备人工鱼礁,是实现资源循环利用、变废为宝的良好途径。

2.2.2　冶金渣的研究现状

1. 冶金渣的价值

　　冶金渣是在钢铁冶炼过程中伴随着钢铁制造产生的大量固体废弃物。炼铁工序产生的钢铁渣、炼钢工序产生的钢渣以及轧钢工序产生的氧化铁渣、各除尘系统产生的冶金尘泥等冶金固体废弃物,统称为冶金渣。在专业化冶金渣处理厂,冶金渣经过冶金渣处理专用设备及生产线进行粉化、破碎、磁选、研磨等综合加工处理,生产出各类废钢、废铁,回炉炼钢。含有一定铁分的渣粉混合烧结,熔渣回炉造渣循环使用。剩余的尾渣进一步深化加工生产出高炉渣水泥、钢渣水泥、混凝土掺合料、砖块和墙体材料等。广泛应用于建筑行业,努力实现冶金固废高附加值资源化和"零排放"。

　　随着高性能混凝土的技术开发与应用,近年来矿渣的利用率有所提高,达到90%以上。相对于矿渣,钢渣的利用率还处于较低水平。我国每年的钢渣总产量达数亿吨,综合利用率仅为 60%,历年累计堆存量约数十亿吨。随着钢铁产业的发展,钢渣的排放量也在不断增加。极低的利用率造成钢渣大量堆积,占用土地,污染环境,而且降低了钢铁企业的经济效益,就要求利用现有的钢渣作为二次资源再利用,开发出高附加值的产品。

　　冶金渣的综合利用价值主要体现在三个方面:首先,生产冶金渣粉可节约能源,冶金渣中的金属经过充分回收后,可用于生产冶金渣粉,用于代替部分水泥作为混凝土掺合料;其次,生产冶金渣粉可以节省原生资源,冶金渣粉代替水泥使用可以节省水泥生产所必需的石灰石,减少黏土质原生资源的开采,减少无序开采、保护环境;最后,生产冶金渣粉可减少碳排放。钢渣是在 1650℃ 以上高温下形成的以硅酸二钙(C_2S)和硅酸三钙(C_3S)为主要成分的材料。高炉渣经水淬急冷形成玻璃体,具有较好的水硬胶凝性。这些材料经磨细后,在适当激发剂的作用下均能发挥良好的胶凝性。生产冶金渣粉不需要煅烧,减少了燃料燃烧时 CO_2 的排放。世界上水泥工业生产共计约向大气排放 16 亿 tCO_2,约占全球温室气体排放量的 7%。每生产利用 1t 冶金渣粉替代水泥,将减少 CO_2 排放 0.8 亿 t,有利于环保和低碳经济的发展。

2. 钢渣综合利用进展

钢渣的综合利用途径大致可分为内循环和外循环,内循环指钢渣在钢铁企业内部利用,作为烧结矿的原料和炼钢的返回料。钢渣的外循环主要是指用于建筑建材行业。

钢渣的内循环利用主要是利用钢渣中的残钢、氧化铁、氧化镁、氧化钙、氧化锰等有益成分,作为烧结矿的增强剂。但多次重复利用会造成磷等有害元素的富集,并使烧结矿品位、碱度有所降低。另外,钢渣的成分波动较大,烧结配矿时一般要求钢渣粒度小于 3mm,这都提高了钢渣成分和破碎、筛分的要求。这些不利因素致使返回烧结利用的钢渣量越来越低,不能作为钢渣循环利用的主要途径。

钢渣的外循环利用主要是用于建筑建材行业,制约钢渣综合利用的关键问题是钢渣的体积不稳定性。钢渣中的 f-CaO 和 f-MgO 遇水体积分别膨胀 98% 和 148%,在使用时会造成建筑制品、道路开裂。近几年研发的钢渣余热自解闷热处理工艺技术,在解决钢渣的不稳定性上取得很大的进步。经过闷热处理,消解钢渣中的 f-CaO 和 f-MgO,可 100% 用来生产建筑材料、建材制品和道路材料。

钢渣在建筑建材行业有以下几种利用途径:

(1)用于生产水泥生料。钢渣中约 70% 的成分是 CaO、MgO、FeO、Fe_2O_3,这些成分都对水泥有用,可以作为水泥的铁质校正剂。Tsakiridis 等[17]通过研究发现,添加 10.5% 的钢渣用于生产水泥,对水泥的质量没有负面影响。水泥工艺中煅烧 1t 石灰石产生 440kg CO_2,需 500kcal(1kcal=4.18585kJ)热量,煅烧 1t 水泥熟料需 230kg 优质煤。水泥生料配放钢渣可以节约石灰石和煤,由于钢渣的铁含量为 15%~28%,在水泥制备体系使用中铁的总含量偏低,所以水泥企业在计算成本时,倾向于选择其他铁含量达到 40% 的原料。

(2)作为钢渣水泥原料和复合硅酸盐水泥的混合材料。钢渣之所以具有水硬胶凝性主要是因为含有水泥熟料中的一些矿物:C_3S、C_2S 和铁铝酸盐,但其含量比水泥熟料少,慢冷的钢渣晶体发育较大,比较完整,活性较低,因而水化速率和胶凝能力都比熟料小。目前的钢渣水泥品种有无熟料钢渣矿渣水泥、少熟料钢渣矿渣水泥、钢渣沸石水泥、钢渣矿渣硅酸盐水泥和钢渣硅酸盐水泥,它们都有相应的国家标准和行业标准,掺量为 20%~50%。钢渣水泥具有水化热低、耐磨、抗冻、耐腐蚀、后期强度高等优点。但是钢渣水泥的实际应用情况并不是很好,主要原因是钢渣的成分波动大,常随炼钢品种、原料来源和操作管理制度而变化,易引起水泥质量的波动;作为水泥混合材料时,不同方法处理的钢渣的易磨性不同,比水泥熟料难磨制,使水泥磨制的台时产量降低,增加了水泥生产成本。

(3)钢渣微粉作为混凝土掺合料。钢渣磨细到一定细度,可以通过磁选较大程度地清除难磨的含铁物相,而超细粉磨使物料晶体结构发生重组,表面能提高,能够激发钢渣的活性,发挥水硬性胶凝材料的特性。钢渣微粉和矿渣微粉复合时有优势叠加的效果,因为钢渣中的 C_3S、C_2S 水化时形成的 $Ca(OH)_2$ 是矿渣的碱性激发剂。大掺量矿渣微粉作为混凝土掺合料使用时会显著降低混凝土中液相碱度,破坏混凝土中钢筋的钝化膜,引起混凝土中的钢筋腐蚀,并且高炉渣粉的胶凝性来源于矿渣玻璃体结构的解体,只有在 $Ca(OH)_2$ 的作用下才能形成水化产物。钢渣遇水生成 $Ca(OH)_2$,可以提高混凝土体系的液相碱度,因此掺入钢渣微粉的混凝土具有后期强度高的特性,钢渣和矿渣复合粉也可以取长补短,使混凝土性能更加完善。

(4)用于生产道路材料。钢渣经过稳定化处理后可以作为道路垫层和基层,其强度、抗弯沉性、抗渗性均优于天然石材。钢渣路具有路面平整度好、无塌陷、耐磨性好、抗冻融能力强、公路稳定性好、长时间使用可免除人工维护等优点,性能优于碎石路。因此,将现有钢渣磁选生产线产生的钢渣分级后,用于生产筑路渣是开发钢渣的又一方向。

(5)用于生产砖、瓦、砌块及混凝土预制件。钢渣经过稳定化处理后可以做地面砖、免烧砖、混凝土预制件等建材制品,掺量大,能达到 60% 以上,强度和耐久性高于黏土砖和粉煤灰砖,能节省大量的水混合黏土。但钢渣相对较大,不太适宜做实心的墙体砖。

本章所述的钢渣是鞍山钢铁集团公司矿渣开发公司的转炉钢渣经多段破碎和多段磁选后的尾渣。鞍钢目前生产的转炉钢渣,占钢厂渣总量的 60% 以上,是一种利用范围较广和使用价值最高的钢渣。其中鞍钢转炉钢渣通常铁含量在 20% 以上,碱度值为 3.1～3.3,磷硫含量较低。

这种钢渣的生成温度为 1600～1700℃,其中含有的水硬性矿物 C_3S 和 C_2S 总量在 50% 以上,可以说钢渣属于过烧的硅酸盐水泥熟料。钢渣闷热是使钢渣从热熔状态变为常温,是钢渣本身性质变化的一个复杂物理-化学过程。钢渣经闷热后,可消除钢渣中的有害物质,保留钢渣的有益性能。具体表现为:①钢渣可充分粉化,实现了渣、铁的有效分离,使钢渣中的磁性物质易于分离出来;②钢渣中的有害物质 f-CaO 和 f-MgO 在水蒸气的作用下水化为 $Ca(OH)_2$ 和 $Mg(OH)_2$,从而消除了钢渣的膨胀因素;③钢渣中的活性矿物 C_3S 和 C_2S 实现了急冷,使钢渣保留了较高的水硬性[18,19]。Hisham 等[20]经过试验证明,将这种 f-CaO 含量较低的钢渣砂替代 30%～50% 混凝土细骨料,可以使混凝土的抗拉强度和抗压强度提高 15%～30%。这一结论对本章试验的设计很有启发,也为混凝土中大量掺入钢渣作为骨料提供了依据。

3. 矿渣综合利用进展

矿渣是钢铁厂冶炼生铁时产生的副产物。在高炉炼铁过程中,除铁矿石和燃料(焦炭)之外,为了降低冶炼温度,还要加入适量的石灰石和白云石作为熔剂,它们在高炉内分解所得的 CaO、MgO 在 1400～1600℃ 与铁矿石中的非铁质成分及焦炭中的灰分发生反应形成熔融物,经水淬急冷处理形成粒状颗粒物,称为粒化高炉矿渣或水淬矿渣。我国钢铁厂的年矿渣排放量高,堆积占用土地,污染环境,近年来,我国的高性能矿渣粉在生产规模和装备水平上已处于国际前列,矿渣粉的生产也已经独立于传统的水泥行业,成为一个全新的绿色建材行业。

本章所述的矿渣是鞍山钢铁集团公司矿渣开发公司生产的水淬高炉矿渣粉。水淬高炉矿渣具有很高的潜在活性,主要是因为熔融矿渣在急冷过程中形成疏松颗粒状的矿渣,其中玻璃体的含量较多。玻璃体处于不均衡和热力学不稳定的状态,具有三维的网状结构,形成空间网络的是 SiO_2、Al_2O_3 等氧化物,而 Ca^{2+}、Mg^{2+} 等金属离子则嵌在网络的孔隙里。在硅酸盐为主的玻璃体中,四配位的硅氧四面体作为主要结构单元,它们由桥型氧离子通过 Si—O 键在顶角互相聚合成硅氧链,再相互横向连成空间骨架。从各种矿渣玻璃体中各种键的强度来看,Si—O 键的单键强度最大。因此,硅氧四面体的聚合程度越低,Si—O 键的相对数量越少,就越不稳定,因而具有较高的化学活性。矿渣含有大量的 Ca^{2+}、Mg^+ 等组分,而使硅氧四面体的聚合度降低,当与水作用时,特别在有激发剂的条件下,较易使玻璃体解离后重新组合,形成水化产物,呈现胶凝性[21-23]。

矿渣的潜在活性需要磨细才能使其发挥出来,通常细度越大,活性越高。其原因在于:细度越大,比表面积越大,影响矿渣与其他胶凝原料的接触面积。但如果磨得太细,产量降低,耗能又会增加,所以一般将矿渣磨细至比表面积为 420～450m²/kg[24]。

矿渣的综合利用途径主要有以下六个方面:

(1)生产矿渣水泥及水泥混凝土掺合料。这方面的应用是我国目前利用矿渣的主要途径。矿渣主要作为水泥混合材料使用,粉磨方式以水泥熟料、石膏、矿渣按比例在一起混合粉磨为主。与普通硅酸盐水泥相比,矿渣水泥具有水化热低、密实性好、抗硫酸盐及抗碱腐蚀性能强等优点。但由于矿渣较难磨细,其掺量一般小于 30%。矿渣微粉是指通过磨细使其比表面积达到 450m²/kg 以上的超细矿渣粉。首先,由于矿渣微粉的粒度细、活性高,掺入一定量的矿渣微粉可大幅度提高水泥混凝土的强度,有效抑制水泥混凝土的碱骨料反应,显著提高水泥混凝土抗碱骨料反应的性能和水泥混凝土的耐久性,从而提高水泥混凝土抗海水侵蚀的能力,特别适用于抗海水工程[24]。其次,矿渣微粉可以显著减少水泥混凝土的泌水量,改善水泥混凝土的工作性,提高水泥混凝土的致密度,进而改善水泥混凝土的抗渗性。最后,矿渣微粉能显著降低水泥混凝土的水化热,适用于配制大体积混凝土。因此,矿渣微粉作为混凝土的掺合料,在建筑工程中得到了广泛应用。

(2)生产无机和有机胶凝材料。以磨细矿渣为主要原料,选择合适的激发剂,在一定的条件下养护,可得到干燥收缩率小、水化速度快、早期强度高、对有害元素的固化效果好等多种优点的矿渣基无机胶凝材料,代替部分水泥胶砂材料。在沥青砂浆、沥青胶浆或者玛蹄脂中加入适量的高活性矿渣细粉,其中的矿渣粉不仅能发挥较强的物理吸附作用,提高材料整体的黏聚力、抗剪切强度,而且矿渣细粉与沥青中环烷酸等酸性物质发生反应,产生化学吸附作用,在界面上生成不溶于水的环烷酸钙等化合物,使填料与沥青牢固、稳定地黏结在一起,可有效防止水分浸入填料与沥青膜之间的界面,显著提高胶凝材料对水的稳定性、耐热性。

(3)制备微晶玻璃。矿渣微晶玻璃的制备方法主要有熔融法、烧结法、压延法、浇铸法等。目前多采用烧结法,即以矿渣为主要原料,加入石英砂等辅料,熔化成$CaO-Al_2O_3-SiO_2$型的基础玻璃液,经一系列工序处理,转化为微晶玻璃。矿渣微晶玻璃具有很多优异性能:力学强度高、硬度高、耐磨耐腐、使用温度高、耐火、清洁、安全等[25],是一种广泛应用于化工、电子、航空航天、国防领域的高档建筑装饰材料。

(4)制备矿渣纤维。在水淬矿渣中加入硼砂等辅料,经冲天炉高温熔化,熔体经过高速离心机甩丝,生产的矿渣纤维用于隔热、保温、填料等[26]。如果在倾倒的熔融炉渣中直接加入硅砂等原料,提高熔化温度形成玻璃液,则可以生产玻璃棉、玻璃纤维、保温隔热材料,具有良好的市场前景和经济效益。

(5)制备土壤固化剂。土壤固化剂主要用于铺筑路面和机场跑道的基层和底基层、河道护岸、海堤护坡、回填土及防渗渠等工程。它以矿渣或矿渣组合物为主体原料,配以适量的碱性激发剂和表面活性剂混合粉磨而成,其中矿渣掺量可达70%[27]。王志强[28]通过试验确认了矿渣作为路基填料的可行性,并成功地用于高速公路路基的填筑。

(6)制备多孔陶粒及无机泡沫材料。在矿渣中加入合适的结合剂、成孔剂,经混合成型、干燥、烧成可制得多孔陶粒,作为高级公路的隔热层、隔热轻质混凝土的主料等[29]。在矿渣中加入成孔剂,用抗压等方式成型,经合理养护制得的无机泡沫材料,具有优良的保温、隔热、隔声、耐火等特性,可以用于轻质建材、石油、化工、冶炼等工业。

2.3　人工鱼礁混凝土的研究方法

1. 冶金渣制备高强度人工鱼礁混凝土的研究思路

研究以冶金渣最大化利用为主要目的,以矿渣粉、钢渣粉、石膏、水泥熟料、减水剂配置成胶凝材料,并采用钢渣砂和钢渣块为骨料研制高强度人工鱼礁混凝土。试验过程中,运用最紧密堆积原理,寻求胶凝材料及骨料的最佳级配;同时,运用物理、化学活化原理和粒级与活性双重优化原理对大掺量、少熟料钢渣矿渣水泥胶凝体系进行活性激发。通过胶砂试验、净浆试验和混凝土试验,确定优化各物料的配合比、比表面积,以及水胶比和减水剂用量,制备出符合高强度要求的人工鱼礁混凝土。

2. 冶金渣制备高强度人工鱼礁混凝土的研究内容

1)矿渣-钢渣-石膏体系胶凝材料配方及其水化机理的研究

研究大掺量钢渣、矿渣体系的胶凝特性。其中要求钢渣、矿渣的总掺量达到胶凝材料的 80%(质量分数),水泥熟料掺量不大于 10%。研究影响胶凝材料特性的因素包括:矿渣、钢渣、水泥熟料、脱硫石膏的掺量和粒径;减水剂的减水效果及对该体系强度的影响;各组分水化反应活性、稳定性、水化进程以及在水化过程中与矿渣的协同作用机理;矿渣-钢渣-石膏体系中水泥熟料、矿渣、钢渣先后反应的顺序及其之间的相互关系;脱硫石膏对矿渣-钢渣-石膏胶凝体系的激发作用原理和 $Ca(OH)_2$、RO 相对矿渣-钢渣-石膏胶凝体系强度、体系稳定性的影响。通过系统试验确定胶凝材料的优化配方及生产方案。

2)矿渣-钢渣-石膏体系混凝土配方及其水化机理的研究

优化矿渣-钢渣-石膏体系混凝土的配方。采用闷热法稳定化的钢渣颗粒作为混凝土骨料,使混凝土中钢渣成分的总量达到 75%,将大量钢渣转化为工程材料。在保证人工鱼礁强度和应用特性的前提下,尽可能减少水泥熟料的使用,更多地利用钢渣、矿渣,做到资源的合理利用。

对制备出的材料和水化产物进行理化分析,研究其水化机理,把握物相变化、微观结构变化、材料颗粒填充以及各配料相互作用等规律,为解释材料性能提供理论依据,为改进试验方法提供技术指导。

3)矿渣-钢渣-石膏体系混凝土力学性能、微观结构分析及环境友好性评价

人工鱼礁混凝土的力学性能主要通过抗压强度来体现,以混凝土试件在不同养护条件下的抗压强度衡量其性能,结合试件中胶凝材料的水化过程分析和骨料

与胶凝材料界面分析，从微观角度解释混凝土强度机理。

测试矿渣-钢渣-石膏体系人工鱼礁混凝土原料的有害元素含量，以保证矿渣-钢渣-石膏体系人工鱼礁在海洋生态领域的应用效果和安全性。通过净浆和混凝土试件的模拟海水浸泡试验，检测材料表面 pH，辅以混凝土表面碳化试验作为对比，检验其环境友好性并进行评价。

3. 冶金渣制备高强度人工鱼礁混凝土的技术路线

冶金渣制备高强度人工鱼礁混凝土的技术路线如图 2.1 所示。

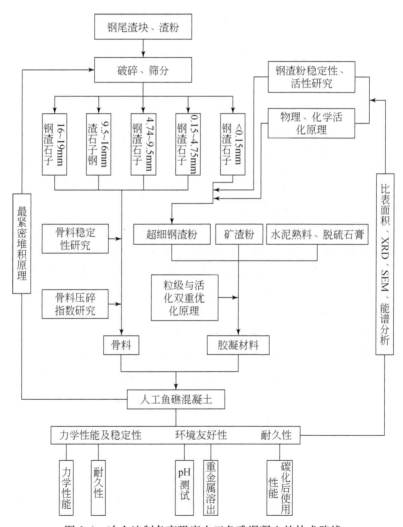

图 2.1 冶金渣制备高强度人工鱼礁混凝土的技术路线

2.3.1 试验原料

1. 胶凝材料部分

胶凝材料的试验原料化学成分见表 2.1。

表 2.1   原料的化学成分（质量分数）

成分	矿渣/%	钢渣/%	脱硫石膏/%	水泥熟料/%
SiO_2	36.97	12.22	3.16	22.5
Al_2O_3	11.6	6.84	1.35	4.86
Fe_2O_3	0.3	14.53	0.47	3.43
FeO	0.33	11.83	0	0
MgO	4.24	11	7.49	0.83
CaO	41.41	35.82	33.38	66.3
TiO_2	0.51	0.5	0	0.81
SO_3	2.03	0	45.7	0.31
烧失量	0.3	5.04	8.28	0.96
合计	97.69	97.78	99.83	100

1）矿渣

矿渣采用鞍山钢铁集团公司矿渣开发公司生产的商品矿渣粉，表观密度为 $2.89g/cm^3$，比表面积为 $410m^2/kg$。该矿渣粉的矿物相以玻璃态为主，具有一定的潜在活性。

2）钢渣

钢渣原料由鞍山钢铁集团公司矿渣开发公司提供，原状钢渣的粒径为 $10\sim32mm$，经实验室破碎、粉磨后，表观密度为 $3.39g/cm^3$，比表面积为 $450m^2/kg$。主要矿物相为 C_2S、C_3S、铁铝酸四钙（C_4AF）、CaO 和少量的 RO 相。

3）脱硫石膏

经实验室粉磨后，表观密度为 $1.87g/cm^3$，比表面积为 $220m^2/kg$。主要矿物相为二水石膏。

4）水泥熟料

采用普通硅酸盐水泥熟料，其标号为 P·O42.5。经实验室粉磨后，表观密度为 $3.19g/cm^3$，比表面积为 $245m^2/kg$。主要矿物相为 C_2S、C_3S、铝酸三钙（C_3A）和 C_4AF。

5)标准砂

采用中国 ISO 标准砂。

6)高效减水剂

采用聚羧酸高效减水剂(polycarboxylate superplasticizer,PC 减水剂)(粉状)。

2. 骨料部分

为提高人工鱼礁混凝土的固废利用率,试验使用不同粒径范围的钢渣分别作为混凝土的粗骨料和细骨料。从以下几个方面分析钢渣骨料的基本情况。

1)压碎指标

骨料的压碎指标用于衡量骨料在逐渐加荷情况下的抗破碎能力,是判定骨料力学性能的重要依据。试验依据《建设用砂》(GB/T 14684—2011)和《建设用卵石、碎石》(GB/T 14685—2011)中的相关条款,检验钢渣分别作为细骨料和粗骨料的压碎指标,以判定钢渣骨料是否适用于高强度人工鱼礁混凝土。

钢渣细骨料样品的制备按照《建设用砂》(GB/T 14684—2011)中的要求,将钢渣放于干燥箱中在(105±5)℃下烘干至恒量,待冷却至室温后,筛除大于 4.75mm 及小于 0.3mm 的颗粒,筛分成 0.3~0.6mm、0.6~1.18mm、1.18~2.36mm 及 2.36~4.75mm 四个粒级,每级 1000g 备用。细骨料的检验项目为单级最大压碎指标,检验结果见表 2.2。

表 2.2 钢渣细骨料压碎指标检验结果

检验项目	标准要求			检验结果	单项结论
	Ⅰ类	Ⅱ类	Ⅲ类		
单级最大压碎指标/%	≤20	≤25	≤30	5.8	Ⅰ类

钢渣粗骨料样品的制备按照《建设用卵石、碎石》(GB/T 14685—2011)中碎石取样的要求,将钢渣风干后筛除大于 19.0mm 及小于 9.5mm 的颗粒,并去除针、片状颗粒,筛分成 9.5~16.0mm 粒级 6000g 及 16.0~19.0mm 粒级 4000g,将两个粒级的骨料均匀混合后备用。粗骨料的检验项目为压碎指标(碎石),检验结果见表 2.3。

表 2.3 钢渣粗骨料压碎指标检验结果

检验项目	标准要求			检验结果	单项结论
	Ⅰ类	Ⅱ类	Ⅲ类		
压碎指标(碎石)/%	≤10	≤20	≤30	4.8	Ⅰ类

由表 2.2 和表 2.3 可以看出,钢渣细骨料单级最大压碎指标的检验结果符合《建设用砂》(GB/T 14684—2011)标准中Ⅰ类砂的技术要求;钢渣粗骨料压碎指标

的检验结果符合《建设用卵石、碎石》(GB/T 14685—2011)标准中Ⅰ类石的技术要求。标准中Ⅰ类、Ⅱ类和Ⅲ类的适用范围见表 2.4。

表 2.4　钢渣粗骨料压碎指标检验结果

类别	Ⅰ类	Ⅱ类	Ⅲ类
适用范围	宜用于强度等级大于 C60 的混凝土	宜用于强度等级 C60~C30 及抗冻、抗渗或其他要求的混凝土	宜用于强度等级小于 C30 的混凝土和建筑砂浆

从表 2.4 可以看出,钢渣细骨料和钢渣粗骨料可以用于强度等级大于 C60 的混凝土,完全可以用于制备高强度人工鱼礁混凝土。

2)SEM 和能谱分析

钢渣的形成具有特殊性,骨料颗粒中的成分分布不像钢渣粉的成分分布那样均匀,且较大颗粒的钢渣不便于观察,因此采用 SEM 结合能谱(energy dispersive X-ray spectroscopy,EDX)的方法,对大颗粒钢渣进行分析。

图 2.2 是利用 SEM 获取的钢渣图像,图中的不同区域衬度的差别,能够反映样品中不同区域原子序数的差异,据此可定性分析样品微区的化学成分分布。图 2.2 的成像图中大致可分为明亮、次明亮和较暗三类区域。

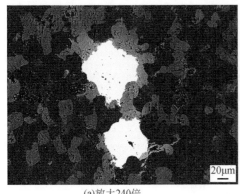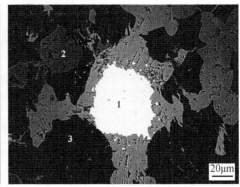

(a)放大240倍　　　　　　　　　　(b) 放大500倍

图 2.2　钢渣的 SEM 图

结合钢渣的物相组成,从图 2.3 中 Ca 和 Fe 元素浓度分布的重叠微区可以看出 C_2F 填充于其他独立分布的物相之间,与水泥熟料中 C_4AF 的作用相似。从 Fe 和 Mg 元素的浓度分布重叠微区表明钢渣中 RO 相散落在钢渣内部,并以粒状为主。从 Ca 和 Si 元素的浓度分布的重叠微区可以得知钢渣中含有大量的钙硅相(C_2S 和 C_3S),但仅从 Ca 和 Si 的元素浓度上很难区分 C_2S 和 C_3S。通过对比在 Ca 和 Si 的元素浓度分布的重叠微区上 P 的浓度分布,可初步判断图中长条状钙硅相为 C_3S,周围散落的圆形颗粒为 C_2S。

　　综上分析,可将图 2.3 中钢渣的灰度值粗略的划为三类物相,从明到暗依次为铁钙相(C_2F)、铁镁相(RO 相)和钙硅相(C_2S 和 C_3S)。

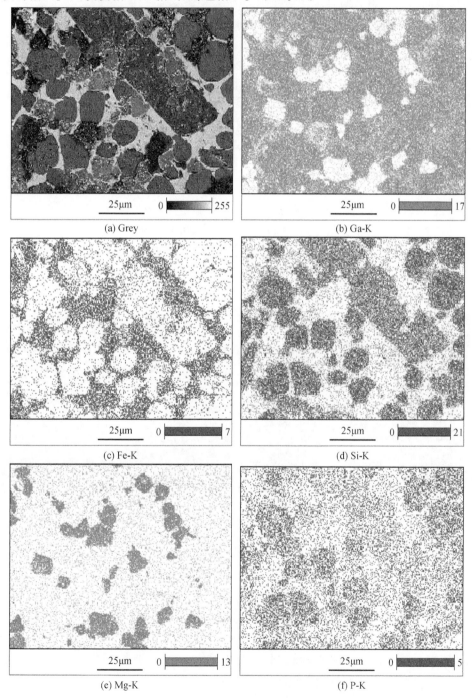

图 2.3　钢渣的 EDX 面扫描能谱图

2.3.2　原料预处理及混凝土制备

1. 原料预处理

将钢渣、矿渣、水泥熟料、脱硫石膏烘至含水率小于 1% 后,用 0.315mm 标准筛进行筛分,筛下部分作为原料再进行磨细,物料的磨细采用 SMΦ500mm×500mm 试验磨机,各物料的研磨过程是首先进行单独磨细然后再混合。其中矿渣粉磨 40min 和 90min,钢渣粉磨 30min、60min、90min 和 120min,水泥熟料粉磨 10min、40min 和 60min,脱硫石膏粉磨 20min、40min 和 60min。粉磨后各物料比表面积见表 2.5。胶凝材料按试验设计的比例混合后,采用球磨机再混磨 10min。混磨后的原料密封备用。

表 2.5　胶凝材料中物料粉磨时间及比表面积

物料及粉磨时间/min	比表面积/(m²/kg)	物料及粉磨时间/min	比表面积/(m²/kg)
矿渣,40	456	水泥熟料,10	275
矿渣,90	480	水泥熟料,40	350
钢渣,30	450	水泥熟料,60	380
钢渣,60	550	脱硫石膏,20	290
钢渣,90	595	脱硫石膏,40	320
钢渣,120	603	脱硫石膏,60	350

2. 制备方法

试件成型与养护:净浆试件为先将预处理后的物料充分混合后,采用水泥净浆搅拌机,按照《水泥标准稠度用水量、凝结时间、安定性检验方法》(GB/T 1346—2011)中水泥净浆的拌制相关规定进行搅拌,搅拌均匀,浇注到 30mm×30mm×50mm 的标准试模中,振动成型。

胶砂试件为先将预处理后的物料充分混合后,采用水泥胶砂搅拌机,按照《水泥胶砂强度检验方法(ISO 法)》(GB/T 17671—1999)中水泥胶砂的拌制相关规定进行搅拌,其中的砂采用标准砂,搅拌均匀,浇注到 40mm×40mm×160mm 的标准试模中,振动成型。

混凝土试件的成型采用单卧轴强制式混凝土搅拌机搅拌物料,按照《混凝土强度检验评定标准》(GB/T 50107—2010)中混凝土的拌制相关规定进行搅拌,搅拌均匀,浇注到 100mm×100mm×100mm 的标准试模中,振动成型。

3. 养护方法

试件成型后在(20±1)℃、湿度≥95％的条件下养护,24h后拆模将试件分成三组进行养护:第一组试件标准养护条件下养护28d;第二组试件放入模拟海水溶液中养护28d(模拟海水的配方见表2.6);第三组试件在室温条件下(20~25℃),用吸水保温能力较强的毛巾覆盖、洒水养护28d。为了验证成型后混凝土在海水浸泡条件下力学性能的变化,将标准养护28d后的试件,再放入到模拟海水中养护28d。

表 2.6　模拟海水配方(溶于去离子水 1000mL)

成分	含量/g
NaCl	23.467
$MgCl_2$	4.981
$CaCl_2$	1.102
Na_2SO_4	3.917
KCl	0.664

4. 分析测试与性能表征手段

试验的主要分析测试手段包括化学全分析、有害元素离子分析、表面碱度检测、XRD分析和SEM分析。

试件的力学性能通过抗压强度来表征。净浆试件和胶砂试件参照《水泥胶砂强度检验方法(ISO法)》(GB/T 17671—1999)进行检测,混凝土试件按照《混凝土物理力学性能试验方法标准》(GB/T 50081—2019)进行检测。

2.4　人工鱼礁混凝土胶凝材料的研究

2.4.1　胶凝材料配合比及原料细度探索试验

为了大量消耗冶金渣,同时减少水泥熟料用量,拟定钢渣与矿渣的用量达到胶凝材料总量的80％,水泥熟料的用量不超过胶凝材料总量的10％。以此为基准,首先通过一些前期探索试验,初步确定脱硫石膏掺量、矿渣细度和钢渣细度范围。

1. 脱硫石膏掺量对胶砂试件强度的影响

采用胶砂试验的方法进行测试,试验中矿渣比表面积为 480m²/kg,钢渣比表面积为 450m²/kg,水泥熟料比表面积为 400m²/kg,脱硫石膏比表面积为 320m²/kg,水灰比为 0.34,水泥熟料的掺量固定为 10%。矿渣与钢渣的比例分为三种水平:矿渣占胶凝材料的 70%、60% 和 50%,钢渣占胶凝材料的 10%、20% 和 30%,在此基础上,将脱硫石膏掺量分为四种水平:分别占胶凝材料的 2%、6%、10% 和 14%,进行交叉试验。为了便于计算各组分比例,当脱硫石膏的掺量变动时,适当调整占组分比重最大的矿渣的比例,具体配合比方案见表 2.7。

表 2.7　脱硫石膏掺量对胶砂试件强度影响的试验配合比方案

试件编号	矿渣/%	钢渣/%	水泥熟料/%	脱硫石膏/%
1	78	10	10	2
2	74	10	10	6
3	70	10	10	10
4	66	10	10	14
5	68	20	10	2
6	64	20	10	6
7	60	20	10	10
8	56	20	10	14
9	58	30	10	2
10	54	30	10	6
11	50	30	10	10
12	46	30	10	14

采用标准养护的方法,养护胶砂试件 28d 后,测试以上配合比的胶砂试件抗压强度,试验结果见表 2.8。可以看出,脱硫石膏的掺量为 10% 是较为优化的掺量。

表 2.8　脱硫石膏掺量对胶砂试件强度影响试验结果

试件编号	抗压强度/MPa		
	3d	7d	28d
1	31.54	36.87	49.73
2	34.54	42.87	53.89
3	35.42	40.28	55.69

续表

试件编号	抗压强度/MPa		
	3d	7d	28d
4	41.04	46.78	53.19
5	26.35	34.81	46.41
6	39.76	45.59	57.66
7	39.65	47.28	58.02
8	37.65	45.82	57.86
9	28.34	36.83	50.12
10	34.72	42.21	53.63
11	35.76	45.61	57.32
12	35.52	38.78	54.68

2. 原料细度对胶砂试件强度的影响

原料细度对人工鱼礁混凝土强度的影响分析中,采用胶砂试验,试验用砂为标准砂,胶凝材料中的各物料分别粉磨至不同的细度。采用勃氏比表面积仪测得粉磨后各物料比表面积见表2.9。

表 2.9　胶凝材料中物料粉磨时间及比表面积

物料及粉磨时间/min	比表面积/(m²/kg)	物料及粉磨时间/min	比表面积/(m²/kg)
原料矿渣粉	410	水泥熟料,10	275
矿渣,40	456	水泥熟料,40	350
矿渣,90	480	水泥熟料,60	380
钢渣,30	450	脱硫石膏,20	290
钢渣,90	595	脱硫石膏,40	320
钢渣,120	603	脱硫石膏,60	350

表2.10的正交试验设计中采用4因素3水平,其中水灰比为0.34,矿渣粉掺量为70%,钢渣粉掺量为10%,水泥熟料掺量为10%,脱硫石膏掺量为10%。正交试验方案见表2.11。

表 2.10　胶砂试件强度正交试验因素和水平

水平	因素			
	A(矿渣粉磨时间) /min	B(钢渣粉磨时间) /min	C(水泥熟料粉磨时间) /min	D(脱硫石膏粉磨时间) /min
1	40	30	10	60
2	90	120	60	20
3	0	90	40	40

表 2.11　胶砂试件强度正交试验方案

试件编号	列号				试验方案
	1(因素 A)	2(因素 B)	3(因素 C)	4(因素 D)	
1	1	1	1	1	A1B1C1D1
2	1	2	2	2	A1B2C2D2
3	1	3	3	3	A1B3C3D3
4	2	1	2	3	A2B1C2D3
5	2	2	3	1	A2B2C3D1
6	2	3	1	2	A2B3C1D2
7	3	1	3	2	A3B1C3D2
8	3	2	1	3	A3B2C1D3
9	3	3	2	1	A3B3C2D1

采用标准养护的方法,以胶砂试件养护 3d、7d、28d 的抗压强度作为考核指标,试验结果见表 2.12。讨论原料细度对胶砂试件强度影响正交试验结果的极差分析,分析思路如下。

(1)计算各列水平号相同的试验结果之和 K_{ij},并计算其均值。

(2)计算极差 R。极差的大小反映了试验中的相应因素对指标作用的显著性。某列的极差最大,表示该列的数值在试验范围内变化时,使试验指标数值的变化最大。极差的大小表示各个因素对指标影响的主次顺序。

(3)各项有 3 个强度考核指标,反映其综合影响,可以采用功效系数法。此方法规定考核指标值最高的其功效系数为 1,其余指标的功效系数为该考核指标值与最高指标值之比,这样,$0 \leqslant d \leqslant 1$,总功效系数 $d = \sqrt[3]{d_1 d_2 d_3}$,其中,$d_1$、$d_2$、$d_3$ 分别为养护 3d、7d、28d 的抗压强度的功效系数,其大小反映了 3 个考核指标的总体情况。

(4)分析结论。由表分析最高影响因素,选出最佳配合比。

表 2.12　原料细度对胶砂试件强度影响正交试验结果

试件编号	列号				抗压强度/MPa		
	因素 A	因素 B	因素 C	因素 D	3d	7d	28d
1	40	30	10	60	14.50	31.13	40.09
2	40	120	60	20	34.99	44.93	59.30
3	40	90	40	40	33.17	50.60	56.58
4	90	30	60	40	41.90	54.31	63.09
5	90	120	40	60	39.70	55.95	60.08
6	90	90	10	20	31.32	44.40	42.72
7	0	30	40	20	12.21	29.31	34.13
8	0	120	10	40	7.23	26.90	27.82
9	0	90	60	60	15.45	38.39	43.12

　　表 2.13 为原料细度对胶砂试件强度影响的正交试验极差分析结果。可以看出,影响 3d 抗压强度的因素依次为:矿渣粉磨时间>水泥熟料粉磨时间>钢渣粉磨时间>脱硫石膏粉磨时间;7d 的影响因素依次为:矿渣粉磨时间>水泥熟料粉磨时间>钢渣粉磨时间>脱硫石膏粉磨时间;28d 影响因素依次为:矿渣粉磨时间>水泥熟料粉磨时间>脱硫石膏粉磨时间>钢渣粉磨时间。

　　表 2.14 为原料细度对胶砂试件强度影响的正交试验试件抗压强度及功效系数计算结果。由表可知,综合考虑养护 3d、7d、28d 抗压强度的三个指标,编号 4(矿渣粉磨时间 90min,钢渣粉磨时间 30min,水泥熟料粉磨时间 60min,脱硫石膏粉磨时间 40min)试件功效系数最高;编号 5(矿渣粉磨时间 90min,钢渣粉磨时间 120min,水泥熟料粉磨时间 40min,脱硫石膏粉磨时间 60min)试件功效系数次高。通过各列水平号相同的试验结果之和(K)的计算得出 $A2B3C2D3$ 或 $A2B2C2D3$ 为优化试验条件,而总功效系数 d 主次顺序是 $A>C>B>D$。

　　从表 2.14 可以看出,矿渣粉磨时间为 90min、水泥熟料粉磨时间为 60min、脱硫石膏粉磨时间为 40min 所对应的胶砂试件抗压强度最高(对应试验号 4 和优化的试验条件 $A2B2C2D3$ 及 $A2B3C2D3$),而钢渣的细度对胶砂试件强度的影响并未表现出明显的规律,优化的试验条件 $A2B2C2D3$ 或 $A2B3C2D3$ 中钢渣的粉磨时间分别为 120min 和 90min,但在本组强度最优的试件 4 中,钢渣的粉磨时间为 30min。故选定粉磨时间为 90min 的矿渣、粉磨时间为 60min 的水泥熟料和粉磨时间为 40min 的脱硫石膏作为后期试验的主要原料,钢渣粉磨时间的优化还有待进一步试验论证。

表 2.13　原料细度对胶砂试件强度影响的正交试验极差分析结果

养护龄期/d	因素	K_1	K_2	K_3	R
3	矿渣粉磨时间	82.66	112.92	34.89	78.03
	钢渣粉磨时间	68.61	81.92	79.94	13.31
	水泥熟料粉磨时间	53.05	92.34	85.08	39.29
	脱硫石膏粉磨时间	69.65	78.52	82.30	12.65
7	矿渣粉磨时间	126.66	154.66	94.60	60.06
	钢渣粉磨时间	114.75	127.78	133.39	18.64
	水泥熟料粉磨时间	102.43	137.63	135.86	35.20
	脱硫石膏粉磨时间	125.47	118.64	131.81	13.17
28	矿渣粉磨时间	155.97	165.89	105.07	60.82
	钢渣粉磨时间	137.31	147.20	142.42	9.89
	水泥熟料粉磨时间	110.63	165.51	150.79	54.88
	脱硫石膏粉磨时间	143.29	136.15	147.49	11.34

表 2.14　原料细度对胶砂试件强度影响的正交试验试件抗压强度及功效系数计算结果

试件编号	1(A)	2(B)	3(C)	4(D)	抗压强度/MPa			功效系数			总功效系数
					3d	7d	28d	d_1	d_2	d_3	$d=\sqrt[3]{d_1 d_2 d_3}$
1	1(40)	1(30)	1(10)	1(60)	14.50	31.13	40.09	0.35	0.56	0.64	0.50
2	1(40)	2(120)	2(60)	2(20)	34.99	44.93	59.30	0.84	0.80	0.94	0.86
3	1(40)	3(90)	3(40)	3(40)	33.17	50.60	56.58	0.79	0.90	0.90	0.86
4	2(90)	1(30)	2(60)	3(40)	41.90	54.31	63.09	1.00	0.97	1.00	0.99
5	2(90)	2(120)	3(40)	1(60)	39.70	55.95	60.08	0.95	1.00	0.95	0.97
6	2(90)	3(90)	1(10)	2(20)	31.32	44.40	42.72	0.75	0.79	0.68	0.74
7	3(0)	1(30)	3(40)	2(20)	12.21	29.31	34.13	0.29	0.52	0.54	0.43
8	3(0)	2(120)	1(10)	3(40)	7.23	26.90	27.82	0.17	0.48	0.44	0.33
9	3(0)	3(90)	2(60)	1(60)	15.45	38.39	43.12	0.37	0.69	0.68	0.56
K_1	2.22	1.92	1.57	2.03							
K_2	2.70	2.16	2.41	2.03				$K_1+K_2+K_3=6.24$			
K_3	1.32	2.16	2.26	2.18							
R	1.38	0.24	0.84	0.15							

2.4.2　胶凝材料抗压强度影响因素分析

为了更好地研究胶凝材料的性质和微观结构,采用净浆试件作为研究对象,在净浆试件原料中钢渣和矿渣的总体掺量达到 80%,脱硫石膏和水泥熟料的用量各为 10%,矿渣的粉磨时间为 90min,水泥熟料的粉磨时间为 60min,脱硫石膏的粉磨时间为 40min 的条件下,主要研究矿渣钢渣比例、钢渣粉磨时间、水胶比和减水剂掺量这几个因素对胶凝材料净浆试件抗压强度变化的影响。各原料的比表面积见表 2.15。

表 2.15　胶凝材料中物料粉磨时间及比表面积

物料及粉磨时间/min	比表面积/(m²/kg)	物料及粉磨时间/min	比表面积/(m²/kg)
矿渣,90	480	钢渣,90	595
钢渣,30	450	水泥熟料,60	380
钢渣,60	550	脱硫石膏,40	320

由于钢渣具有水化慢的特点,加入较多的钢渣必然导致胶凝材料早期强度降低。为了揭示钢渣掺量对胶凝材料抗压强度变化的影响,研究设计了两套正交试验方案,其中 A 组为钢渣掺量大于矿渣掺量方案,B 组为钢渣掺量不大于矿渣掺量方案。

1. 钢渣掺量大于矿渣掺量方案

表 2.16 的正交试验设计中将矿渣钢渣比、钢渣粉磨时间、水胶比和减水剂掺量作为影响因素,矿渣钢渣比设计了 3 个水平(1:7、1:3 和 3:5),钢渣粉磨时间设计为 90min、60min 和 30min。具体试验方案见表 2.17。

表 2.16　A 组胶凝材料正交试验因素和水平

水平	因素			
	A(矿渣钢渣比)	B(钢渣粉磨时间)/min	C(水胶比)	D(减水剂掺量)/%
1	1:7	90	0.22	0.2
2	1:3	60	0.21	0.3
3	3:5	30	0.20	0.4

表 2.17　A 组胶凝材料正交试验方案

试件编号	列号				试验方案
	1(因素 A)	2(因素 B)	3(因素 C)	4(因素 D)	
A-1	1	1	1	1	A1B1C1D1
A-2	1	2	2	2	A1B2C2D2
A-3	1	3	3	3	A1B3C3D3
A-4	2	1	2	3	A2B1C2D3
A-5	2	2	3	1	A2B2C3D1
A-6	2	3	1	2	A2B3C1D2
A-7	3	1	3	2	A3B1C3D2
A-8	3	2	1	3	A3B2C1D3
A-9	3	3	2	1	A3B3C2D1

表 2.18 为养护龄期 3d、7d、28d 净浆试件的抗压强度。

表 2.18　A 组胶凝材料正交试验结果

试件编号	列号				抗压强度/MPa		
	因素 A	因素 B	因素 C	因素 D	3d	7d	28d
A-1	1∶7	90	0.22	0.2	14.52	19.52	66.04
A-2	1∶7	60	0.21	0.3	9.6	17.4	49.22
A-3	1∶7	30	0.20	0.4	7.36	15.44	33.76
A-4	1∶3	90	0.21	0.4	13.56	33.24	61.96
A-5	1∶3	60	0.20	0.2	16.32	42.16	63.36
A-6	1∶3	30	0.22	0.3	8.44	26.28	38.08
A-7	3∶5	90	0.20	0.3	14.56	42.12	71.24
A-8	3∶5	60	0.22	0.4	9.88	33.36	62.04
A-9	3∶5	30	0.21	0.2	12.24	40.92	62.24

从表 2.19 可以看出,养护龄期为 28d 试件抗压强度影响因素中,钢渣粉磨时间为最大影响因素,矿渣钢渣比为养护 7d 抗压强度最大影响因素。

表 2.19　A 组胶凝材料正交试验极差分析

养护龄期/d	因素	K_1	K_2	K_3	R
3	矿渣钢渣比/%	31.48	38.32	36.68	6.84
	钢渣粉磨时间/min	42.64	35.8	28.04	14.6
	水胶比/%	32.84	35.4	38.24	5.4
	减水剂掺量/%	43.08	32.6	30.8	12.28
7	矿渣钢渣比/%	52.36	101.68	116.4	64.04
	钢渣粉磨时间/min	94.88	92.92	82.64	12.24
	水胶比/%	79.16	91.56	99.72	20.56
	减水剂掺量/%	102.6	85.8	82.04	20.56
28	矿渣钢渣比/%	149.02	163.4	195.52	64.04
	钢渣粉磨时间/min	199.24	174.62	134.08	65.16
	水胶比/%	166.16	173.42	168.36	7.26
	减水剂掺量/%	191.64	159.54	157.76	33.88

表 2.20 为 A 组试件的抗压强度、功效系数与极差计算结果。可以看出,综合考虑 3d、7d、28d 的抗压强度三个指标,试件 A-5(即矿渣钢渣比为 1:3,钢渣粉磨时间为 60min,水胶比为 0.20,减水剂掺量为 0.2%)的总功效系数为 0.96;试件 A-7(即矿渣钢渣比为 3:5,钢渣粉磨时间为 90min,水胶比为 0.20,减水剂掺量为 0.3%)的总功效系数为 0.95。通过表 2.20 中的 K 值可以得出,A3B1C3D1 为最优试验条件,A>B>D>C 是总功效系数 d 因素的主次顺序。

表 2.20　A 组胶凝材料的抗压强度、功效系数与极差计算结果

试件编号	1(A)	2(B)	3(C)	4(D)	抗压强度/MPa			功效系数			总功效系数
					3d	7d	28d	d_1	d_2	d_3	$d=\sqrt[3]{d_1 d_2 d_3}$
A-1	1(1:7)	1(90)	1(0.22)	1(0.2)	14.52	19.52	66.04	0.89	0.46	0.93	0.72
A-2	1(1:7)	2(60)	2(0.21)	2(0.3)	9.60	17.40	49.22	0.59	0.41	0.69	0.55
A-3	1(1:7)	3(30)	3(0.20)	3(0.4)	7.36	15.44	33.76	0.45	0.37	0.47	0.43
A-4	2(1:3)	1(90)	2(0.21)	3(0.4)	13.56	33.24	61.96	0.83	0.79	0.87	0.83
A-5	2(1:3)	2(60)	3(0.20)	1(0.2)	16.32	42.16	63.36	1.00	1.00	0.89	0.96
A-6	2(1:3)	3(30)	1(0.22)	2(0.3)	8.44	26.28	38.08	0.52	0.62	0.53	0.55

续表

试件编号	1(A)	2(B)	3(C)	4(D)	抗压强度/MPa			功效系数			总功效系数
					3d	7d	28d	d_1	d_2	d_3	$d=\sqrt[3]{d_1 d_2 d_3}$
A-7	3(3:5)	1(90)	3(0.20)	2(0.3)	14.56	42.12	71.24	0.88	0.98	1.00	0.95
A-8	3(3:5)	2(60)	1(0.22)	3(0.4)	9.88	33.36	62.04	0.61	0.79	0.87	0.75
A-9	3(3:5)	3(30)	2(0.21)	1(0.2)	12.24	40.92	62.24	0.75	0.97	0.87	0.86
K_1	1.70	2.51	2.06	2.55							
K_2	2.35	2.29	2.24	2.06			$K_1+K_2+K_3=6.65$				
K_3	2.60	1.85	2.35	2.04							
R	0.90	0.67	0.29	0.51							

综上所述,优化出的试验条件是 $A3B1C3D1$,矿渣钢渣比、钢渣粉磨时间、水胶比和减水剂掺量分别对应为 3:5、90min、0.20 和 0.2%。由于该配合比不在 A 组胶凝材料正交试验(A-1~A-9)的试验方案中,故将这种配合进行平行强度试验验证,试验用胶凝材料中物料配合比见表 2.21。

表 2.21　A 组胶凝材料平行强度试验物料配合比方案　　　（单位:%）

钢渣	矿渣	水泥熟料	脱硫石膏	减水剂
50	30	10	10	0.2

按照表 2.21 制备的胶凝材料净浆测试试件养护 3d、7d、28d 的抗压强度分别为 16.84MPa、56.69MPa、77.03MPa,优于表 2.20 正交试验中抗压强度最高值16.32MPa、42.16MPa、71.24MPa,故依照最佳试验条件 $A3B1C3D1$,A 组试验中优化胶凝材料配方为:钢渣 50%(粉磨 90min),矿渣 30%,水泥熟料 10%,脱硫石膏 10%,水胶比 0.20,PC 减水剂掺量 0.2%。

表 2.22　A 组胶凝材料平行强度试验结果

养护龄期/d	抗压强度/MPa
3	16.84
7	56.69
28	77.03

2. 钢渣掺量不大于矿渣掺量方案

B 组胶凝材料的试验因素和水平确定中(见表 2.23),设计了 4 个因素 3 个水平,试验方案见表 2.24。

表 2.23　B 组胶凝材料正交试验因素和水平

水平	因素			
	A(矿渣钢渣比)	B(钢渣粉磨时间)/min	C(水胶比)	D(减水剂掺量)/%
1	7∶1	90	0.22	0.2
2	3∶1	60	0.21	0.3
3	1∶1	30	0.20	0.4

表 2.24　B 组胶凝材料正交试验方案

试件编号	列号				试验方案
	1(因素 A)	2(因素 B)	3(因素 C)	4(因素 D)	
B-1	1	1	1	1	A1B1C1D1
B-2	1	2	2	2	A1B2C2D2
B-3	1	3	3	3	A1B3C3D3
B-4	2	1	2	3	A2B1C2D3
B-5	2	2	3	1	A2B2C3D1
B-6	2	3	1	2	A2B3C1D2
B-7	3	1	3	2	A3B1C3D2
B-8	3	2	1	3	A3B2C1D3
B-9	3	3	2	1	A3B3C2D1

表 2.25 为养护龄期 3d、7d、28d 净浆试件的抗压强度。

表 2.25　B 组胶凝材料正交试验结果

试件编号	列号				抗压强度/MPa		
	因素 A	因素 B	因素 C	因素 D	3d	7d	28d
B-1	7∶1	90	0.22	0.2	64.00	82.84	89.68
B-2	7∶1	60	0.21	0.3	64.12	91.28	94.28
B-3	7∶1	30	0.20	0.4	42.12	80.84	91.84
B-4	3∶1	90	0.21	0.4	27.56	82.84	92.36
B-5	3∶1	60	0.20	0.2	64.56	81.12	91.52
B-6	3∶1	30	0.22	0.3	56.28	74.72	76.68
B-7	1∶1	90	0.20	0.3	36.64	77.76	79.68
B-8	1∶1	60	0.22	0.4	26.08	72.40	79.36
B-9	1∶1	30	0.21	0.2	49.60	68.80	74.28

表 2.26 为 B 组胶凝材料正交试验极差分析结果。可以看出,养护 3d 试件抗压强度影响因素依次为:减水剂掺量＞矿渣钢渣比＞钢渣粉磨时间＞水胶比;7d 试件影响因素依次为:矿渣钢渣比＞钢渣粉磨时间＞水胶比＞减水剂掺量;28d 试件影响因素依次为:矿渣钢渣比＞钢渣粉磨时间＞水胶比＞减水剂掺量。

表 2.26　B 组胶凝材料正交试验极差分析结果

养护龄期/d	因素	K_1	K_2	K_3	R
3	矿渣钢渣比/%	170.24	148.40	112.32	57.92
	钢渣粉磨时间/min	128.20	154.76	148.00	26.56
	水胶比/%	146.36	141.28	143.32	5.08
	减水剂掺量/%	178.16	157.04	95.76	82.40
7	矿渣钢渣比/%	254.96	238.68	218.96	36.00
	钢渣粉磨时间/min	243.44	244.80	224.36	20.44
	水胶比/%	229.96	242.92	239.72	12.96
	减水剂掺量/%	232.76	243.76	236.08	11.00
28	矿渣钢渣比/%	275.80	260.56	233.32	42.48
	钢渣粉磨时间/min	261.72	265.16	242.80	22.36
	水胶比/%	245.72	260.92	263.04	17.32
	减水剂掺量/%	255.48	250.64	263.56	12.92

表 2.27 为 B 组胶凝材料抗压强度、功效系数与极差计算结果。综合考虑 3d、7d、28d 养护龄期的抗压强度三个指标,试件 B-2(即矿渣钢渣比为 7:1,钢渣粉磨时间为 60min,水胶比为 0.21,减水剂掺量为 0.3%)的总功效系数 1.00,其值最大,相应的试验条件是 A1B2C2D2。A1B2C3D1 为最好的试验条件,A＞D＞B＞C 是总功效系数的因素影响次序。

表 2.27　B 组胶凝材料不同养护龄期的抗压强度、功效系数与极差计算结果

试件编号	1(A)	2(B)	3(C)	4(D)	抗压强度/MPa			功效系数			总功效系数
					3d	7d	28d	d_1	d_2	d_3	$d=\sqrt[3]{d_1 d_2 d_3}$
B-1	1(7:1)	1(90)	1(0.22)	1(0.2)	64.00	82.84	89.68	0.99	0.90	0.95	0.95
B-2	1(7:1)	2(60)	2(0.21)	2(0.3)	64.12	91.28	94.28	0.99	1.00	1.00	1.00
B-3	1(7:1)	3(30)	3(0.20)	3(0.4)	42.12	80.84	91.84	0.65	0.89	0.97	0.82
B-4	2(3:1)	1(90)	2(0.21)	3(0.4)	27.56	82.84	92.36	0.43	0.91	0.98	0.73
B-5	2(3:1)	2(60)	3(0.20)	1(0.2)	64.56	81.12	91.52	1.00	0.89	0.97	0.95

续表

试件编号	1(A)	2(B)	3(C)	4(D)	抗压强度/MPa			功效系数			总功效系数
					3d	7d	28d	d_1	d_2	d_3	$d=\sqrt[3]{d_1 d_2 d_3}$
B-6	2(3:1)	3(30)	1(0.22)	2(0.3)	56.28	74.72	76.68	0.87	0.82	0.81	0.83
B-7	3(1:1)	1(90)	3(0.20)	2(0.3)	36.64	77.76	79.68	0.57	0.85	0.85	0.74
B-8	3(1:1)	2(60)	1(0.22)	3(0.4)	26.08	72.40	79.36	0.40	0.79	0.84	0.64
B-9	3(1:1)	3(30)	2(0.21)	1(0.2)	49.60	68.80	74.28	0.77	0.75	0.79	0.77
K_1	2.77	2.42	2.42	2.67							
K_2	2.51	2.59	2.50	2.57			$K_1+K_2+K_3=7.43$				
K_3	2.15	2.42	2.51	2.19							
R	0.62	0.17	0.09	0.48							

综上所述,优化出的试验条件是 $A1B2C3D1$,对应矿渣钢渣比为 7∶1、钢渣粉磨时间为 60min、水胶比为 0.20,减水剂掺量为 0.2%。由于该配合比不在 B 组胶凝材料正交试验(B-1～B-9)的试验方案中,故将该配合比进行平行强度试验验证,试验用 B 组胶凝材料中物料配合比见表 2.28。

表 2.28　B 组胶凝材料平行抗压强度试验物料配合比方案　　(单位:%)

	矿渣	钢渣	水泥熟料	脱硫石膏	减水剂
	70	10	10	10	0.2

表 2.29　B 组胶凝材料平行强度试验结果

养护龄期/d	抗压强度/MPa
3	66.75
7	92.21
28	94.69

由表 2.28 制备的胶凝材料净浆测试试件养护 3d、7d、28d 的抗压强度分别为 66.75MPa、92.21MPa、94.69MPa,优于表 2.27 正交试验中抗压强度最高值 64.56MPa、91.28MPa、94.28MPa,故依照最佳试验条件 $A1B2C3D1$,B 组胶凝材料的优化配合比为:矿渣∶钢渣∶水泥熟料∶脱硫石膏=7∶1∶1∶1,PC 减水剂掺量 0.2%,水胶比 0.20。

2.4.3　钢渣粉磨时间对胶凝材料性能的影响

从 2.4.2 节试验中发现,不论是钢渣掺量大于矿渣掺量的 A 组,还是钢渣掺量不大于矿渣掺量的 B 组,它们的优化胶凝材料配方中,水胶比和减水剂掺量都是一样的,表明适当降低水胶比对胶凝材料的抗压强度提高有一定效果,同时证明在胶凝材料中 0.2% 的减水剂掺量效果最好,这都对后期设计混凝土配合比具有指导作用。

矿渣作为混凝土掺合料由来已久,且生产和使用的标准完善。由于钢渣的利用存在缺陷,在混凝土中作为掺合料应用受到限制。同时,由于钢渣不易磨细,对于钢渣应该磨细到何种程度可以既达到使用要求,又节约成本,目前也没有标准可以参照。上述试验的结论表明:钢渣的粉磨时间并非越长越好,要达到最优的使用效果,还需与适当的矿渣钢渣比协调考虑。下面着重分析钢渣粉磨时间对钢渣本身和胶凝材料抗压强度的影响。

1. 不同粉磨时间钢渣的 XRD 分析

图 2.4 为粉磨 30min、60min 和 90min 钢渣的 XRD 谱图。可以看出,粉磨 60min 钢渣的 XRD 峰强度明显低于粉磨 30min 钢渣的 XRD 峰强度,而粉磨 90min 钢渣的 XRD 峰强度较粉磨 60min 钢渣的 XRD 峰强度降低得不太明显。由于矿物晶体结构的变化直接影响矿物的 XRD 峰强度,当晶体的有序结构遭到破坏时,XRD 峰强度就会降低,表明矿物的无定形程度加深,有利于其参与水化反应。图 2.4 说明对钢渣进行粉磨能极大地促进钢渣参与水化反应,并且前 60min 的粉磨明显更为有效。

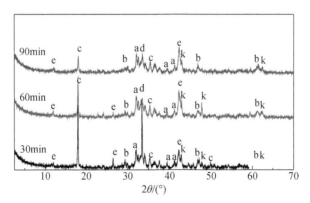

图 2.4　不同粉磨时间钢渣的 XRD 谱图
a. C_2S; b. C_3S; c. $Ca(OH)_2$; d. $Ca_{12}Al_{14}O_{33}$; e. $Ca_2Fe_2O_5$; k. RO

2. 不同粉磨时间钢渣的 SEM 分析

从图 2.5 可以看出,粉磨 30min($450m^2/kg$)的钢渣中尺寸大于 $10\mu m$ 的颗粒占总体积的绝大多数,尺寸小于 $2\mu m$ 的颗粒很少;粉磨 60min($550m^2/kg$)的钢渣中仅有少量大于 $10\mu m$ 的颗粒,大部分颗粒尺寸在 $5\mu m$ 以下;粉磨 90min($595m^2/kg$)的钢渣中几乎没有大于 $10\mu m$ 的颗粒,大部分颗粒的尺寸在 $2\sim5\mu m$ 范围内。

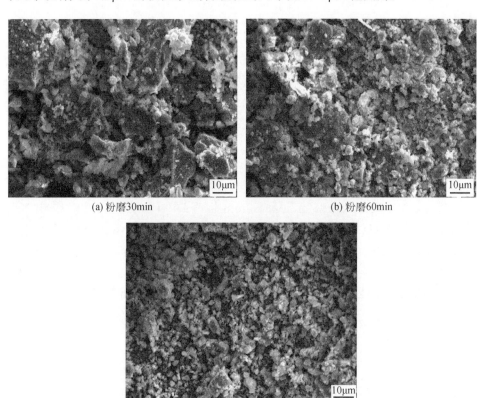

(a) 粉磨30min   (b) 粉磨60min

(c) 粉磨90min

图 2.5　不同粉磨时间钢渣的 SEM 图

3. 钢渣粉磨时间对胶凝材料抗压强度的影响试验

在胶凝材料抗压强度影响因素正交试验中,钢渣掺量大于矿渣掺量时,优化配合比中钢渣的粉磨时间是 90min;钢渣掺量不大于矿渣掺量时,优化配合比中钢渣的粉磨时间是 60min。可见在胶凝材料中,并不是钢渣粉磨得越细越好,随着矿渣钢渣比的改变,钢渣的优化粉磨时间也在改变。为了探究相关规律,需要在不同的矿渣钢渣比条件下,分析钢渣粉磨时间对胶凝材料抗压强度的影响。

　　本试验中胶凝材料的净浆试件的配合比为:矿渣钢渣占胶凝材料总量80%,水泥熟料和脱硫石膏各占10%,水胶比0.21,PC减水剂掺量为0.3%。

　　试验中将矿渣钢渣比分为六个不同等级,分别与钢渣粉磨的三个时间级别(钢渣粉磨30min、比表面积为450m²/kg,钢渣粉磨60min、比表面积为550m²/kg,钢渣粉磨90min、比表面积为590m²/kg)交叉设计试验方案,具体方案见表2.30。胶凝材料的净浆试件抗压强度结果见表2.31。

表 2.30　钢渣粉磨时间对胶凝材料抗压强度影响的试验设计方案

试件编号	矿渣钢渣比	钢渣粉磨时间/min	试件编号	矿渣钢渣比	钢渣粉磨时间/min
1	7∶1	30	10	3∶5	30
2	7∶1	60	11	3∶5	60
3	7∶1	90	12	3∶5	90
4	3∶1	30	13	1∶3	30
5	3∶1	60	14	1∶3	60
6	3∶1	90	15	1∶3	90
7	1∶1	30	16	1∶7	30
8	1∶1	60	17	1∶7	60
9	1∶1	90	18	1∶7	90

表 2.31　钢渣粉磨时间对胶凝材料抗压强度影响

试件编号	矿渣钢渣比	钢渣粉磨时间/min	抗压强度/MPa		
			3d	7d	28d
1	7∶1	30	44.74	81.93	91.63
2	7∶1	60	64.12	91.28	94.28
3	7∶1	90	64.06	83.57	90.06
4	3∶1	30	57.55	75.14	80.34
5	3∶1	60	65.16	82.22	92.02
6	3∶1	90	46.98	80.96	91.33
7	1∶1	30	19.28	62.34	72.48

续表

试件编号	矿渣钢渣比	钢渣粉磨时间 /min	抗压强度/MPa		
			3d	7d	28d
8	1∶1	60	26.61	72.40	79.02
9	1∶1	90	28.66	74.52	78.27
10	5∶3	30	16.86	37.36	62.46
11	5∶3	60	16.88	38.97	64.69
12	5∶3	90	14.11	40.32	65.21
13	3∶1	30	10.23	27.59	42.11
14	3∶1	60	16.45	43.97	64.18
15	3∶1	90	13.06	32.98	60.12
16	7∶1	30	7.13	14.88	32.16
17	7∶1	60	9.60	17.40	49.22
18	7∶1	90	12.28	18.05	63.26

图 2.6～图 2.8 分别为钢渣粉磨 30min、60min 和 90min 的胶凝材料净浆试件,随着矿渣钢渣比提高在标准养护条件下 3d、7d 和 28d 的抗压强度测试结果,以及对不同粉磨时间所对应的强度进行一次线性回归后,所得的强度变化趋势图。

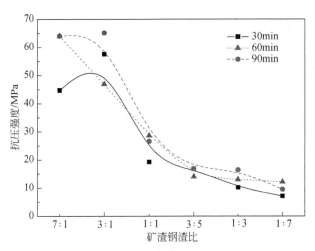

图 2.6　在标准养护条件下胶凝材料净浆试件养护 3d 的抗压强度变化趋势

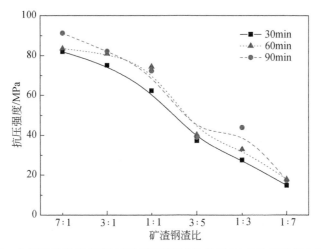

图 2.7　在标准养护条件下胶凝材料净浆试件养护 7d 的抗压强度变化趋势

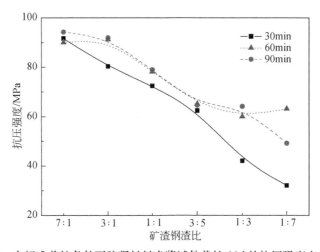

图 2.8　在标准养护条件下胶凝材料净浆试件养护 28d 的抗压强度变化趋势

从图 2.6～图 2.8 可以看出,在六组不同矿渣钢渣比的配合比中,粉磨 60min 的钢渣与粉磨 30min 的钢渣相比,总体上能明显提高净浆试件的抗压强度;粉磨 90min 的钢渣与粉磨 60min 的钢渣相比,50％以上的试件抗压强度没有提高,甚至有所下降。虽然在钢渣掺量最多的最后一组中,掺入粉磨 90min 的钢渣使试件在 28d 龄期的抗压强度有较明显的提高,但大掺量的钢渣使这一组试件的早期强度过低。

　　水泥熟料和钢渣均具有促进矿渣水化和自身水化产生胶凝的双重作用。当矿渣量较大时,钢渣的这两种作用在早期几乎被水泥熟料的作用所掩盖,而晚期也不能很好地发挥作用。但当矿渣量较少钢渣量较多时,在后期钢渣自身的胶凝作用对强度起主要作用,因此表现出掺入粉磨 90min 钢渣的试件抗压强度最高。

　　综合考虑钢渣的粉磨成本可知,如果要求胶凝材料中钢渣的用量高,同时后期强度也达到较高水平,就应该优先考虑将钢渣粉磨 90min;如果要求胶凝材料的早期和后期强度都很高,只将钢渣作为次要掺合料,就应该优先考虑将钢渣粉磨 60min。这一结论也恰好与 A、B 两组正交试验得出的优化胶凝材料配方相符合。

2.5　人工鱼礁混凝土的性能及微观结构研究

2.5.1　混凝土的匹配设计

1. 胶凝材料配合比

　　根据前面的试验结果,分别采用 A 组和 B 组胶凝材料的最优配合比,作为人工鱼礁混凝土使用的胶凝材料,除减水剂掺量需根据混凝土骨料情况做适当调整外,其他物料的掺量和加工方法与前述胶凝材料的试验相同。采用 A 组胶凝材料最优配合比配制的混凝土试件记为 A,采用 B 组胶凝材料最优配合比配制的混凝土试件记为 B。

2. 粗细骨料配合比

　　采用加工后的钢渣块作为混凝土粗骨料,采用加工后的钢渣砂作为细骨料。首先对 0～10mm 钢渣砂进行筛分,经过筛分分析,钢渣砂中有部分大于 5mm 的颗粒和小于 0.15mm 的钢渣微粉。参照《普通混凝土配合比设计规程》(JGJ 55-2011),制备人工鱼礁的细骨料采用粒径为 0.15～4.75mm 的钢渣颗粒,测得其表观密度为 3.26g/cm³。筛除大于 5mm 的钢渣颗粒,将其归入制备人工鱼礁混凝土粗骨料部分;筛除小于 0.15mm 的钢渣粉,将其归入制备鱼礁的胶凝材料部分。

　　筛除大于 4.75mm 和小于 0.15mm 颗粒后的钢渣粒级分布见表 2.32,累积筛余百分比结果见表 2.33。

表 2.32　0.15～4.75mm 钢渣粒级分布(质量分数)

筛孔直径/mm	钢渣含量/%
0.15～0.3	18
0.3～0.6	24
0.6～1.18	14
1.18～2.36	18
2.36～4.75	26

表 2.33　0.15～4.75mm 钢渣累积筛余率(质量分数)

筛孔直径/mm	钢渣累积筛余率/%
4.75	0
2.36	26
1.18	44
0.6	58
0.3	82
0.15	100

　　根据细度模数的计算式(2.1),计算 0.15～4.75mm 钢渣砂的细度模数,得出该细度模数为 3.1,由此可以判断 0.15～4.75mm 的钢渣颗粒属于粗砂。根据制备高性能混凝土的相关文献[30]～[34],可知该细度模数基本符合用于制备高强度混凝土砂率的一般要求。利用 0.15～4.75mm 的钢渣砂作为制备人工鱼礁混凝土的细骨料部分。

$$M_x = \frac{(A_{0.15} + A_{0.3} + A_{0.6} + A_{1.18} + A_{2.36}) - 5A_{4.75}}{100 - A_{4.75}} \qquad (2.1)$$

式中,M_x 为砂的细度模数;$A_{0.15}$、$A_{0.3}$、$A_{0.6}$、$A_{1.18}$、$A_{2.36}$、$A_{4.75}$ 分别为 0.15mm、0.3mm、0.6mm、1.18mm、2.36mm、4.75mm 筛孔直径的累计筛余率,%。

　　试验过程中发现经过筛分处理的钢渣砂含有较多的粉尘颗粒及杂草之类的物质。砂子中的粉尘含量过多将直接影响人工鱼礁混凝土的制备,尤其对新拌混凝土工作性有较大的影响。为了克服钢渣砂这种缺陷,试验采用水洗钢渣的方法。该方法不仅能够最大限度地去除砂子中的粉尘颗粒和杂草,而且能够促进钢渣中 f-CaO、f-FeO 等物质与水反应,从而进一步消除骨料中潜在的体积不稳定性因素。

　　对钢渣块进行筛分分析,发现粒径大于 10mm 的钢渣块粒级主要分布在 10～32.5mm,通常制备混凝土用粗骨粒最大粒径不超过 20mm。因此,需要对钢渣块做粒级筛分并且选择合适的级配作为制备人工鱼礁混凝土的粗骨料。

试验采用标准筛筛分的方法,取 4.75～19mm 的钢渣块用作人工鱼礁混凝土的粗骨料部分,并且采用连续级配,分为 4.75～9.5mm、9.5～16mm、16～19mm 三个粒级。参照文献[34],高性能混凝土配制中考虑单位体积混凝土胶凝材料占比 0.19,水占比 0.16,空气占比 0.02,骨料占比 0.63。同时根据混凝土最紧密堆积公式(2.2),可分别计算混凝土中粗颗粒钢渣三个粒级的比例,得出 4.75～9.5mm、9.5～16mm、16～19mm 钢渣颗粒的质量比为 41.4:42.2:16.4。

$$P = \frac{100 \times \left(\frac{d}{D_{\max}}\right)^{\frac{1}{2}} - C}{100 - C} \times 100 \qquad (2.2)$$

式中,P 为骨料筛分通过率,%;d 为粒级,mm;$C = \frac{c}{c+a}$,c 为单位体积胶凝材料质量,kg;a 为单位体积骨料质量,kg。

3. 混凝土配合比

综合胶凝材料和粗细骨料的配合比方案,砂率取 0.4,水胶比为 0.3,设计出混凝土配合比。表 2.34 为混凝土配合比(采用自来水作为拌合水)。

表 2.34　人工鱼礁混凝土配合比

试件	胶凝材料/(kg/m³)				钢渣细骨料/(kg/m³)	钢渣粗骨料/(kg/m³)			PC减水剂/(kg/m³)
	矿渣	钢渣	水泥熟料	石膏		16～19mm	9.5～16mm	4.75～9.5mm	
A 组	168.3	280.5	56.1	56.1	872.8	215.4	546.9	540.7	1.7
B 组	392.7	56.1	56.1	56.1	872.8	215.4	546.9	540.7	1.7

2.5.2　标准养护条件下混凝土的性能及微观结构分析

1. 标准养护条件下混凝土的力学性能分析

分别测试 A、B 两组混凝土试件在标准养护条件下的 3d、7d 和 28d 抗压强度,测试结果如图 2.9 所示。

从图 2.9 中可以看出,标准养护条件下的 A 组混凝土试件抗压强度低于 B 组混凝土试件。A 组混凝土试件的早期抗压强度较低,3d 仅达到 12.13MPa,为 B 组同龄期试件抗压强度的 27.5%,但 28d 抗压强度增长明显,为 54.53MPa,为 B 组同龄期试件抗压强度的 79.2%;B 组混凝土试件的早期抗压强度较高,能达到 40MPa,7d 后抗压强度变化不大,基本稳定在 65MPa 以上。两组试件早期抗压强度差距明显,后期抗压强度差距缩小,可能与该养护条件下,不同配合比胶凝材料的水化过程有关。

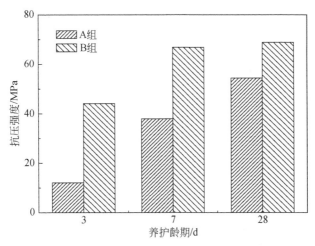

图 2.9　在标准养护条件下混凝土抗压强度

2. 标准养护条件下胶凝材料的微观结构分析

图 2.10 和图 2.11 为在标准养护条件下 A、B 两组混凝土试件中胶凝材料养护 3d、7d 和 28d 的 XRD 谱图。

从图 2.10 可以看出,A 组混凝土试件中的胶凝材料在标准养护条件下,水化产物中除 C-S-H 凝胶、$Ca(OH)_2$ 和钙矾石(AFt)外,还存在部分未水化的 C_3S、C_2S 和石膏,随着水化反应的进行,C_3S 和 C_2S 的衍射强度有所降低,$Ca(OH)_2$ 的生成量在早期有一定程度的增幅,但养护到 28d 时反而出现回落。同时,AFt 的生成量随着水化反应的深入有明显增加,这说明 C-S-H 凝胶和 AFt 是使抗压强度增大的主要因素;另外,作为激发剂的石膏随着水化过程的深入逐渐减少。C_3S 和 C_2S 还有部分没有参与水化反应,因此这部分 C_3S 和 C_2S 在后期的水化过程中会使试件抗压强度继续增加[35]。$Ca(OH)_2$ 的量先升后降,表明体系在早期有 $Ca(OH)_2$ 不断生成,可能是由 C_2S、C_3S、f-CaO 及 RO 相等发生水化反应所致。而后期的降低则是由矿渣微粉水化生成 C-S-H 凝胶过程以及 AFt 的形成过程不断吸收 $Ca(OH)_2$ 所导致的。这种矿渣吸收 $Ca(OH)_2$ 而生成 C-S-H 凝胶的过程称为火山灰活性反应或二次水化反应,可简化为如下反应式:

$$(0.8\sim1.5)Ca(OH)_2+SiO_2+|n-(0.8\sim1.5)|H_2O$$
$$\longrightarrow(0.8\sim1.5)CaO \cdot SiO_2 \cdot nH_2O \tag{2.3}$$

　　普通水泥的主要成分 C_3S 和 C_2S 水化后主要生成钙硅比（C/S）为 1.6～1.9 的高碱性 C-S-H 凝胶（C/S＞1.5）和大量 $Ca(OH)_2$，这种产物相对于低碱性 C-S-H 凝胶（C/S＜1.5），其抗压强度要低得多[36]。本试验的配方中加入了大量矿渣超细粉，有利于二次水化反应的发生，抗压强度得到大幅度提高，28d 抗压强度达到 7d 抗压强度的 144%。同时消耗 $Ca(OH)_2$ 可以有效降低胶凝材料的碱度，使这种材料更适合人工鱼礁的制备。

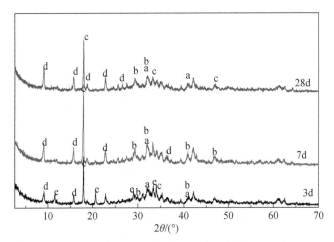

图 2.10　在标准养护条件下 A 组混凝土试件中胶凝材料养护 3d、7d、28d 的 XRD 谱图
a. C_2S；b. C_3S；c. $Ca(OH)_2$；d. AFt；e. $CaSO_4 \cdot 2H_2O$

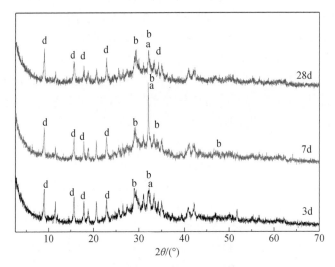

图 2.11　在标准养护条件下 B 组混凝土试件中胶凝材料养护 3d、7d、28d 的 XRD 谱图
a. C_2S；b. C_3S；d. AFt

从图 2.10 可以看出,标准养护条件下 A 组混凝土试件中胶凝材料的水化产物除 C-S-H 凝胶、$Ca(OH)_2$ 和 AFt 外,还存在 C_3S、C_2S。图 2.11 中在标准养护条件下 B 组试件中胶凝材料生成的水化产物与 A 组试件中胶凝材料生成的水化产物相近(见图 2.10)。

图 2.12 为在标准养护条件下 A 组混凝土试件中胶凝材料养护 3d、7d、28d 的 SEM 图。从图 2.12(a)可以看出,少量针状 AFt 的生成,但仅限于一些孔洞中,且尺寸很小,长度仅为几百纳米;从图 2.12(b)可以看出,有层状和片状 C-S-H 凝胶生成,但也有大块的矿渣、钢渣还未参加反应;图 2.12(c)中的 C-S-H 凝胶较图 2.12(b)中更为密集紧凑,形成多层堆叠,大块的未反应原料减少;图 2.12(d)中所示的是未反应的石膏与水化产物 C-S-H 凝胶交织在一起,这部分石膏若不能完全反应,则可能会使试件在后续的模拟海水养护期间形成孔洞,造成强度回缩;从图 2.12(e)可以看出,大量 C-S-H 凝胶堆积致密,一些针柱状 AFt 和未反应的矿物颗粒在结构中起到骨料支撑的作用;图 2.12(f)中所示的是在孔洞中生成了针状的 AFt。

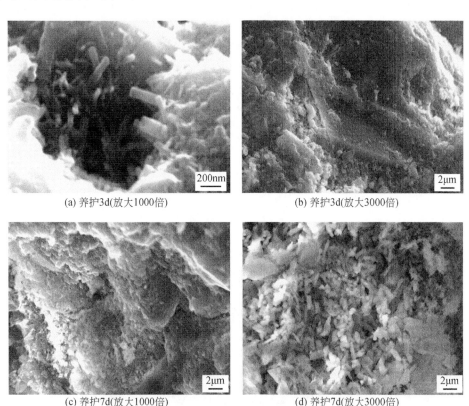

(a) 养护3d(放大1000倍)　　　　　　(b) 养护3d(放大3000倍)

(c) 养护7d(放大1000倍)　　　　　　(d) 养护7d(放大3000倍)

(e) 养护28d(放大1000倍)　　　　　　(f) 养护28d(放大3000倍)

图 2.12　在标准养护条件下 A 组混凝土试件中胶凝材料养护 3d、7d、28d 的 SEM 图

　　图 2.13 为在标准养护条件下 B 组混凝土试件中胶凝材料养护 3d、7d 和 28d 的微观结构形貌。从图 2.13(a)可以看到一些白色的短棒状物质,经能谱分析可以确定是一些未反应的石膏;从图 2.13(b)可以看到较为致密的片状 C-S-H 凝胶,这部分凝胶对于早期强度起到决定性作用;图 2.13(c)是高放大倍数(8000 倍)的 SEM 图,从中可以看到少量针状 AFt 生成,说明这个阶段 AFt 开始生成但量较少,对强度的作用不大,体系的强度仍是由 C-S-H 凝胶来保证的;从图 2.13(d)可以看到一些片状、条状的 C-S-H 凝胶填充材料的孔洞部分,但结构还比较疏松;图 2.13(e)中的胶凝材料随着水化过程的深入产生了更多的针状和团簇状的 AFt,尤其是材料孔洞处产生的 AFt 更为明显,因此该龄期的试件强度进一步提高;图 2.13(f)是低放大倍数(1000 倍)的 SEM 图,从中可以看到胶凝材料整体比较致密,无明显的孔洞结构,视野中除有较少量未水化矿渣钢渣颗粒以外,绝大部分为致密交织的 C-S-H 凝胶和针柱状 AFt。

(a) 养护3d(放大1000倍)　　　　　　(b) 养护3d(放大3000倍)

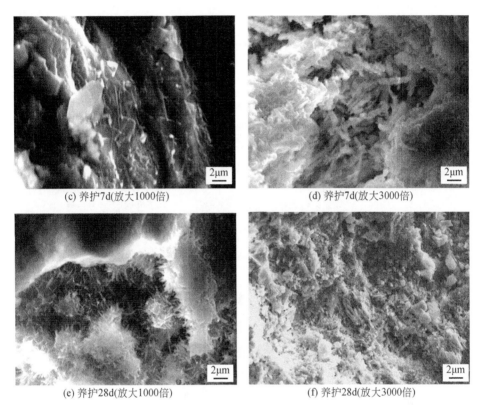

(c) 养护7d(放大1000倍)　　　　　　(d) 养护7d(放大3000倍)

(e) 养护28d(放大1000倍)　　　　　　(f) 养护28d(放大3000倍)

图 2.13　在标准养护条件下 B 组混凝土试件中胶凝材料养护 3d、7d 和 28d 的 SEM 图

2.5.3　模拟海水养护条件下混凝土的性能及微观结构分析

1. 模拟海水养护条件下混凝土的力学性能分析

分别测试 A、B 两组混凝土试件在模拟海水养护条件下的 3d、7d、28d 抗压强度,浸泡方法是在北京三月底至四月底期间,将试件放入盛有模拟海水的盒中置于实验室,保持模拟海水的温度在(20±3)℃。测试结果如图 2.14 所示。

从图 2.14 可以看出,模拟海水养护条件下 B 组混凝土的抗压强度明显高于 A 组,A 组混凝土 3d 抗压强度(10.17MPa)仅为 B 组同龄期混凝土的 22.5%,28d 抗压强度为 B 组混凝土的 71.3%,达到 54.57MPa;表明模拟海水对早期抗压强度影响不大,但对后期抗压强度有一定促进作用。后续将通过对后期不同养护龄期的产物和结构进行分析,揭示模拟海水养护条件对后期水化产物的影响。

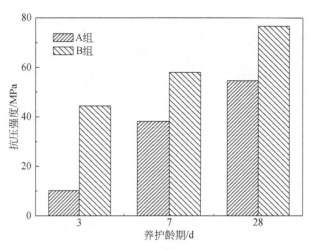

图 2.14　在模拟海水养护条件下混凝土抗压强度

2. 模拟海水养护条件下混凝土的胶凝材料的微观结构分析

图 2.15 和图 2.16 为 A、B 两组混凝土试件中的胶凝材料在标准养护条件下养护龄期为 3d、7d、28d 和在模拟海水中浸泡至龄期 28d(hs28d)的 XRD 谱图。

从图 2.15 可以看出，在模拟海水养护条件下，胶凝材料中 AFt 和 RO(RO 中的 R 代表 Mg、Ca、Fe、Ti、K、Na 等元素)相比较明显，$Ca(OH)_2$ 的含量较标准养护条件的试件含量更低。图 2.15 中模拟海水养护条件下 RO 相衍射峰突出的主要

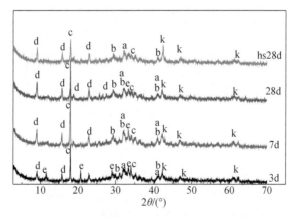

图 2.15　在不同养护条件下 A 组混凝土试件中胶凝材料养护 3d、7d、28d 的 XRD 谱图
a. C_2S；b. C_3S；c. $Ca(OH)_2$；d. AFt；e. $CaSO_4 \cdot 2H_2O$；k. RO

原因为养护环境中 Mg^{2+} 的浓度高,对 RO 相在体系内进一步反应起到了抑制作用。从图中可以看出,模拟海水养护后的水化产物类型与标准养护后的水化产物类型基本一致,但是 AFt 的含量较标准养护的试件稍低,这表明有部分 AFt 发生了后续反应,转化成了其他产物。

从图 2.16 可以看出,在模拟海水中浸泡的试件中,AFt 和 RO 相比较明显,AFt 和 $Ca(OH)_2$ 的含量与标准养护试件的含量相比几乎没有变化。RO 相突出同样是因为在模拟海水环境中 Mg^{2+} 的浓度提高,抑制了 RO 相的水化反应。从谱线中可以看出,模拟海水浸泡后的产物类型与标准养护后的产物类型基本一致。但与 A 组混凝土试件中胶凝材料的 XRD 谱图不同的是,B 组中无论是标准养护条件还是模拟海水养护条件,石膏相的变化都不大,尽管模拟海水养护提高了试件的强度,但石膏并未在模拟海水中发挥更好的作用,因此后期的试验可以考虑适当降低石膏在 B 组混凝土试件中的掺量。

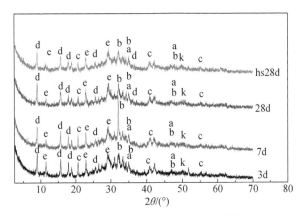

图 2.16　在不同养护条件下 B 组混凝土试件中胶凝材料养护 3d、7d、28d 的 XRD 谱图

a. C_2S; b. C_3S; c. $Ca(OH)_2$; d. AFt; e. $CaSO_4 \cdot 2H_2O$; k. RO

从图 2.17 可以看出,经过模拟海水的浸泡,试件中的 C-S-H 凝胶的孔洞部分,有一些卷曲片状的产物取代了针簇状的 AFt,宽度尺寸为 $2\sim3\mu m$;卷曲片状产物的厚度尺寸为 $0.1\sim0.2\mu m$,分析认为卷曲片状物为单硫型水化硫铝酸钙(AFm),说明 AFt 发生了向 AFm 的转化。在石膏较多时,会先生成 AFt 相,而当石膏接近消耗完毕时,往往会看到 AFm 相的出现[37]。这些片状的 AFm 晶体以 C-S-H 凝胶为根基,均匀分布在其表面,构成比较密实的空间网格结构,使得在模拟海水中养护的试件强度更高。

图 2.18 为在模拟海水养护条件下 B 组混凝土试件中胶凝材料养护 28d 的 SEM 图。可以看出,一些未反应的石膏与水化产物 C-S-H 凝胶交织在一起,说明

在模拟海水养护过程中还有较多的石膏没有参加反应;在孔洞结构中,有较多针簇状的 AFt 生成,这部分产物对弥补结构中的微小孔洞、丰富完善微结构中网架支撑体系,进而对提高强度具有重要作用。

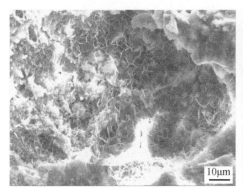

(a) 养护28d(放大1000倍)　　　　　　　　(b) 养护28d(放大3000倍)

图 2.17　在模拟海水养护条件下 A 组混凝土试件中胶凝材料养护 28d 的 SEM 图

(a) 养护28d(放大1000倍)　　　　　　　　(b) 养护28d(放大3000倍)

图 2.18　在模拟海水养护条件下 B 组混凝土试件中胶凝材料养护 28d 的 SEM 图

2.5.4　室温湿养护条件下混凝土的性能及微观结构分析

1. 室温湿养护条件下混凝土的力学性能分析

分别测试 A、B 两组混凝土试件在室温湿养护条件下的养护龄期为 3d、7d 和 28d 的抗压强度,养护时间是在北京九月底至十月底,养护的具体方法是将试件放入浅盘中上覆毛巾置于实验室,每日洒水养护保持试件湿润,室温温度在 20～25℃的范围内。测试结果如图 2.19 所示。

从图 2.19 可以看出,室温湿养护条件下的 A 组混凝土试件强度水平同样低于 B 组混凝土试件,与标准养护条件对比可以发现,室温湿养护条件下的两组混凝土试件的抗压强度在各龄期均优于标准养护条件下的抗压强度。A 组混凝土试件的 3d 抗压强度为 14.82MPa,是 B 组同龄期试件强度的 24.9%,28d 抗压强度增长明显,达到 64.95MPa,是 B 组同龄期混凝土试件强度的 68.7%,比标准养护条件下的强度提高了 10MPa。B 组混凝土试件的 3d 强度较高,达到 59.45MPa,高于标准养护条件下的水平,7d 后抗压强度仍有比较显著的提升,达到 70MPa 以上,28d 抗压强度达到 95MPa 以上,两组试件早期抗压强度差距明显,后期抗压强度差距逐渐减小,两组试件的强度水平与标准养护条件和模拟海水养护条件时相比提高较为显著,表明在实际生产过程中通过适当改善养护条件,有可能生产出 C90 以上的冶金渣人工鱼礁混凝土构件。

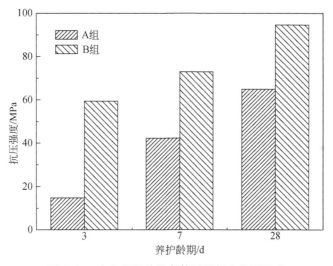

图 2.19　在室温湿养护条件下混凝土抗压强度

2. 室温湿养护条件下胶凝材料的微观结构分析

图 2.20 和图 2.21 为在室温湿养护条件下 A、B 两组混凝土试件中胶凝材料养护 3d、7d、28d 的 XRD 谱图。

从图 2.20 可以看出,在室温湿养护条件下,体系中的水化产物主要为 $Ca(OH)_2$ 和 AFt,在 28d 龄期时石膏基本反应完全。纵观整个养护龄期的发展,RO 相比标准养护条件和模拟海水养护条件下更为明显,说明体系中原有的 RO 相基本没有参加到反应中,这可能会导致混凝土后期开裂。

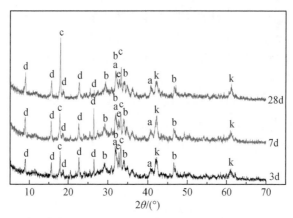

图 2.20　在室温湿养护条件下 A 组混凝土试件中胶凝材料养护 3d、7d、28d 的 XRD 谱图
a. C_2S；b. C_3S；c. $Ca(OH)_2$；d. AFt；e. $CaSO_4 \cdot 2H_2O$；k. RO

从图 2.21 可以看出，C_2S 和 C_3S 的量随着龄期的发展有所减少，而 AFt 的量则有一定程度的增加，$Ca(OH)_2$ 最初有少量生成，但随着水化反应的深入，都被消耗掉了，这预示这种配合比的胶凝材料更适合用于生产低碱度人工鱼礁混凝土；与图 2.11 对比很容易发现，B 组混凝土试件中胶凝材料 XRD 谱图中的鼓包明显增大，说明 B 组混凝土试件中胶凝材料的 C-S-H 凝胶的量明显增多，结合抗压强度的结果，可知 C-S-H 凝胶对抗压强度的贡献很大。

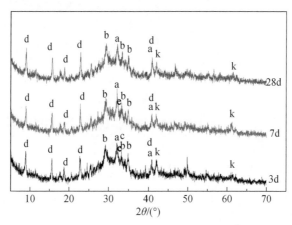

图 2.21　在室温湿养护条件下 B 组混凝土试件中胶凝材料养护 3d、7d、28d 的 XRD 谱图
a. C_2S；b. C_3S；c. $Ca(OH)_2$；d. AFt；e. $CaSO_4 \cdot 2H_2O$；k. RO

图 2.22 为在室温湿养护条件下 A 组混凝土试件中胶凝材料养护 3d、7d、28d 的 SEM 图。从图 2.22(a)可以看出，在较低放大倍数的视野中，胶凝材料表面有一定程度的水化，但水化生成的 C-S-H 凝胶量较少，还有很多大块的矿渣

和钢渣颗粒没有水化;从图 2.22(b)可以看出,在细小的孔洞周围生成了一些层状的 C-S-H 凝胶,孔洞中有少量 AFt 生成,但尺寸都很小;从图 2.22(c)可以看出,水化生成的 C-S-H 凝胶量有所增多,将未水化的矿渣和钢渣颗粒覆盖起来;从图 2.22(d)可以看出,胶凝材料断口处有层叠的 C-S-H 凝胶和较大尺寸的 AFt 生成;从图 2.22(e)可以看出,水化生成的 C-S-H 凝胶呈片层状,将体系中的颗粒紧密结合在一起;从图 2.22(f)可以看出,孔洞中生成的 AFt 于与 C-S-H 凝胶交织在一起,有效地加固了体系中的空隙和孔洞部分。

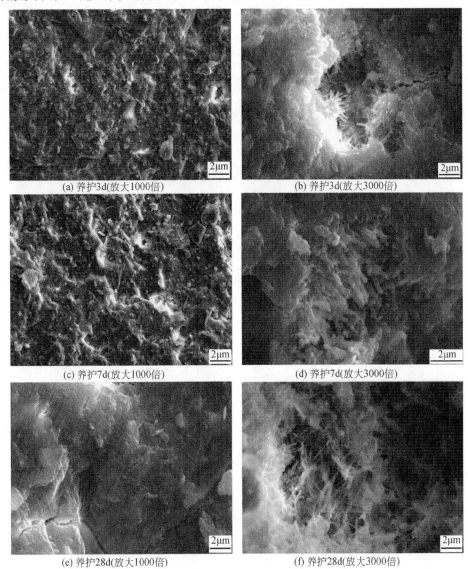

(a) 养护3d(放大1000倍)　　　　　　(b) 养护3d(放大3000倍)

(c) 养护7d(放大1000倍)　　　　　　(d) 养护7d(放大3000倍)

(e) 养护28d(放大1000倍)　　　　　(f) 养护28d(放大3000倍)

图 2.22　在室温湿养护条件下 A 组混凝土试件中胶凝材料养护 3d、7d、28d 的 SEM 图

图 2.23 为室温湿养护条件下 B 组试件中胶凝材料养护 3d、7d 和 28d 的 SEM图。从图 2.23(a)可以看出,在较低放大倍数的视野中,有较为致密的 C-S-H 凝胶生成,但还有一些大块的矿渣暴露在 C-S-H 凝胶以外;从图 2.23(b)可以看出,在胶凝材料的孔隙中有毛细状的 AFt 生成;从图 2.23(c)可以看出,胶凝材料中层片

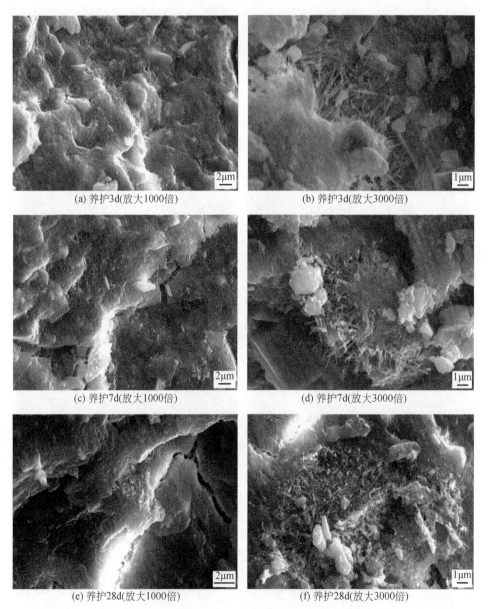

(a) 养护3d(放大1000倍)   (b) 养护3d(放大3000倍)

(c) 养护7d(放大1000倍)   (d) 养护7d(放大3000倍)

(e) 养护28d(放大1000倍)   (f) 养护28d(放大3000倍)

图 2.23 在室温湿养护条件下 B 组混凝土试件中胶凝材料养护 3d、7d、28d 的 SEM 图

状的 C-S-H 凝胶,在凝胶的缝隙中还有针柱状的 AFt 生成;从图 2.23(d)可以看出,大量针柱状的 AFt 填充在结构中的缝隙里面,对体系的强度起到很好的补充作用;从图 2.23(e)可以看出,大片的层状 C-S-H 凝胶,矿渣和钢渣颗粒完全消失,凝胶的断口和缝隙中均有针柱状的 AFt 填充;从图 2.23(f)可以看出,在一个较大的孔洞中长满了 AFt,它们和 C-S-H 凝胶互为补充,进一步促进了胶凝材料强度上升。

2.5.5　标准养护与模拟海水复合养护条件下混凝土的性能

分别测试 A、B 两组混凝土试件标准养护 28d 后放入模拟海水中养护至龄期 56d 的试件抗压强度,试件成型、养护与抗压强度测试参照 2.3.2 节提到的试验方法进行。将测试结果和 A、B 两组混凝土试件标准养护 28d 的结果进行对比,如图 2.24 所示。

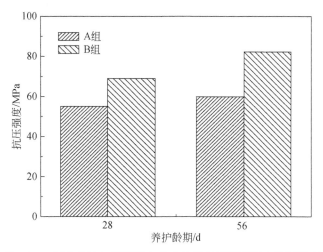

图 2.24　标准养护与模拟海水复合养护条件下混凝土抗压强度

从图 2.24 可以看出,标准养护 28d 后的混凝土试件经过 30d 的模拟海水浸泡,抗压强度均有所提高,A 组混凝土试件的抗压强度提高 9.6%,B 组混凝土试件的抗压强度提高 20.3%。这表明经过标准养护的混凝土试件在模拟海水养护条件下还有较大的强度增长空间,进而说明本试验配合比的混凝土投放到海水中,其强度是有保证的。

2.6　人工鱼礁混凝土的环境友好性分析

2.6.1　人工鱼礁混凝土的有害元素含量分析

冶金渣人工鱼礁混凝土的原材料中含有一定量的有害元素,当礁体投入海中,其中的有害元素可能会浸出,导致重金属污染,危害海洋生物生长。在本试验中,将混凝土试件的碎片(包括胶凝材料和骨料)在玛瑙研钵中磨细至粒径小于0.074mm(200 目筛余),采用原子吸收光谱法检测有害元素离子含量。表 2.35 为混凝土试件中镉、铅、汞、锌、铬、砷、镍、铜八种有害元素离子含量的检测结果,检测结果比照《土壤环境质量　建设用地土壤污染风险管控标准(试行)》(GB 36600—2018)中国家土壤环境二级质量标准。

表 2.35　混凝土试件中有害元素离子含量测试结果

有害元素	国家土壤环境二级质量标准/(mg/L)	人工鱼礁混凝土有害元素离子含量/(mg/L)
镉	0.6	0.054
铅	350	15.76
汞	1.0	0.053
锌	300	3.466
铬	350	274.3
砷	20	7.979
镍	60	15.39
铜	100	11.29

从表 2.35 可以看出,混凝土材料中有害元素离子含量均低于国家土壤环境二级质量标准。人工鱼礁混凝土投放到海洋中,与海底大陆架共同构成海洋环境的重要组成部分,其污染物的浓度一旦超出标准,必将对海洋中的动植物造成危害,进而危害人体健康和海洋环境。国家土壤环境二级质量标准采用生态环境效应法制定,主要依据土壤中有害物质对植物和环境是否造成危害或污染,是保障农业生产、维护人体健康的土壤限制值,一般农田、蔬菜地等均采用二级标准。因此,在本章中采用国家土壤环境二级质量标准作为衡量人工鱼礁混凝土有害元素离子含量的标准。从表 2.35 可以看出,冶金渣用作人工鱼礁混凝土的生产不会对海洋环境造成有害元素离子污染。

2.6.2 人工鱼礁混凝土的表面碱度降低方法

1. 长时间碳化对人工鱼礁表面 pH 的影响

混凝土中 $Ca(OH)_2$ 在海水中不断溶解,会使礁体表面及附近海水 pH 大大升高,这种强碱性条件对普通海洋生物的育成具有危害作用,因此普通混凝土用来建造人工鱼礁,硅酸盐水泥混凝土外侧会附着上耐碱能力强的藤壶等贝壳生物,影响微生物的附着和藻类的生长[2,3]。

为使人工鱼礁混凝土达到良好的生态效果,试验中采用碳化处理混凝土试件,观察碳化不同时间后混凝土试件的表面 pH 变化规律。试验采用混凝土碳化养护箱,将标准养护 28d 后的混凝土试件,放入温度为 (20 ± 5)℃、湿度为 90% 以上、二氧化碳浓度为 (20 ± 3)% 的碳化试验箱。试验对象为 B 组混凝土试件,碳化时间取3d、7d、14d、21d 和 28d,加上不进行碳化的对比组共六个检测点。到达碳化时间后将试件取出,在试件表面滴 2 滴或 3 滴去离子水,待其渗入试件,用 pH 试纸在试件表面检测 pH,每个试件表面取 5~8 个点检测并取其读数的平均值,测试结果曲线如图 2.25 所示。

为检测碳化养护对混凝土试件抗压强度的影响,采用 B 组混凝土配方制备试件,标准养护 28d 后将试件分为两批,一批仍然做标准养护,另一批进行碳化处理,分别碳化 3d、7d 和 28d 后,取相同龄期不同养护方法的混凝土试件做抗压强度测试,测试结果如图 2.26 所示。

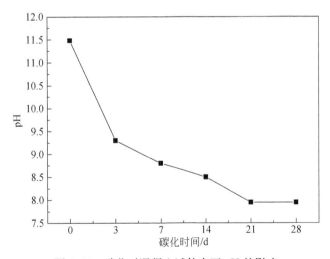

图 2.25 碳化对混凝土试件表面 pH 的影响

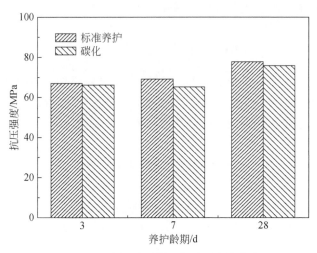

图 2.26　碳化对混凝土抗压强度的影响

从图 2.25 可以看出,采用钢渣、矿渣这类冶金渣制备的人工鱼礁混凝土,与普通混凝土(pH>13)相比,未碳化的混凝土表面碱度有一定程度的降低(pH=11.5),经过 3d 碳化后,人工鱼礁混凝土试件表面的 pH 显著减小,达到 9.3,由此可见,3d 表面碳化处理对降低钢渣-矿渣基人工鱼礁混凝土表面的 pH 效果显著。经过 14d 碳化,混凝土试件表面的 pH(8.5)接近普通海水的 pH(8.3)。从图 2.26 可以看出,碳化 3d 对于混凝土试件的抗压强度基本没有影响,碳化 7d 和碳化 28d 对于混凝土试件的抗压强度有一定影响,分别较标准养护条件下试件的抗压强度降低了 5.8% 和 2.5%。

因此,可以得出两个结论:①通过碳化处理降低混凝土表面 pH 的方法适用于钢渣-矿渣基人工鱼礁混凝土;②前期的碳化过程较后期的碳化过程效率更高。碳化虽然对人工鱼礁混凝土表面碱度的降低有显著作用,但是考虑到生产成本、生产周期和碳化对混凝土本身强度的降低,在实际生产过程中,不能对人工鱼礁混凝土进行长期的碳化。

2. 短时间表面碳化对人工鱼礁表面 pH 的影响

表面碳化法是采用混凝土碳化养护箱,使混凝土试件表面小于 5mm 的薄层快速碳化。试验对象为 A 组和 B 组的混凝土试件,养护时间分为 12h、24h、36h 和 48h 四个时段,采用不进行碳化的 A 组和 B 组混凝土试件作为对比组。

为了更准确地了解碳化后混凝土试件表面的碱度在海水中的变化规律,本组试验将检测碳化后试件表面和表面附近液相的 pH,检测的装置如图 2.27 所示,浸泡试件的液体采用模拟海水,浸泡装置为有机玻璃材质密封制成,试件四周的水膜厚度为 5mm,浸泡条件为北京十一月底至三月底期间的实验室,保持装置内模拟海水的温度在(17±3)℃,模拟海水的 pH 为 8.0。

图 2.27　模拟海水养护条件下混凝土试件的 pH 检测装置

图 2.28～图 2.37 为 A、B 两组混凝土试件经过碳化养护后试件表面和试件表面附近液相 pH 的跟踪检测结果,其中 A-0、B-0 为未碳化对比试件,A-1、B-1 为碳化 12h 试件,A-2、B-2 为碳化 24h 试件,A-3、B-3 为碳化 36h 试件,A-4、B-4 为碳化 48h 试件。图中试件表面 pH(surface pH)简写为 S-pH,检测方法是用 pH 精密试纸在试件表面模拟海水浸润处检测 pH,每个试件表面取 5～8 个点检测并取其读数的平均值;试件表面附近液相 pH(liquid pH)简写为 L-pH,检测方法同上。

从图 2.28 和图 2.29 可以看出,未碳化试件 A-0 和 B-0 在模拟海水浸泡的过程中,试件表面的 pH 基本稳定在 11.5,试件表面附近液相的 pH 随着浸泡时间的延长从 10.5 增加到 11.5,在浸泡 15d 以后,试件表面和表面附近液相的 pH 达到平衡点 11.5。

从图 2.30 和图 2.31 可以看出,碳化 12h 的试件 A-1 和 B-1 在模拟海水浸泡后,试件 A-1 表面的 pH 从 8.2 增加到 11.0,其附近液相的 pH 从 7.7 增加到 8.1,经过 55d 浸泡之后,试件 A-1 表面和表面附近液相的 pH 均达到 11.0;而试件 B-1 表面的 pH 达到 11.0 的平衡点浸泡了 62d。

从图 2.32 和图 2.33 可以看出,碳化 24h 的试件 A-2 和 B-2 在模拟海水中浸泡后,试件 A-2 的 pH 达到平衡点 10.5 用了 53d,试件 B-2 的 pH 达到平衡点 10.0 用了 55d。

从图 2.34 和图 2.35 可以看出,碳化 36h 的试件 A-3 和 B-3 在模拟海水中浸泡后,试件 A-3 的 pH 达到平衡点 10.5 用了 85d,而试件 B-3 的 pH 在试验结束前都没有达到平衡点 10.5。

从图 2.36 和图 2.37 可以看出,碳化 48h 的试件 A-4 和 B-4 在模拟海水中浸泡后,试件 A-4 的 pH 达到平衡点 11.0 用了 70d,试件 B-4 的 pH 达到平衡点 11.0 用了 68d。

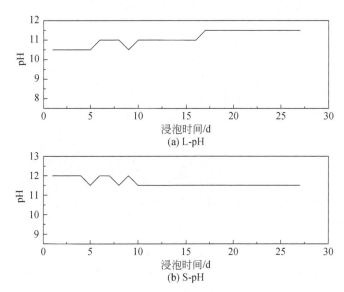

图 2.28　试件 A-0 表面和试件表面附近液相的 pH 跟踪检测结果

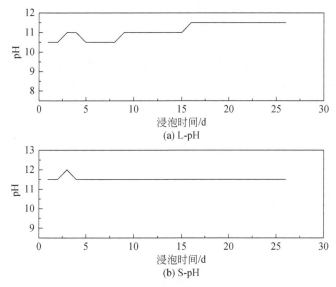

图 2.29　试件 B-0 表面和试件表面附近液相的 pH 跟踪检测结果

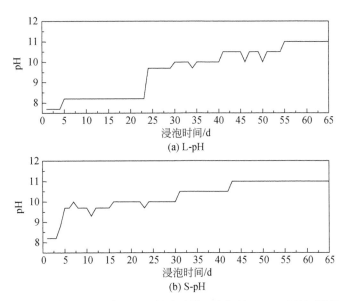

图 2.30　试件 A-1 表面和试件表面附近液相的 pH 跟踪检测结果

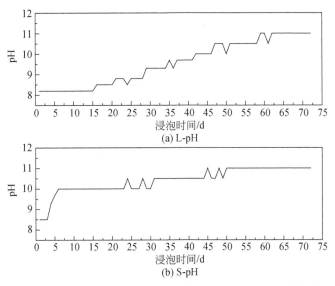

图 2.31　试件 B-1 表面和试件表面附近液相的 pH 跟踪检测结果

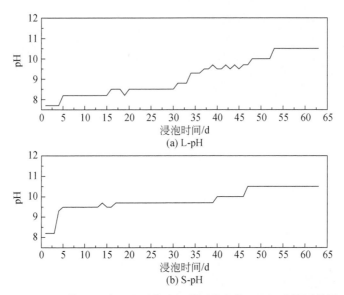

图 2.32　试件 A-2 表面和试件表面附近液相的 pH 跟踪检测结果

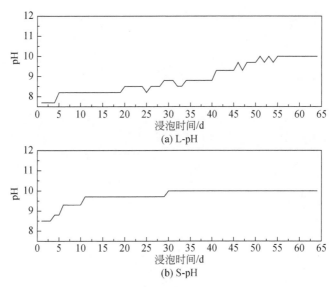

图 2.33　试件 B-2 表面和试件表面附近液相的 pH 跟踪检测结果

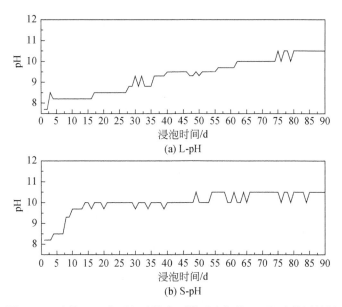

图 2.34 试件 A-3 表面和试件表面附近液相的 pH 跟踪检测结果

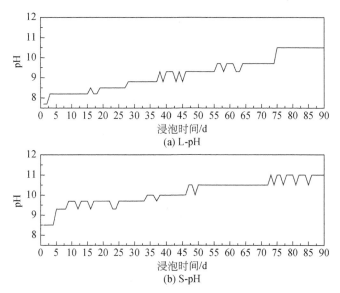

图 2.35 试件 B-3 表面和试件表面附近液相的 pH 跟踪检测结果

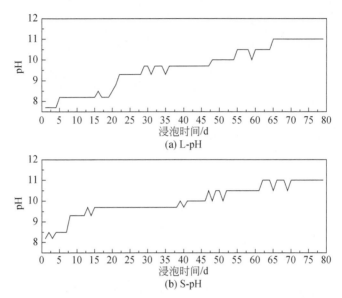

图 2.36　试件 A-4 表面和试件表面附近液相的 pH 跟踪检测结果

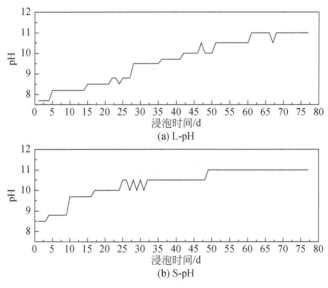

图 2.37　试件 B-4 表面和试件表面附近液相的 pH 跟踪检测结果

从图 2.28~图 2.37 不同配合比的试件短期碳化不同时间后的 pH 的变化规律可以看出,短期碳化对降低人工鱼礁混凝土的表层 pH 具有明显作用。短期碳化后的试件在模拟海水中浸泡 1~2d 后试件表面和试件表面附近液相的 pH 基本上都能降至 8.5 以下；而未经碳化的试件浸泡 1～2d 后，试件表面的 pH 达到 12，试件表面附近液相的 pH 在 10.5 以上。但表层碳化后的试件随着浸泡时间的延长，其内部的 Ca(OH)$_2$ 不断向表层和溶液中迁移，导致试件表面和试件表面附近液相的 pH 不断升高。

对于 C-S-H 凝胶和 AFt 为主要水化产物的胶凝材料，碳化过程可用以下两个主要反应式来表示：

$$C\text{-}S\text{-}H + CO_2 \longrightarrow CaCO_3 + SiO_2 \cdot nH_2O + mH_2O \tag{2.4}$$

$$3CaO \cdot Al_2O_3 \cdot 3CaSO_4 \cdot 32H_2O + 3CO_2$$

$$\longrightarrow 3CaCO_3 + Al_2O_3 \cdot 3H_2O + 3CaSO_4 \cdot 2H_2O + 23H_2O \tag{2.5}$$

上述两个反应都是能够将水化产物中的大量结晶水转化成自由水的反应，因此上述两个反应都是固体体积减小的反应，所以当试件表层的胶凝材料硬化体遭受碳化后，表层的致密度降低，孔隙率提高或出现微裂纹，为次表层和内部 Ca(OH)$_2$ 向表层和溶液中迁移提供更多的通道，会出现短期碳化后的试件在模拟海水中浸泡时表面和表面附近液相的 pH 逐渐升高的现象。

从上述浸出的结果可以看出，这种迁移速度非常缓慢，大部分要在 50d 以上才能达到平衡。考虑到人工鱼礁混凝土投入海中后是在大量海水的开放环境中服役，缓慢迁移到表面的 Ca^{2+} 和 OH$^-$ 能够通过洋流冲刷或扩散被海水迅速带走，因此在投入海中后人工鱼礁表面在较长时间内维持较低 pH 是可能的。但随着人工鱼礁表面附着海洋生物层的厚度不断增加，其表面的 pH 会越来越接近其平衡 pH。

通过对不同碳化时间的试件表面和试件表面附近液相 pH 跟踪检测结果的分析，可以发现碳化时间在 12～48h 的混凝土试件，虽然在模拟海水短时间浸泡的过程中表现出较低的表面的 pH，但经过海水较长时间的浸泡，当试件表面和表面附近液相的 pH 达到平衡点时，pH 均为 10.0～11.0，只有碳化 24h 的两组试件的平衡点的 pH 没有超过 10.5。

此外，通过图 2.28～图 2.37 的分析可以看出，碳化时间和试件表面的 pH 相关性不大，并不是长的试件，浸泡后平衡的 pH 越低。如经过 48h 碳化的试件 A-4 和 B-4 表面的 pH 高于试件 A-2 和 B-2(碳化 24h)。分析其原因，碳化的深度应该有一个优化值，小于该值时，试件的碳化不够深入，对阻碍试件内部的 Ca^{2+}、Mg^{2+} 和 OH$^-$ 迁移到试件表面和液相中作用较小；大于该值时，试件的碳化深度达到试件最外部的钢渣骨料表面，原来包裹在骨料表面致密的胶凝材料硬化层变成了多孔的碳化层，钢渣骨料中含有比胶凝材料中更多的 Ca(OH)$_2$、Mg(OH)$_2$、CaO、MgO 和 RO 相等碱性物质。经过模拟海水浸泡一段时间后这部分骨料中的 Ca^{2+}、Mg^{2+} 和 OH$^-$ 迁移到试件表面和液相中，使试件表面和表面附近液相的 pH 上升。由以上试验分析可以看出,碳化 24h 试件的碳化深度最接近优化值。因此,可以认为经过 24h 碳化的人工鱼礁,能起到更好的降低礁体 pH 的效果。

2.7　结　　论

(1)通过正交试验研究了矿渣钢渣比例、钢渣粉磨时间、水胶比和减水剂掺量对胶凝材料抗压强度的影响。A 组胶凝材料的优化配合比为:钢渣 50%(粉磨 90min,比表面积 595m²/kg),矿渣 30%(比表面积 480m²/kg),水泥熟料 10%,脱硫石膏 10%,水胶比 0.20,PC 减水剂掺量 0.2%;B 组胶凝材料的优化配合比为:钢渣 10%(粉磨 60min,比表面积 550m²/kg),矿渣 70%(比表面积 480m²/kg),水泥熟料 10%,脱硫石膏 10%,水胶比 0.20,PC 减水剂掺量 0.2%。其中 A 组配合比的胶凝材料净浆试件 28d 抗压强度超过 70MPa,B 组配合比的胶凝材料净浆试件 28d 抗压强度超过 90MPa,这两种胶凝材料可用于高强度人工鱼礁混凝土的制备。

(2)综合考虑钢渣粉磨时间对钢渣本身和胶凝材料抗压强度的影响,若要求胶凝材料中钢渣的用量高,同时后期强度也达到较高水平,则应优先考虑将钢渣粉磨 90min;若要求胶凝材料的早期和后期强度都很高,只将钢渣作为次要组分,则应优先考虑将钢渣粉磨 60min。

(3)依据优化的 A 组和 B 组胶凝材料配合比,设计出了两种混凝土配合比,进行不同养护条件下混凝土试件的抗压强度测试。试验表明,模拟海水养护、室温湿养护与标准养护对比,模拟海水养护对混凝土试件的抗压强度影响不大,对试件后期抗压强度还有一定的提高;室温湿养护对混凝土试件的抗压强度有明显提高。综合三种养护方法,其中室温湿养护方法对于混凝土的抗压强度最有利,可使 A 组混凝土试件抗压强度达到 60MPa 以上,使 B 组混凝土试件抗压强度达到 90MPa 以上。

(4)通过对混凝土中胶凝材料的水化过程进行分析可知,在矿渣-钢渣-水泥熟料-石膏体系水化反应的生成物中,C-S-H 凝胶和 AFt 对材料的抗压强度的增长起主要作用,其中 C-S-H 凝胶对早期和后期的抗压强度贡献都很大,AFt 则对后期的抗压强度和完善材料内部空间支撑结构发挥作用。A、B 两组混凝土试件相比,B 组的抗压强度明显高于 A 组,主要原因是 B 组中矿渣的掺量较多,达到胶凝材料的 70%,而矿渣的二次水化反应可以吸收早期反应生成的 $Ca(OH)_2$ 生成 C-S-H 凝胶,进而提高抗压强度、降低 pH。

　　(5)从人工鱼礁混凝土有害元素离子含量、混凝土试件和周围液相环境 pH 等方面进行分析,初步认为钢渣、矿渣这类冶金渣为主要原料制备的混凝土比普通硅酸盐水泥混凝土具有更好的海洋环境友好性,对人工鱼礁混凝土进行 24h 的表面碳化处理,可达到较好的降低礁体表面 pH 的效果。

　　(6)采用钢渣、矿渣制备的人工鱼礁混凝土胶凝材料,钢渣-矿渣复合粉掺量可以高达 80%,混凝土骨料利用闷热法处理的钢渣砂和钢渣颗粒,可使混凝土中钢渣成分的总量达到 85%,固体废弃物总量达到 98%,并且混凝土抗压强度可以满足 60MPa 的要求。人工鱼礁混凝土既实现了大量固体废弃物的资源化,又能节省建筑材料的使用,降低了生产成本。

参 考 文 献

[1] 小川良德. 人工鱼礁论考[J]. 水产科学,1967,(12):5-8.

[2] Rilov G,Benayahu Y. Fish assemblage on natural versus vertical artificial reefs:The rehabilitation perspective[J]. Marine Biology,2000,136(5):931-942.

[3] Guilbeau B P,Harry F P,Gambrell R P,et al. Algae attachment on carbonated cements in fresh and brackish waters- preliminary results[J]. Ecological Engineering, 2003, 20 (4): 309-319.

[4] Belhassen Y,Rousseau M,Tynyakov J,et al. Evaluating the attractiveness and effectiveness of artificial coral reefs as a recreational ecosystem service[J]. Journal of Environmental Management,2017,203:448-456.

[5] Baine M. Artificial reefs:A review of their design,application,management and performance [J]. Ocean and Coastal Management,2001,3:241-259.

[6] Carr M H,Hixon M A. Artificial reefs:The importance of comparisons with natural reefs [J]. Fisheries,1997,22(4):28-33.

[7] Silva R,Mendoza E,Marintotapia I,et al. An artificial reef improves coastal protection and provides a base for coral recovery[J]. Journal of Coastal Research,2016,75:467-471.

[8] Vose F,Nelson W G. An assessment of the use of stabilized coal and oil ash for construction of artificial fishing reefs:Comparison of fishes observed on small ash and concrete reefs[J]. Marine Pollution Bulletin,1998,36(12):980-988.

[9] Relini G. History,ecology and trends for artificial reefs of the Ligurian Sea,Italy[J]. Biodiversity in Enclosed Seas,2007,580:193-217.

[10] Suzuki T. Application of high- volume fly ash concrete to marine structures[J]. Chemistry and Ecology,1995,10(3):249-258.

[11] Kress N,Tom M,Spanier E. The use of coal fly ash in concrete for marine artificial reefs in the southeastern Mediterranean:Compressive strength, sessile biota, and chemical composition[J]. ICES Journal of Marine Science,2002,59(S):231-237.

[12] Relini G, Sampaolo A. Stabilised coal ash studies in Italy[J]. Chemistry and Ecology, 1995, 10(3): 217-231.

[13] 王磊, 唐衍力, 黄洪亮, 等. 混凝土人工鱼礁选型的初步分析[J]. 海洋渔业, 2009, 31(3): 308-315.

[14] 朱燮昌, 崔淑琴, 戴洪亮, 等. 用粉煤灰制作人工鱼礁的研究: 粉煤灰人工鱼礁礁块的配比、工艺及海水浸泡溶出实验[J]. 海洋通报, 1987, 6(4): 56-62.

[15] 罗迈威, 刘锡山, 陆荣甫, 等. 用粉煤灰制作人工鱼礁的研究: Ⅱ 粉煤灰人工鱼礁的物性和效果及其对海洋环境的影响[J]. 海洋通报, 1990, 9(2): 53-57.

[16] 刘秀民, 张怀慧, 罗迈威. 利用粉煤灰和碱渣制作人工鱼礁的研究[J]. 建筑材料学报, 2007, 10(5): 621-625.

[17] Tsakiridis P E, Papadimitriou G D, Tsivilis S, et al. Utilization of steel slag for Portland cement clinker production[J]. Journal of Hazardous Materials, 2008, 152(2): 805-811.

[18] 赵海晋, 余其俊, 韦江雄, 等. 钢渣矿物组成、形貌及胶凝活性的影响因素[J]. 武汉理工大学学报, 2010, (8): 22-26.

[19] Wang Q, Yan P Y. Hydration properties of basic oxygen furnace steel slag[J]. Construction Building Materials, 2010, 24(7): 1134-1137.

[20] Hisham Q, Faisal S, Ibrahim A. Use of low CaO unprocessed steel slag in concrete as fine aggregate[J]. Construction and Building Materials, 2009, 23(2): 1118-1125.

[21] Tan H B, Nie K J, He X Y, et al. Effect of organic alkali on compressive strength and hydration of wet- grinded granulated blast- furnace slag containing Portland cement [J]. Construction and Building Materials, 2019, 206: 10-18.

[22] Fathollah S, Hashim A R. The effect of chemical activators on early strength of ordinary portland cement- slag mortars[J]. Construction Building Mater, 2010, 24(10): 1944-1951.

[23] Mizuochi T, Akiyama T, Shimade T. Feasibility of rotary cup atomizer for slag granulation [J]. ISIJ International, 2001, 41(12): 1423-1428.

[24] 杨荣俊, 张春林, 朱海英. 掺矿粉混凝土耐久性研究[J]. 混凝土, 2004, (11): 38-41.

[25] 史培阳, 张影, 张大勇, 等. 矿渣微晶玻璃的析晶行为与性能[J]. 中国有色金属学报, 2007, 2(17): 341-347.

[26] 郝洪顺, 徐利华, 张作顺, 等. 高炉矿渣二次资源合成绿色无机材料的研究进展[J]. 材料导报, 2010, 11(24): 97-100.

[27] 周乃武, 马鸿文, 王群. 高炉矿渣基土壤固化剂的实验研究[J]. 路基工程, 2007, (3): 48-50.

[28] 王志强. 工业矿渣在高速公路路基中的应用[J]. 山西交通科技, 2007, (2): 6-8.

[29] 郑文忠, 焦贞贞, 王英, 等. 碱激发矿渣陶粒混凝土空心砌块砌体抗剪实验[J]. 哈尔滨工业大学学报, 2018, 50(12): 165-170.

[30] Habeeb G A, Mahmud H B. Study on properties of rice husk ash and its use as cement replacement material[J]. Materials Research, 2010, 13(2): 185-190.

[31] Nehdi M, Duquette J, Damatty E A. Performance of rice husk ash produced using a new technology as a mineral admixture in concrete[J]. Cement and Concrete Research, 2003, 33(8):1203-1210.

[32] 曹润倬,周茗如,周群,等. 超细粉煤灰对超高性能混凝土流变性、力学性能及微观结构的影响[J]. 材料导报,2019,33(16):2684-2689.

[33] 陈强. C90 高性能混凝土配合比设计[J]. 商品混凝土,2011,(12):39-47.

[34] 李继周. 高强度混凝土配合比设计要点[J]. 建材研究与应用,2007,(4):171-172.

[35] 郑永超,倪文,郭珍妮,等. 铁尾矿制备高强结构材料的实验研究[J]. 新型建筑材料,2009, 36(3):4-6.

[36] 董文辰,康德君,王立久. 粉煤灰混凝土中粉煤灰的火山灰效应综述[J]. 国外建材科技, 2004,25(3):28-31.

[37] 游宝坤,席耀忠. 钙矾石的物理化学性能与混凝土的耐久性[J]. 中国建材科技,2002,(3): 13-18.

第3章　极细颗粒钼尾矿制备高强混凝土的研究

3.1　概　　述

3.1.1　尾矿综合利用的背景及意义

环境问题已成为世界各地共同关注、共同讨论、共同致力解决的重要问题[1,2]。为了努力建设生态文明的美好家园,推动建立绿色低碳循环发展产业体系进而推进资源的综合利用,我国实施了资源综合利用"双百工程",重点开展赤泥、磷石膏、尾矿、冶炼和化工废渣等产业废弃物综合利用,继续做好矿产资源综合利用示范基地建设,积极推动绿色矿业发展示范区建设,构建绿色矿业发展的长效机制。

矿产资源作为重要的非可再生自然资源,是人类社会生产发展不可或缺的重要物质基础之一;同时矿产资源在国民经济发展中起着支撑作用,对促进经济快速发展起到不可替代的作用。据统计,我国高达95%的一次能源来自矿产资源,工业原料以及农业生产资料的70%~80%也来自矿产资源。通常矿产资源按矿产特性及其主要用途分为金属矿、非金属矿及能源矿三大类,其中金属矿是重要的组成部分,然而在开采金属矿时会产生大量尾矿废弃物。通常黑色金属矿山中尾矿排放量占矿石量的50%~80%;有色金属矿山中尾矿排放量则占到70%~95%;而在黄金、钼、钨、钽等稀有金属矿山中尾矿排放量更是占到99%以上,开采矿石量几乎等于尾矿排放量。据统计,从2011年开始我国尾矿年排放量高达15亿t以上,截至2015年底各类尾矿堆存量高达146亿t,其中80%以上均是开采金属矿产资源产生的金属尾矿,而近5年来我国尾矿利用增速明显高于排放增速,但利用量仍赶不上新增量,尾矿的综合利用率达不到20%;并且受矿业市场的影响,与"十二五"期间相比,尾矿的利用增速出现大幅下降。巨大的尾矿堆存量已对生态环境造成严重破坏,对人民生命安全构成潜在危险,同时国内的大部分矿山都面临尾矿库库容的问题。随着我国城镇化的发展,类似矿业公司、钢铁集团、选矿企业等,通过征地来建设尾矿库基本上已经不可能。另外,尾矿的堆存不仅对矿山的生态环境造成破坏,挤占了矿山的生产生活空间,同时尾矿及尾矿库的管理也占用了矿山大量的生产资料,尾矿的堆存管理成本逐年升高。现今很多采矿企业都面临尾矿库的维护管理费用年年上涨、各道子坝的堆筑费用越来越高、尾矿的输送成本也逐渐增加的问题;随着尾矿库海拔的升高,每年的防汛压力剧增,新建尾矿库征地、搬迁等一系列费用增多。近年来,随着采矿产业逐渐向清洁高效的方向发展以及人们的环保意识日益增强,人们已逐渐意识到尾矿是放错地方的废弃物,从而人们的观念也从环保治理转变为二次资源的利用[1-7]。二次资源利用是解决矿产资源短缺和发展矿山循环经济的有效途径。

我国城镇化建设和基础设施建设的高速发展,对混凝土材料的需求日益增大。然而,我国面临环境污染日益严重、温室效应日益显著和自然资源日渐枯竭的情况,迫使混凝土不仅要具备高强度、高耐久性、高流动性等多方面的优越性能,还要具备可持续发展的特性,因此大力发展绿色新型建筑材料是唯一和必然的选择。

绿色建筑材料的主要特征在于,以提高工业废渣的掺入量为主要目标,充分发挥混凝土"轻质高强"的特点,提高耐久性,继而延长建筑物的使用寿命,尽量减少水泥熟料的使用量。因此大力发展掺有工业废料的绿色高性能混凝土,将会极大地减少矿物资源、能源的消耗及环境负荷。

基于尾矿难以资源化利用和矿山迫切需求增加尾矿附加值及减少尾矿带来的环境隐患的背景,本章利用钼尾矿来生产高强混凝土结构材料能够消耗掉大量堆存的钼尾矿,使钼尾矿固体废弃物得到资源化利用,与传统工艺相比有节能、降耗的优点。本章技术的应用目标是主要利用钼尾矿制备高强度、工作性优良、价格低廉的高强结构材料制品,且固体废弃物利用率达到 70%。同时就近利用堆存量巨大的钼尾矿,可以从源头上减轻大量钼尾矿堆存对环境、生命安全、经济的严重影响。因此,本研究对于提高钼矿山的资源利用效率、保护自然环境、推动矿区经济可持续健康发展具有重要意义。

3.1.2　尾矿综合利用的研究现状

尾矿大都是由原矿经过开采、破碎、球磨、选矿,提取有用组分后产生的细颗粒固体废弃物。由于尾矿具有堆存量巨大、种类繁多、性质复杂等特点,对其治理与综合利用一直都是矿业领域特别关注的问题之一;同时,随着世界可开发利用矿产资源日益减少,原矿品位日趋贫化,尾矿作为二次资源加以开发利用更加引起人们的注意。从 20 世纪 60 年代开始,欧美等西方国家和地区加大政府的重视程度和采取有效的政策措施,对长期堆存的尾矿进行开发利用,逐渐建立起"二次原料工业",通过对尾矿的综合利用进行大量研究,开发利用成效显著,利用率可达 60%以上。20 世纪 80 年代,欧美等国家和地区举办了一系列的如何提高工业固体废弃物的会议,捷克斯洛伐克召开了三届"新型矿物原料讨论会",提高了人们对固体废弃物作为资源的认识,提出 21 世纪重点开发无污染绿色产品的战略。

对尾矿进行较早研究的是苏联,其开发了以尾矿为原料研制生产建筑材料的技术。乌克兰克里沃罗格铁矿厂产生的铁尾矿用作建筑材料约占 60%,其将铁尾矿砂进行粒度分级,较粗颗粒用作重混凝土骨料,用于生产黏土-硅酸盐渣砖等;较细部分可以适当替代天然砂,也可在制备混凝土时用于矿物掺合料代替部分水泥。俄罗斯卡奇卡纳尔钒钛磁铁矿区利用钒钛磁铁尾矿制造铸石和酸性土壤肥料,大大开拓了钒钛磁铁尾矿利用途径。近些年来,各国对尾矿的综合利用有了大幅度的提升,欧美、日本、印度等国家和地区表现尤为突出。印度利用铁尾矿生产较高强度和硬度的陶瓷地板及墙壁瓷砖,取得了良好的经济和社会效益。美国对其二次资源管理和开发利用也十分重视,尤其是在利用尾矿研制生产建筑材料方面取得了很大成就。美国的 Lac Otelnuk 铁矿区利用分选技术将(+0.14mm)的铁尾矿粗颗粒用于重混凝土的建筑砂料;将(−0.14mm)~(+0.14mm 的)的铁尾矿颗粒作为胶结填充料的重要组成部分,用于建筑业的人工基础;将(−0.14mm)的铁尾矿颗粒用于微晶玻璃的制备,并取得了良好的经济效益和环境效果。加拿大在利用尾矿方面做了大量工作,其将尾矿磨细然后添加外加剂在一定高温条件下养护制备出硅砖,效果良好。

　　国内对于尾矿综合利用研究起步较晚,利用率也相对较低,但进步较快,其原因一方面和国家重视有关,另一方面和我国的资源特点及利用状况有关。我国的金属矿产资源贫矿多、伴生组分多、中小型矿床多,目前不少矿山进入中晚期开采,资源紧张,开采成本越来越高,经济效益日趋降低,形势已逼迫一些矿山企业必须走多种矿物产品共同开发和综合利用的路子。1994 年"中国 21 世纪议程"高级圆桌会议在北京举行,在首批优先项目计划中便有尾矿利用这一项,国家计划每年拨款 1.5 亿元用于资源循环与再生综合利用发展协调计划,资助尾矿开发与利用的产业化,要求做到保护自然资源、矿产资源的可持续供给能力,走经济、社会、资源与环境协调发展的道路。21 世纪以来,国家经济建设步入新的阶段,国家对自然资源的综合利用提出要提高资源的综合利用率、全面促进资源节约循环高效使用、对废弃资源的再利用等方面的更高要求。国内研究人员已对尾矿的治理与综合利用开展了大量的工作,具体有以下几个方面。

　　1)尾矿用于建筑材料的研究

　　近年来,利用铁尾矿、铅锌尾矿等制备建筑结构材料已经成为尾矿大宗高附加值利用的一个重要研究方向。陈旭峰等[8]以铁矿废石与铁尾矿的混合砂制备的混凝土比普通河砂制备的混凝土强度更高、耐久性更好。孙恒虎等[9]利用硅铝基废弃物为胶凝材料制备了凝石材料,其耐久性优于相同配合比的水泥混凝土。王冬卫等[10]利用铁尾矿制备轴心抗压强度/立方体抗压强度比为 0.8~0.9 的 C20~C55 混凝土。在水灰比、外加剂用量、用水量相同的情况下,铁尾矿废石混凝土的坍落度小于天然砂石混凝土;而当两种混凝土的坍落度相近、配合比相同时,二者的泵送性能相近,但铁尾矿废石混凝土的保水性和工作性略差。铁尾矿颗粒表面粗糙,其比表面积大,所以用于超高强混凝土(ultra-high performance concrete, UHPC)中完全替代天然砂,会引起混凝土的抗压强度低、混凝土拌制中用水量大等问题。

Ni 等[11]采用铁尾矿、电石渣或石灰、蚀变剂、石膏混磨到一定细度后,于700℃在旋风式悬浮反应器中进行蚀变反应,将得到的混合料再与矿渣混磨到一定细度后成为活性矿物掺合料。郑永超等[12]以北京密云铁尾矿为主要原料,制备出高强度、耐久性良好的铁尾矿混凝土,铁尾矿总体掺量达 70%。马雪英等[13]研究了高硅铁尾矿制备矿物掺合料,表明其易磨性指数高于水泥熟料,铁尾矿粉与矿渣粉复合双掺能改变混凝土的力学性能和耐久性能,同时减少收缩,铁尾矿粉的细度对混凝土的力学性能影响不显著。

2)尾矿中有价元素的再选取

国内的科研人员对过去由于选矿技术和设备落后产出的尾矿,进行了有价元素的提取,取得了显著的效果。鞍钢调军台选矿厂对铁尾矿进行再选及回收再选的试验研究表明,在回收矿物磨细细度(<200 目)占 93.00%、品位 32.17%时,可获得品位达 65.58%的铁精矿[14]。陈禄政等[15]对海南钢铁公司铁尾矿采用强磁离心分离工艺对铁尾矿进行再选试验,经过再选获得的铁精矿含铁 64.39%、铁回收率为 36.27%。马鞍山矿山研究院采用重选、磁选联合流程回收马钢南山铁矿尾矿中硫、铁,每年可回收 30%品位的硫精矿 5 万多吨,62%铁精矿 7 万多吨,并率先采用细碎工艺,提前预选抛尾,减少进入尾矿库的尾砂量,提高尾矿利用率。

3)尾矿用于充填矿山采空区

采用尾矿充填采空区,可将尾矿全部转入地下,能够避免尾矿在地表的堆放,而且使采空区得到综合治理,避免采空区塌陷引起生态破坏。充填工艺和技术的发展自 1950 年以来,经历了废石干式充填、分级尾矿水力砂充填、碎石水力充填、混凝土胶结充填、尾砂和细砂胶结充填的发展过程[16]。传统的尾矿充填多采用分级脱泥尾砂作为胶结充填主要骨料[17],尾砂利用率一般只有 50%。利用混凝土泵将呈膏状的尾矿输送到井下进行采空区回填,一般分为水砂充填和胶结充填,通过加入水泥或其他胶凝材料,使松散的尾矿凝聚成具有一定强度的整体。苏联、澳大利亚和南非等国对不脱泥尾砂作为充填料的可行性进行了试验研究,并在一些矿山应用,全尾砂在井下脱水后,砂浆浓度达到 70%以上,提高了尾砂利用率。边同民等[18]利用马庄铁尾矿充填采空区24 万 m³,使马庄铁矿塌陷区和尾矿库得到彻底治理,解决了两个重大危险源。全尾砂胶结充填的关键技术包括高浓度尾矿浆的制备、胶结材料的选择和胶结料浆的输送技术。

4)尾矿用于制备土壤改良剂及土壤肥料

在一些尾矿中,含有铁、锌、硼、锰、矾、钼、稀土元素等微量元素,这些元素正是植物生长和土壤改良及优化不可或缺的营养源,因此对其进行加工处理,可以生产成土壤微量元素肥料。特别是有些非金属尾矿,富含钾、磷等营养元素和其他微量非金属元素,可以用来生产钾肥、磷肥等多功能肥料。尾矿不仅可以作为肥料,还能作为土壤改良剂,如含钙的尾矿适量施于酸性土壤中,能够起到中和酸性的作用,从而改良土壤的酸度。此外,Ca、Mg、Si 等的氧化物尾矿也可作为无机肥料调节土壤的酸碱度。湖北某铁尾矿中 K_2O 含量为 5%,目前该矿山已利用这种铁尾矿成功地配制出钾钙肥,黑龙江鸡西选矿厂用铁尾矿研制出镁钾肥,河南某选矿厂用尾矿做主要原料生产出钙镁磷肥。

我国尾矿的综合利用与研究已步入新的发展阶段,但与欧美等西方发达国家和地区相比还有一定差距,分析国内尾矿资源综合利用存在的问题,主要包括以下几个方面。

1)我国尾矿生产量巨大,利用率低

截至 2015 年我国各类尾矿堆存量达 146 亿 t 以上,其年新增尾矿达 16 亿 t,而尾矿综合利用率仅为 20.8%,绝大多数尾矿尚未被综合利用。随着我国矿产资源开采力度的不断加大,尾矿排出量会每年不断递增,加快尾矿的综合利用已经迫在眉睫。尾矿大量堆存不仅造成有限的土地资源的巨大浪费,而且带来严重的环境和安全问题。尾矿所含的砷、汞等污染物质,以及矿石选矿过程中加入的各种化学药剂,部分会随尾矿流入附近河流或深入地下,严重污染河流及地下水源,自然干涸后的尾砂,遇大风吹到周边地区,对环境造成危害。

2)提高尾矿资源的综合利用水平迫切需要科技支撑

在技术方面,国家在尾矿综合利用的前瞻性技术开发方面投入不足,企业缺少投资开发尾矿综合利用重大关键技术的动力和积极性,导致大多数尾矿综合利用工艺只停留在简单易行的技术上,缺乏能够使尾矿高效利用和大宗高附加值利用的原创性技术研发。因此,提高我国尾矿资源的综合利用水平迫切需要先进的科技手段予以支撑,依托重点和骨干企业,开展尾矿综合利用关键技术和装备的研究,突破综合利用过程中的技术瓶颈,提高综合利用过程中决策水平和技术管理水平,从而全面提升尾矿资源的综合利用水平。

3)基础工作薄弱,缺乏数据支撑

在我国经济发展统计体系中还没有关于资源综合利用的技术数据统计,更没有关于尾矿综合利用的数据统计。这样很不利于提出科学的政策措施,更不利于根据实际情况对政策措施做出实时调整。已经进行的少量统计工作,统计数据不完整、方法不统一,基础数据匮乏,信息交流不畅,难以作为宏观调控的基础材料,不能针对实际情况,提出有效的利用和处理方法。因此,迫切需要建立基础数据收集和统计体系,对我国尾矿综合利用整体情况进行全面的摸底、收集、分类和整理,最终确立尾矿资源评价标准、产品技术标准、产品检测和认证体系。

4)对尾矿综合利用重要性的认识不够

很多管理部门和相关企业对尾矿综合利用的重要性和紧迫性认识不足,地区间、行业间、企业间尾矿综合利用的发展不平衡。在经济发展比较落后的地区和一些民营企业,浪费资源、污染环境的现象仍然很严重。由于我国长期以来对矿业的粗放式经营,矿山企业盲目开采,过分关注主矿产品的价值,而忽视其伴生组分,缺乏综合利用的意识。应提高公共至少是相关企业和主管部门对尾矿极其综合利用价值的认识,将尾矿的综合利用重视起来。

5)政策法规不够完善,现有政策支持力度不够

尽管我国在资源综合利用方面已经出台了一些税收优惠和鼓励政策,但是由于尾矿资源品位低,与原矿采选相比,利用的成本较高,经济效益较差,且其综合利用的技术更为复杂,而现有资源综合利用的政策缺乏针对性,支持力度不够,导致大多数企业利用尾矿的积极性不高。目前,尾矿综合利用还没有作为一项重大的技术经济政策纳入法制管理的轨道,许多工作还无法可依,有关政策也还没有完全理顺。虽然国家发布了一系列鼓励企业开展尾矿综合利用的规范性文件,但现有政策的连续性及政策的支持力度还不能适应形势发展的需要。一些资源型产品的价格形成机制还不能充分反映资源稀缺程度、环境损害成本和供求关系,一些地区还存在政策落实难、执行中有偏差等问题。总体来说,目前我国相关政策体系和法律规范还不完整,经济激励力度相对较弱,尚且没有形成尾矿综合利用的长效激励机制。

3.1.3　钼尾矿的综合研究现状

在当今世界各国争相快速发展的舞台上,钼作为一种珍贵有色金属,其扮演一个非常重要的战略必备物资角色,受到各国高新技术产业的青睐。钼及其化合物具有导电导热性优良、耐高温、蒸气压低、耐磨性好、硬度高、耐腐蚀性好等物理化学特性,所以广泛应用于机械制造、生物科技、化工催化剂、航空航天、医疗卫生等领域;同时因钼具有较好的化学稳定性,在钢铁冶金行业得到长足应用。钼及其化合物应用还会越来越广泛、越来越重要,因此充分利用好钼矿及其钼尾矿就十分必要。

1. 钼尾矿的综合利用

国内的有关科研单位及大专院校等对从钼尾矿中回收钼、白钨矿、磁铁矿等矿

物进行了一些卓有成效的研究。对于钼尾矿选矿,一般采用浮选方法进行再选来回收钼尾矿中的钼,其中邱丽娜等[19]在钼品位为 0.0063% 的钼尾矿中采用一次粗选,一次扫选,采用煤油为捕收剂进行浮选,得到粗钼精矿通过再磨再选,可得到品位为 24.87%、回收率为 61.39% 的钼精矿。对于钼钨共生的选钼尾矿,如王韩生等[21]采用重选、磁选-重选联合方法来实现钼尾矿中白钨矿的回收。叶丽佳等[21]用铜钼尾矿制备符合国家标准要求的建筑陶瓷砖,铜钼尾矿的掺量可以控制在70% 以内。所制备的建筑陶瓷地砖较佳的生产配方为:铜钼尾矿 45%,透辉石29%,长石 4%,莱阳土 22%;陶瓷内墙砖较佳的配方为:铜钼尾矿 39%,透辉石31%,各种黏土 30%。刘振英[22]研究了金堆城钼业公司钼尾矿与黏土为主要原料生产烧结砖,确定最佳工艺配方为:钼尾矿∶黏土∶碳酸钠 = 7∶3∶0.3,烧结温度为 1100℃,可达到最佳烧成工艺。由于钼尾矿的成分变化范围接近玻璃的组成,根据其他尾矿和类似体系的研究情况,如铁尾矿、铜尾矿 CaO-MgO-SiO_2 玻璃体系等,易得工业废渣研究钼尾矿玻璃材料有较好的前景。

王国帅[23]发明了一种利用钼尾矿制备蒸养砖的工艺方法,取钼尾矿 18%～57%、花岗岩石粉 18%～57%、炉渣 15%、生石灰 8%、石膏 2%,制得的蒸养砖强度较高,能达到 MU25 强度等级,且蒸养砖的密度较小,整体重量较小,吸水率高。张风海[24]发明了利用钼尾矿制造黑色微晶玻璃的方法,他利用钼尾矿、石英砂、石灰石、纯碱氧化锌、碳酸钡、氧化铁、二氧化锰、氧化镍、氧化钴混合制备黑色微晶玻璃,制备的材料不仅减少了钼尾矿的堆存量,减轻了环境污染,还能够提高产品性能、降低生产成本。

2. 钼尾矿混凝土的研究利用

国内直接应用钼尾矿制备混凝土的研究还相对较少,但矿产企业选矿产生的尾矿有一定的相通性,借鉴以往研究铅、锌、铁等尾矿的研究经验,国内研究者开展了可利用钼尾矿制备混凝土的研究。钼矿石一般经过破碎、磨矿、选矿后排放的钼尾矿中,60%～70% 的颗粒可以被筛选出来作为工程建设中的人工砂,这无疑可以消耗大量钼尾矿,对二次资源的利用、环境改善,实现矿产资源的优化配置和矿业经济可持续发展具有十分重要的作用。吴伟东等[25]根据此法利用钼尾矿粉替代部分砂(替代量为用砂质量的 25%)制得钼尾矿混凝土小型空心砌块,其基本力学及物理性能满足 MU7.5 的要求,直接通过筛分来利用钼尾矿,此方法更简单,成本较小,易于指导生产研究。

刘龙[26]利用栾川南泥湖钼尾矿、粉煤灰、炉渣为原料,以石灰、脱硫石膏为激发剂制备钼尾矿-粉煤灰-炉渣承重蒸压砖。通过正交试验分析了影响蒸压砖强度的主要因素是成形压力,其次是水固比、骨料掺量、困料时间、钼尾矿与粉煤灰的质量比,得到了试验的最优配合比为钼尾矿∶粉煤灰为1∶1,骨料(炉渣)掺量15%,水固比1∶7,最优工艺条件为混料时间4h、成型压力18MPa。李建涛等[27]以水泥、石灰、石膏和钼尾矿为主要原料,铝粉为发泡剂,聚丙烯纤维为增强材料,辅以其他助剂,制备微孔混凝土保温砌块,性能符合B06级合格品要求,并且多项指标符合B06级优等品要求,钼尾矿利用率达到75%。张冠军[28]利用钼尾矿代替铁质原料配料烧制水泥熟料,结果表明钼尾矿配料有利于固相反应时的质点扩散和矿物的均匀分布,促进A矿的形成和生长,改善水泥熟料的岩相结构,通过钼尾矿配料都能烧制出性能优良的水泥熟料。

3. 当前钼尾矿应用的不足

由于钼尾矿属于稀有金属,对钼的精度要求较高,其经过层层选矿工艺后,颗粒已达极细,利用难度较大;同时当前大部分钼尾矿还处于堆存在尾矿库的状态,利用途径相对较窄,综合利用率也较低。另外,对于钼尾矿的研究利用缺乏基础的理论支持,其矿物学基本性质研究不明确,也造成利用率不高。

3.1.4　钼尾矿制备高强混凝土的研究内容及创新点

1. 钼尾矿制备高强混凝土的研究内容

1)钼尾矿基本特征以及钼尾矿粉磨特性的研究

由于十几年前的采矿技术和设备落后,所产生的钼尾矿与目前在钼矿行业所产生的新尾矿已有很大不同,现今钼尾矿主要表现在钼尾矿的粒级组成、表面电性与表面能、钼尾矿颗粒的表面与内部缺陷等方面。因此,需要对钼尾矿的性能做如下方面的研究:①钼尾矿物相组成和化学组成与极细粒级分布及其交互关系研究;②机械力活化钼尾矿矿物成分结晶度、粒子键断裂、粒级分布以及表面形貌变化交互关系研究。

2)钼尾矿制备高强胶砂试件结构材料及水化反应机理的研究

利用钼尾矿制备高强胶砂试件在国内外是一项全新的尝试,虽然已经在实验室制备出了钼尾矿混凝土小型空心砌块,但要在中试规模或更大的规模进行技术完善,对制备过程中反应机理的研究是非常重要的。通过单因素试验及正交试验,优化钼尾矿、高炉矿渣、水泥熟料、脱硫石膏的配合比,制备出以钼尾矿为主要原料的胶砂试件,并符合预期目标。本项研究内容主要包括以下方面:①钼尾矿矿物掺合料以及高强胶砂试件各原料的最佳掺量的研究,确定实验室钼尾矿胶砂试件制备的基准配合比;②钼尾矿高强混凝土拌合料水化、硬化过程;③钼尾矿胶砂试件标准养护过程中的水化机理变化规律及微结构变化规律。

3)钼尾矿高强混凝土资源循环与材料性能优化设计

本章的目标是尽量大比例消纳钼尾矿及其他固体废弃物,以极细颗粒钼尾矿为主要原料研究制备出高强度的混凝土结构材料。一方面,要尽量利用原状钼尾矿的各种特征,降低成本,物尽其用。另一方面,要遵循材料学的特有规律,针对拟定的材料服役环境进行材料性能的优化设计,最后对应用钼尾矿的经济性展开分析。

2. 钼尾矿制备高强混凝土的创新点

(1)以极细颗粒钼尾矿为主要原料制备混凝土,首先充分全面地对钼尾矿的基本性质进行总结,通过机械力化学效应对钼尾矿的活性进行改善,借助 XRD、傅里叶变换红外光谱仪(Fourier transform infrared spectroscopy,FTIR)、SEM、粒度分析等测试方法对粉磨钼尾矿特性展开分析,确定机械力化学效应的最佳条件。

(2)研究充分利用并发挥极细钼尾矿自身的本质特征,通过分级将较粗部分作为细骨料,将筛分出的较细部分利用"微磨球效应"使用较少能量就可以将其进一步粉磨作为复合胶凝材料掺合料。通过粒级与活性的双重协同优化以达到加大钼尾矿掺量、降低能耗、降低成本和提高性能的目的,使制备的钼尾矿胶砂材料抗压强度达到 80MPa,钼尾矿综合利用率达 70%,固体废弃物总掺量达 90%。

(3)本章最大限度地提高钼尾矿的综合利用率,优化以极细钼尾矿做胶凝材料掺合料及细骨料的高强混凝土制备工艺,使最终的制品具有强度高、工作性能好等特点;通过最终的水化反应机理分析得到产生钼尾矿混凝土后期强度较高的原因,最后从社会效益和经济性方面对制品的可行性做出评价。

3.2　钼尾矿高强混凝土的研究方案

3.2.1　研究思路与方法

1. 钼尾矿制备高强混凝土的研究思路

1)建立钼尾矿的本质特征与目标材料应用性能的有机联系

钼尾矿是由毫米、微米、亚微米和纳米粒级粗细颗粒组成的混杂体,富含多种硅酸盐和铝硅酸盐矿物。只有充分认识钼尾矿整体粒级和以石英为主要矿物成分的特征,深入研究这些超细钼尾矿颗粒的矿物组成、粒级分布、表面形貌以及粉磨颗粒级配的变化规律、矿物成分的组成、表面与内部缺陷,从而建立起这些特征与目标材料应用性能的有机联系,最终可以发挥因地制宜地利用钼尾矿颗粒特点、提高产品性能、降低成本以及优化工艺等作用。

2）充分发挥钼尾矿中亚微米粒级和纳米粒级部分的活性粉末效应

本章把细骨料活性粉末混凝土的材料学原理和复杂流体的多组分协同效应原理进行有机结合，通过对钼尾矿、水淬高炉矿渣、水泥熟料和脱硫石膏进行一定时间的粉磨使其发生"微磨球效应"，并实现混合料中不同成分粒级与活性的双重协同优化，以达到加大钼尾矿的掺量、降低成本和提高性能的目的。以石英为主要成分的钼尾矿超细粒级部分在传统水泥混凝土中基本为惰性组分，本章则采用提高钼尾矿颗粒表面能、优化粉磨时间，利用多组分协同效应原理，使其具有较高的化学活性，从而大幅度降低成本，增大钼尾矿掺量。

3）以钼尾矿砂为细骨料制备高强混凝土的研究

尾矿的粒级组成较细是大部分尾矿都存在的共同特点，怎么在减少对尾矿的预处理，即减小耗能的情况下，提升尾矿的利用率是人们一直追求的目标之一。所以本章根据钼尾矿颗粒级配情况，在最大限度利用尾矿的基础上，优化钼尾矿高强混凝土各项性能，使制备的高强混凝土最终可以达到高强度、高性能、钼尾矿高利用率的结构材料。

2. 钼尾矿制备高强混凝土的研究方法

本章的研究方法是实验室研制钼尾矿制备高强结构材料为主，辅以工业中试，两个环节彼此互相推进，相互支持和逐步完善的研究方法。研究以活性粉末原理和多组分协同效应原理为基础，以钼尾矿为主要原料制备出高强度的结构材料。这种结构材料还有可能进一步开发出对强度和耐久性要求很高、具有高附加值的预制件。在实验室进一步试验中所获得的有关钼尾矿本质特征和钼尾矿高强结构材料反应机理的研究成果将及时用于指导工业中试的生产参数调整，以便进一步降低能耗和成本，提高钼尾矿掺入量和提高产品的目标材料性能。

钼尾矿本质特征的研究将从钼尾矿物相组成与粒级分布及其交互关系、钼尾矿中不同矿物表面形态与能量分布特征、钼尾矿中不同矿物颗粒表面与内部缺陷等方面展开分析。采用 SEM 和 XRD 对原料进行矿物成分分析；采用机械筛分级，对较细部分粉磨物料的粒度分布情况采用激光粒度分布仪分析，同时以 XRD 为主要手段对粉磨物料矿物相及结晶度、晶格常数进行分析。对于制品的水化研究使用电子显微镜观察其微观形貌、XRD 分析生成矿物成分并辅以化学结合水方法研究水化进程。材料的应用性能表征根据不同的服役环境主要研究材料的力学性能、工作性能。

3.2.2　钼尾矿制备高强混凝土的技术路线

根据研究思路和研究方法制定了本章的技术路线，如图 3.1 所示。首先通过化学分析查清钼尾矿所含成分,然后将钼尾矿通过筛分预处理,粗颗粒留作细骨料备用,细颗粒进行不同时间粉磨;采用 SEM、XRD、粒度分析、FTIR 等对机械力粉磨处理后的钼尾矿进行化学组分、矿物结晶度、粒度分布、微观形貌等方面进行分析。通过对钼尾矿活性的探索研究、钼尾矿用作矿物掺合料以及钼尾矿胶砂试件单因素等试验确定各基础配合比参数;正交试验优化确定钼尾矿胶砂试件各组分对其性能的影响因素和影响程度,继而得出优化实验室基准配合比设计。最后通过在此基础上调整试验方案,添加卵石粗骨料得出较好的钼尾矿高强混凝土制备方案。

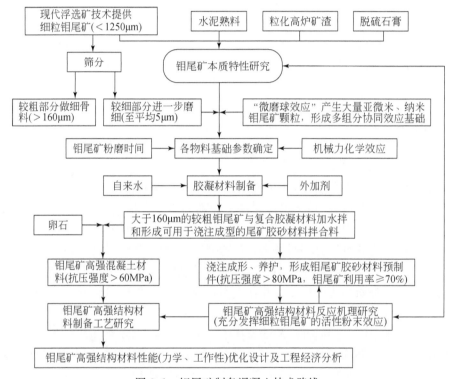

图 3.1　钼尾矿制备混凝土技术路线

3.2.3　钼尾矿制备高强混凝土用原料

1. 钼尾矿

本章所用的钼尾矿是经破碎—球磨—洗选产生的极细固体颗粒废弃物,表观密度为 $2.55 \mathrm{g/m^3}$,钼尾矿的特性将在 3.3 节进行介绍。

2. 粒化高炉矿渣

本章试验中所用粒化高炉矿渣密度为 2.95g/cm^3,粒径为 $0.1\sim1\text{mm}$,呈灰白色,其经过一定时间的粉磨,比表面积达 $565\text{m}^2/\text{kg}$。矿渣是炼铁过程中所产生的工业颗粒废渣,在提取铁的过程添加石灰等溶剂与矿石的 SiO_2、Al_2O_3 等杂质化合成矿渣,因熔融态炉渣排出时经水急冷,来不及结晶而呈玻璃态物质,即粒化高炉矿渣。因经水急冷萃取,吸收较高能量储存起来,矿渣磨细后表现出乎较高的化学潜能活性和极大的表面能,可用作优质矿物掺合料制备高强、高性能混凝土[29]。从表 3.1 矿渣化学成分来看,主要含有 SiO_2、Al_2O_3、CaO、MgO、Fe_2O_3 等组分,其中 CaO、Al_2O_3 等的含量较尾矿有较大幅度提高,可为硅酸盐质胶凝材料水化提供钙质材料以及较高的化学活性[30]。

粒化高炉矿渣主要氧化物成分为 SiO_2、Al_2O_3、MgO、CaO 等,一般根据其化学组分中酸碱氧化物的比例分为碱性、中性、酸性,其主要由碱性系数(M_o)来表征。

$$M_o = \frac{w_{CaO} + w_{Mgo}}{w_{SiO_2} + w_{Al_2O_3}} \tag{3.1}$$

式中,w_{CaO}、w_{Mgo}、w_{SiO_2}、$w_{Al_2O_3}$ 分别表示矿渣化学组分中氧化物的质量分数。根据《用于水泥中的粒化高炉矿渣》(GB/T 203—2008),当 $M_o > 1$ 时为碱性矿渣,当 $M_o < 1$ 时为酸性矿渣,当 $M_o = 1$ 为中性矿渣。因碱性矿渣的胶凝性能好,所以在选择矿渣时,应尽量选择碱性矿渣,根据公式计算本章所采用矿渣碱性系数为 0.928,接近中性,属偏酸性矿渣,一般混凝土混合体系碱性环境较好。

关于粒化高炉矿渣的活性率,根据《用于水泥中的粒化高炉矿渣》(GB/T 203—2008)规定用矿渣活性率(M_c)或矿渣质量系数(K)表征。矿渣活性率 M_c 的计算公式为

$$M_c = \frac{w_{Al_2O_3}}{w_{SiO_2}} \tag{3.2}$$

质量系数 K 的计算公式为

$$K = \frac{w_{CaO} + w_{Al_2O_3} + w_{MgO}}{w_{Si_2O} + w_{MnO} + w_{TiO_2}} \tag{3.3}$$

K 反映了矿渣化学成分中活性组分与非活性成分间质量的比值,K 越大,活性越高,根据国标规定当 $M_c > 0.25$ 时为高活性,当 $M_c < 0.25$ 时为低活性,当 $K > 1.2$ 时为合格品,当 $K > 1.6$ 时为优等品。根据公式计算得 $M_c = 0.420$,$K = 1.660$,所以本章所用矿渣属于优等高活性矿渣。

表 3.1 粒化高炉矿渣化学组分（质量分数）

化学成分	含量/%
SiO$_2$	34.9
Al$_2$O$_3$	14.65
Fe$_2$O$_3$	0.7
MgO	10.52
CaO	35.46
Na$_2$O	0.27
K$_2$O	0.35
TiO$_2$	0.98
MnO	0.68
烧失量	0.38
合计	98.89

一般情况下，矿渣的活性不仅通过其化学组分表征，还很大程度取决于其内部各矿物结晶程度。矿渣在高温下水淬急冷，来不及结晶，呈无定形玻璃态，图 3.2 为矿渣 XRD 的谱图。可以看出，衍射峰呈一宽化的峰，无明显结晶峰，玻璃体含量超过 80%，图中呈现略有结晶相的是钙铝黄长石（Ca$_2$Al(AlSi)O$_7$）。

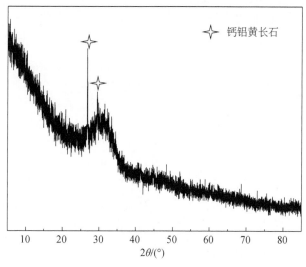

图 3.2 粒化高炉矿渣的 XRD 谱图

3. 水泥熟料

本章所用的普通硅酸盐水泥熟料,平均粒径为 0.1~10mm,密度为 3.20g/cm³,为灰黑色,经过粉磨至比表面积 480m²/kg。水泥熟料以石灰石和黏土、铁质原料为主要原料,按一定比例配制成生料进行预加工,烧至部分或全部熔融状态下的块状物质,并经冷却而获得半成品。水泥熟料主要化学成分见表 3.2,主要由 CaO、SiO₂ 和少量的 Al₂O₃ 和 Fe₂O₃ 等成分组成。图 3.3 所示为水泥熟料的 XRD 谱图,矿物组成为 C₃S、C₂S、C₃A 和 C₄AF。

表 3.2　水泥熟料化学成分(质量分数)

化学成分	含量/%
SiO₂	22.5
Al₂O₃	4.86
Fe₂O₃	3.43
MgO	0.83
CaO	66.3
K₂O	0.31
Na₂O	0.24
MnO	0.2
TiO₂	0.18
烧失量	0.12
合计	98.97

4. 脱硫石膏

本章采用的脱硫石膏密度为 2.65g/cm³,呈灰白色,粉磨至比表面积 300m²/kg,化学组分见表 3.3,磨细钼尾矿在混凝土中表现为较低火山灰活性,需要激发剂激发其活性,石膏作为一种硫酸盐化学激发剂,主要包括 CaO 和 SO₃ 等。脱硫石膏是钢厂或热电厂采用湿法脱硫产生的工业废弃物,是石灰与石灰石粉制成的浆液与 SO₂ 发生反应形成二水石膏和亚硫酸钙的混合物,由于含有大量硫酸盐化合物具有一定酸性,所以对环境存在很大危害。图 3.4 是脱硫石膏的 XRD 谱图,主要为二水硫酸钙($CaSO_4 \cdot 2H_2O$),含量大于等于 93%,含有少量半水石膏,经加水形成石膏浆,水化硬化后生产二水石膏。

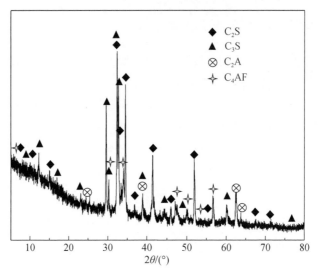

图 3.3　水泥熟料的 XRD 图谱

表 3.3　脱硫石膏的主要化学成分（质量分数）

化学成分	含量/%
SO_3	47.26
CaO	45.31
SiO_2	3.14
Al_2O_3	1.48
Fe_2O_3	0.71
Na_2O	0.03
MgO	0.58
K_2O	0.35
MnO	0.03
TiO_2	0.08
P_2O_5	0.03
烧失量	0.06
合计	99.06

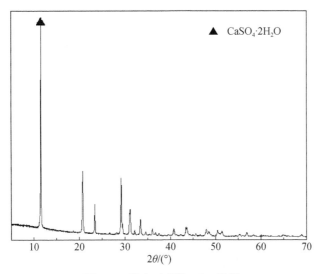

图 3.4　脱硫石膏的 XRD 谱图

5. 高效减水剂

本章所有试验均采用 PC 减水剂,是一种高分子表面活性剂,为粉末状,呈浅黄白色,减水率可达 20% 以上。PC 减水剂具有碱含量低、减水率高、对钢筋无锈蚀性等优点,其作用可以减小水胶比、改善混凝土工作性、增强力学性能、提高混凝土密实性及耐久性、减小混凝土反应水化热、减小混凝土干缩过程中毛细管腔的应力集中,进而减小混凝土早期的塑性收缩和自收缩等。对配制高强、超高强混凝土推荐用量为胶凝材料的 0.2%～0.8%。

6. 细骨料

细骨料取自河砂,通过筛分试验测定其细度模数为 2.3,属中砂,含水率为 0.41%,表观密度为 2580kg/m³,堆积密度为 1570kg/m³,含泥量为 0.65%。

7. 粗骨料

粗骨料取自当地砂石场生产的碎卵石,粒径为 4.5～10mm,表观密度为 2.56kg/m³,堆积密度为 1.38kg/m³,含水率为 1.59%,最大粒径为 10mm。粗骨料的级配对混凝土抗压强度的影响随混凝土水胶比的不同而变化,随着混凝土水胶比的减小,使用较小粒径的粗骨料可获得较高的强度。

3.2.4　试验方法与测试手段

1. 试件的制备

1)胶凝材料制备

首先将本章所用钼尾矿、水泥熟料、高炉矿渣、脱硫石膏等各原料放入鼓风干燥箱,在温度 100℃下烘干至含水率低于 1%;然后将钼尾矿根据筛分试验粒级(+0.16mm)颗粒作为骨料,对(-0.16mm)粒级钼尾矿颗粒与其他烘干后的试验物料,采用实验室常用的 SMΦ500mm×500mm 型标准研磨的水泥磨进行粉磨,每次给料为标准 5kg;其中钼尾矿粉磨至 390m²/kg、445m²/kg、500m²/kg、650m²/kg 等几种不同比表面积,水泥熟料粉磨至 480m²/kg,高炉矿渣粉磨至 565m²/kg,脱硫石膏粉磨至 300m²/kg,最后将粉磨好的微粉按不同比例混合掺配,作为本章的胶凝材料密封备用。

2)净浆试件的制备

将制备好的胶凝材料依据国家标准《水泥标准稠度用水量、凝结时间、安定性检验方法》(GB/T 1346—2011)、《通用硅酸盐水泥》(GB 175—2007)制备水泥胶凝材料拌合物,将混合均匀的胶凝材料加入水泥净浆搅拌机,加入适量减水剂和水,搅拌均匀,浇注到 30mm×30mm×50mm 的标准试模中,振动成型,置于标准条件下养护。

3)钼尾矿胶砂试件的制备

将制备好的胶凝材料与筛分试验筛余粒级(+0.16mm)钼尾矿砂作为细骨料按照《水泥胶砂强度检验方法(ISO 法)》(GB/T 17676—1999)拌和均匀,采用水泥胶砂搅拌机将混合料、适量减水剂和水按规定搅拌均匀,浇注到 40mm×40mm×160mm 的标准试模中,振动成型,置于标准条件下养护。

4)高强混凝土的制备

将上述方法制备的胶凝材料与钼尾矿砂或河砂、石子、外加剂、水等采用单卧轴强制式混凝土搅拌机,按照《混凝土强度检验评定标准》(GB/T 50107—2010)规定方法搅拌均匀,浇注到 150mm×150mm×150mm 的标准试模中,振动成型,置于标准条件下养护。

2. 测试分析方法

(1)混凝土的工作性:依据《水泥胶砂流动度测定方法》(GB/T 2419—2005)对细骨料钼尾矿混凝土进行流动度测定;依据《普通混凝土拌合物性能试验方法标准》(GB/T 50080—2016)对新拌混凝土进行坍落度测定。

（2）混凝土的力学性能：依据《水泥胶砂强度检验方法（ISO 法）》（GB/T 17671—1999）测试不同龄期钼尾矿胶砂试件的力学性能；依据《混凝土物理力学性能试验方法标准》（GB/T 50081—2019）测试钼尾矿混凝土试件的力学性能。

（3）QBE-9 型全自动比表面积测定仪，用于测定钼尾矿粉、矿渣、石膏、水泥熟料的比表面积。

（4）Ms2000 激光粒度分析仪，量程 0.02～2000μm，用于测定钼尾矿粉粒度分布。

（5）X'Pert Powder 型 X 射线衍射仪，用于鉴定原材料及净浆试件中胶凝材料的水化产物的矿物成分及结晶度。

（6）DSC-100 型差示扫描量热仪，用于分析原材料的矿物成分。

（7）IR-960 型傅里叶变换红外光谱仪，用于分析、判断矿物或材料的化学结构。

（8）SEM 型号为 SUPRA55，用于观察胶凝材料水化产物的微观形貌，再通过能谱及元素分析鉴定水化产物。

3.3　钼尾矿的特性研究

3.3.1　钼尾矿的原料特性研究

自然界中的钼矿，大多数是以伴生矿的形式依附在其他矿石中，常见的钼矿物有辉钼矿、钼钙矿、铁钼矿、钼铅矿、钼铀矿、钼酸钙等，其中辉钼矿占 98% 以上。据 2014 年最新给出的地质勘探报告统计显示，我国钼矿资源储量较大，总保有储量钼 840 万 t，居世界第二；在开采方面取得重大突破，成为世界第一大钼资源开采国家。根据"全国矿产资源潜力评价"项目"全国重要矿产和区域成矿规律研究"的统计数字显示，探明储量矿区有 222 处，发现钼矿床（点）1114 个，分布在我国的 28 个省（区、市），其中钼矿资源主要集中在中东部地区。我国的钼矿床主要以矽卡岩型、沉积岩型、斑岩型以及脉型矿床为主，其中钼的产出以矽卡岩型最常见。

本章研究的钼尾矿原矿属于东秦岭—大别山钼成矿带，该成矿带经新生代时期地壳变动生成，其地下沉积变质型属岩浆-热液型；该地段地质构造复杂，矿产资源丰富，以钼矿储量大、分布广闻名，就已探明的钼金属储量而言，占我国内生钼金属储量的 49.5%，居全国首位。研究用钼尾矿取自陕西省洛南县九龙矿业有限公司，钼尾矿的堆积密度为 1.65g/cm³，表观密度为 2.55g/cm³，真密度为 2.91g/cm³，含水率 0.73%，含泥量 2.68%，该公司位于石门黄龙钼矿区，周边矿山钼资源储量巨大，其中钼元素主要以辉钼矿形式存在，该选矿厂在选矿中产生 95% 以上的固体尾矿废弃物,累计堆存已达 132 万 t,占用大量土地资源,对钼尾矿的治理已迫在眉睫。

　　由于对钼精度的要求,钼矿石经过多次破碎精选,产生的钼尾矿为极细颗粒。骨料的级配对混凝土的和易性及强度发展具有重要作用,良好的颗粒级配可以提高新拌混凝土的流动性,增加骨料间密实度,根据《建设用砂》(GB/T 14684—2011)中关于砂的筛分试验,测定砂的粒度分布情况,计算砂的细度模数 M_x。

$$M_x = \frac{(A_{0.15} + A_{0.3} + A_{0.6} + A_{1.18} + A_{2.36}) - 5A_{47.5}}{100 - A_{47.5}} \qquad (3.4)$$

式中,$A_{0.15}$、$A_{0.3}$、$A_{0.6}$、$A_{1.18}$、$A_{2.36}$、$A_{4.75}$ 分别为 0.15mm、0.3mm、0.6mm、1.18mm、2.36mm、4.75mm 筛孔直径的累计筛余率,%。

　　结合表 3.4,由式(3.4)计算得到原状钼尾矿的细度模数为 1.10。根据《普通混凝土用砂、石质量及检验方法标准》(JGJ 52—2006)可知,1.10 介于 0.7～1.5,故原状钼尾矿为特细砂。但有时仅凭砂的细度模数并不能反映其级配的优劣,细度模数相同的砂,级配可以可以不相同,所以配制混凝土时必须同时考虑砂的颗粒级配和细度模数,依据 JGJ 52—2006 级配区对照表,钼尾矿砂属于Ⅰ区,钼尾矿砂偏细,配置普通混凝土宜选用中砂,对于砂偏细时应适当调整砂率,并保持足够的水泥用量,以满足混凝土的和易性。

表 3.4　钼尾矿颗粒级配表

筛孔直径/mm	筛余质量/g	分计筛余率/%	累计筛余率/%
4.75	0	0	0
2.36	0.35	0.07	0.07
1.18	1.54	0.31	0.32
0.6	27.75	5.55	5.87
0.3	133.38	26.68	32.54
0.15	186.67	37.33	69.88
<0.15	150.31	30.06	100

注:钼尾矿砂样取样质量 500g。

　　图 3.5 是钼尾矿在不同放大倍数 BM-320AP 偏光显微镜下的粒度及表面特征图。图 3.5(a)所示为原状钼尾矿自然状态下的堆积图,可以看出钼尾矿为灰白色,颗粒间掺杂很多粉尘、泥土及其他有害杂质。图 3.5(b)是钼尾矿经实验室0.16mm 标准方孔筛进行筛分,钼尾矿(＋0.16mm)颗粒在光学显微镜下粒度散状图。可以看出,与河砂比较,钼尾矿各级颗粒的长宽比大,即针棒状颗粒多,丰满比小,即颗粒表面凹入多,在混凝土拌合物中颗粒间机械啮合力就大,同时颗粒间的

空隙也较大,易于提高混凝土颗粒密实度。图 3.5(c)是钼尾矿(+0.16mm)颗粒放大 40 倍的图,图 3.5(d)是其局部放大图,可以看出,主要是透明状的石英以及非透明的黑云母,与图 3.6 钼尾矿的 XRD 矿物分析吻合,钼尾矿砂经过机械破碎、粉磨,颗粒表面具有更多的棱角,粗糙度较大,有利于与水泥浆体的界面黏结增强。

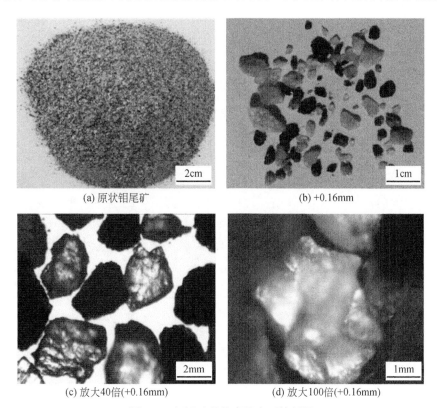

(a) 原状钼尾矿　　　　　　　　　(b) +0.16mm

(c) 放大40倍(+0.16mm)　　　　　(d) 放大100倍(+0.16mm)

图 3.5　钼尾矿的粒度及表面特征图

　　钼尾矿的化学成分见表 3.5。可以看出,钼尾矿的主要化学元素是硅、氧、铝、铁、钙等,其中硅含量高达 70% 以上,属高硅(SiO_2 含量>65%)型细粒钼尾矿,可为建材产品的制备提供充足的硅质材料。

表 3.5　钼尾矿的化学成分(质量分数)

化学成分	含量/%
SiO_2	73.04
Al_2O_3	5.27
Fe_2O_3	5.33
FeO	3.24

化学成分	含量/%
MgO	2.26
CaO	4.01
Na_2O	0.24
K_2O	2.12
H_2O	0.28
TiO_2	1.42
P_2O_5	0.05
MnO	0.29
烧失量	2.45
合计	100

图 3.6 为钼尾矿的 XRD 谱图。可以看出,钼尾矿的主要矿物成分以石英为主,含有少量的正长石、金云母、角闪石等,其中石英以非活性 SiO_2 形式存在,其他大部分矿物成分也以稳定的氧化物形式存在,所以其化学活性相对稳定。

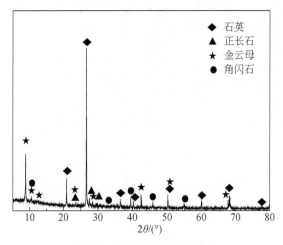

图 3.6　钼尾矿的 XRD 谱图

图 3.7 是烘干后的钼尾矿 DSC-TG 曲线。可以看出,随着温度的逐渐升高,钼尾矿的 TG 曲线出现逐渐下降的趋势,可以得到钼尾矿在加热过程中是连续失重的;从最初的 35℃开始出现失重,到最终的 800℃失重基本结束,从 TG 曲线的变化大致可分为三个明显失重阶段。第一阶段在温度 35~180℃,钼尾矿的失重率为 0.43%,此阶段主要是钼尾矿中物理吸附水的脱除,正对应于 DSC 曲线在

115℃出现吸热峰。第二阶段在 200～470℃,钼尾矿的失重率为 0.5%,DSC 曲线在该区间出现多处放热峰的交替变化,这主要是钼尾矿中的角闪石和金云母脱水造成的。第三阶段主要是在 500～600℃,该阶段是钼尾矿中石英 α 晶型转变为 β 引起钼尾矿脱去结合水,从而出现吸热峰,钼尾矿的重量随之减小。

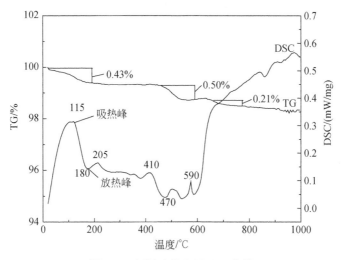

图 3.7　钼尾矿的 DSC-TG 曲线

3.3.2　钼尾矿的粉磨特性研究

机械力通过研磨、冲击、摩擦的作用在钼尾矿颗粒内部产生相互作用的内力,从而引起钼尾矿颗粒产生物理和化学变化,使得钼尾矿颗粒细化、比表面积增大,以获得相对较窄的颗粒分布,提高多组分物料体系的混合均匀度;随着尾矿颗粒细化,处于颗粒表面不饱和力场的表面质点发生了变形、极化和重排,降低了颗粒表面不饱和状态,粉磨物料达到亚稳定状态,进而降低体系的反应活化能,转变为化学能储存在新物质中,也相应地提高反应生成物的纯度,最终对尾矿的活性产生一定影响。

用实验室 5kg SMΦ500mm×500mm 型标准研磨水泥磨,将烘干至含水率小于 0.1% 筛分后的(−0.16mm)钼尾矿分别进行 40min、60min、80min、100min 等时间的粉磨,借助 XRD、SEM、FTIR、激光粒度分析等方法,研究分析在一定时间的机械力作用下,机械力化学效应对磨细粉末矿物的结晶框架变化、微观结构形貌、表面特性及粒度分布变化等情况的作用,最终对粉末的化学活性产生影响。

图 3.8 是将钼尾矿(−0.16mm)进行机械力作用及原状钼尾矿的 XRD 谱图。可以看出,钼尾矿经过一定时间粉磨,钼尾矿所含各种矿物成分基本没有变化,主

要成分依然为石英;但随着粉磨时间的延长,矿物成分的衍射峰强度发生显著变化,矿物衍射峰强度均降低,并变得越来越不明显,这主要是钼尾矿中矿物成分结晶度发生了变化,说明钼尾矿中矿物的结晶程度逐渐降低,渐变为无定形的玻璃态。机械球磨第一步是将钼尾矿粒度急剧细化,提高物料的比表面积,但随着机械力作用的时间持续延长,矿物组分中粒子化学键断裂或结构发生变化,使所含结晶水或 OH 羟基物脱水,从而可能出现断裂的新化学键相互之间重新组合成新物质[31]。另外,机械力对粉体做功,转化为微集料表面能量及化学能存储起来;若将其作为掺合料,会降低反应体系活化能,增加反应体系的化学能。从表 3.5 可以看出,金尾矿含有 70% 以上的硅质矿物成分,机械球磨主要活化金尾矿中的惰性硅,使之渐变为活性 SiO_2,最终衍射峰强度会逐渐减低。因此,通过分析知道机械力对金尾矿颗粒的作用是诱发其化学效应的驱动之一。

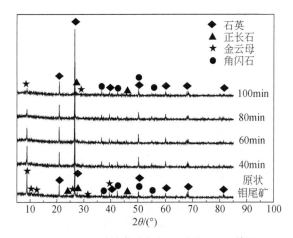

图 3.8　不同粉磨时间钼尾矿的 XRD 谱图

　　图 3.9 是原状钼尾矿粒级和不同粉磨时间钼尾矿粉的 SEM 图。图 3.9(a)是原状钼尾矿颗粒的粒级,颗粒大小不规则,表面凹凸不平,有部分颗粒为棱片状,大颗粒周围散落大量细小颗粒及微粉,用作混凝土骨料,会增加黏稠度,减小流动度,导致需水量较大。图 3.9(b)~(e)为 -0.16mm 粒级钼尾矿粉磨 40min、60min、80min、100min 的 SEM 图,可以看出,随着机械力粉磨作用时间的延长,颗粒粒径变化明显,大颗粒逐渐减少,颗粒形状逐渐变得规则,球状化明显,亚微米级和纳米级颗粒大量出现。图 3.9(f)为图 3.9(e)的局部放大图,可以看出,颗粒形圆而光滑,图中颗粒棱角已基本没有,颗粒大小趋于均匀化,大大小小的微粉颗粒互相黏连,蓬松状并伴有团聚出现。

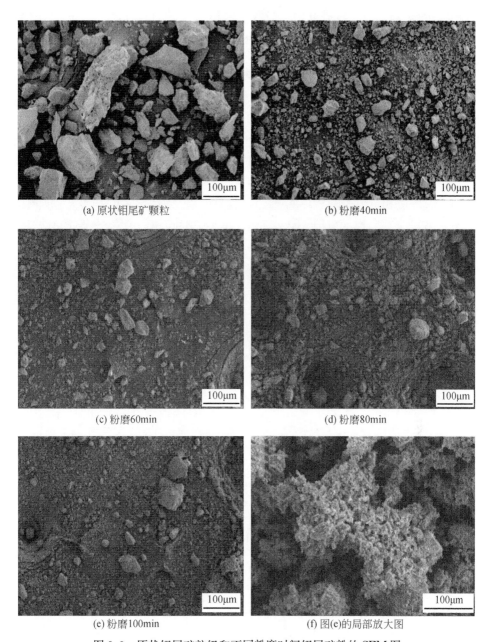

(a) 原状钼尾矿颗粒　　　　　　　　　　　(b) 粉磨40min

(c) 粉磨60min　　　　　　　　　　　(d) 粉磨80min

(e) 粉磨100min　　　　　　　　　　(f) 图(e)的局部放大图

图 3.9　原状钼尾矿粒级和不同粉磨时间钼尾矿粉的 SEM 图

图 3.10 为钼尾矿粉的 FTIR 谱图。结合前面 XRD 及 SEM 图中分析的矿物组分,可以看出,图 3.10 红外光谱主要是硅酸盐矿物的复杂 Si—O 基团间的振动。图中有两个振动波数相对剧烈的区域分别是 1250～1000cm^{-1} 和 800～300cm^{-1},

其中第一个区域为石英红外光谱中吸收光谱最为集中的区域,属于 Si—O 基团非对称伸缩振动,由一个弱带 1160~1250cm^{-1}和一个强带 1000~1100cm^{-1}组成,其吸收带宽而强。600~800cm^{-1}有 2 个中等强度的窄带,属 Si—O—Si 对称伸缩振动。800cm^{-1}处的中等强度吸收带是石英族矿物的特征峰。300~600cm^{-1}范围属 Si—O 弯曲振动,460cm^{-1}处为吸收谱的第二个强吸收带。钼尾矿中主要成分为石英,其余的正长石、金云母、角闪石等含量非常少,在图谱中不易辨别。随着粉磨时间的延长,钼尾矿颗粒从毫米级逐渐演变为亚微米到纳米级,所以分子间的化学键被大量破坏,原有非纳米常规晶体满足的周期性边界条件遭到破坏,晶体的长程有序结构可能有所改变,由此导致晶体对红外光吸收的变化[32]。钼尾矿中含有一定量 Al$_2$O$_3$,所以 Si—O 键和 Al—O 键的断裂与重组、颗粒细化是导致石英 FTIR 谱简化、扩宽或分裂的根本原因。另外,像波数小于 600cm^{-1}的,应该是其他矿物成分光谱的振动区域,该区域表面的基团数目增多,由吸收峰增强所致。综合分析钼尾矿粉的 FTIR 谱图,可以看出颗粒变化影响了各分子键间的吸收区域,最终影响钼尾矿活性。

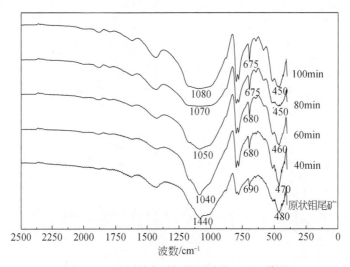

图 3.10 不同粉磨时间钼尾矿的 FTIR 谱图

图 3.11 和图 3.12 是钼尾矿不同粉磨时间的粒径区间分布及累积分布曲线图。可以看出,随着粉磨时间延长,粉体的粒径逐渐呈正态分布,粉体粒径逐渐向 10μm 靠拢,在粉磨 100min 时,颗粒的区间百分率峰值已小于 10μm,粉磨 40min 粒径还相对较大。从表 3.6 可以看出,比表面积由 390m^2/kg 增加到 650m^2/kg,但粉磨到 100min 时,从图 3.11可以看出,出现两个区间峰值,在低于 100μm 出现亚微颗粒间的团聚现象。粉磨使矿物原子间的化学键断裂,发生了其他化学反应,

产生新物质。随着粉磨时间增加,颗粒细化,彼此间存在较强静电作用,某些物质间高能键断裂难度加大,增大反应的活化能,不利于反应的进行,反应完成后剩余部分微集料,可能是钼尾矿粉磨 100min 出现强度降低的诱因[31]。级配良好的钼尾矿粉可以提高混凝土强度和工作性,降低反应的水化热,填充密实反应后的收缩孔隙,图 3.12 中粉磨 80min 累积粒径 10μm 可达 60%,用作掺合料可起到良好的填充效应。若作为胶凝材料掺合料使用,从经济因素和充分发挥粉磨料的级配、表面活性等特性出发,综合考虑粉磨 80min 较为合理。

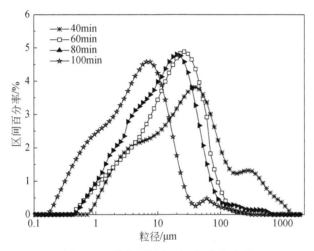

图 3.11 粉体颗粒粒径区间分布曲线

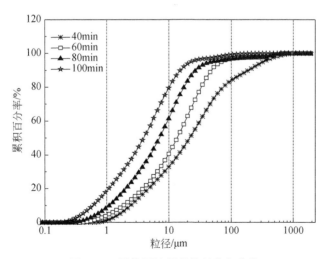

图 3.12 粉体颗粒累积粒径分布曲线

表 3.6　钼尾矿粉的比表面积

粉磨时间/min	钼尾矿粉比表面积/(m²/kg)
40	390
60	445
80	500
100	650

3.4　钼尾矿作为矿物掺合料及细骨料的研究

3.4.1　钼尾矿作为矿物掺合料的研究

矿物掺合料已成为制备优质混凝土材料不可或缺的组成部分,其可以明显改变新拌混凝土的工作性,减小硬化混凝土的自收缩以及提高混凝土耐久性;同时可以发挥节约资源、缓解资源匮乏的作用。现今应用较为广泛的矿物掺合料如粉煤灰、粒化高炉矿渣、硅灰、石灰石粉及钢渣粉等,最大的共同点就是具有较大细度,因而可以表现出较强的火山灰性质。1998 年沈旦申[33]提出矿物掺合料粉煤灰效应的假说,在混凝土应用中主要表现在形态效应、活性效应、微集料效应三个方面,随着研究的不断深入,其内容进一步充实,本章主要对钼尾矿粉的活性以及用作矿物掺合料的胶凝特性的进行探索研究。

根据上述不同分析方法,从磨细钼尾矿粉的表面特性、结晶状态、微观形貌及粒度变化等方面定性判断机械力化学效应对钼尾矿作为活性水泥混合材料的影响,但没有具体数值表征机械力对钼尾矿活性的激发程度。机械力对钼尾矿影响最直观的现象是钼尾矿颗粒细化,粒径减小,比表面积增大等;但杨南如[31]提出,并不是粉磨时间越长,颗粒越细,比表面积越大,进而对活性的激发就越大。从表 3.5 可以看出,钼尾矿固体废弃物含有大量 SiO_2 及 Al_2O_3、Fe_2O_3 等结晶良好的矿物成分,在未活化状态及配制混凝土时,仅起微集料填充作用;但经球磨后化学活性会得到一定激发,可以用于掺合料。《用于水泥混合材的工业废渣活性试验方法》(GB/T 12957—2005)中对火山灰活性的测定采用抗压强度比 K 进行表征,该方法适合水泥胶砂试验的测试,但在判定火山灰活性试验中存在缺陷,不能准确反映矿物掺合料掺量变化后活性随龄期的变化。

1. 试验方案

按照《用于水泥混合材的工业废渣活性试验方法》(GB/T 12957—2005),以

《水泥胶砂强度检验方法(ISO 法)》(GB/T 17671—1999)制备胶砂试件为基础,分别测定试验样品和对比样品养护龄期 3d、7d、28d 的抗压强度,然后根据强度贡献系数 K_s 来表示检测机械力作用时间对钼尾矿火山灰活性的影响,即

$$K_s = \frac{N}{N_p} \frac{R_1}{R_2} \times 100\% \tag{3.5}$$

式中, K_s 为强度贡献系数,%; R_1 为掺钼尾矿后的胶砂试件养护 28d 抗压强度, MPa; R_2 为未掺钼尾矿时对比试件 28d 抗压强度, MPa; N 为胶砂试件中胶凝材料总的质量分数,%; N_p 为胶砂试件中水泥含量(质量分数),%。

　　强度贡献系数 K_s 体现了在不同钼尾矿掺合料掺量条件下,磨细钼尾矿作为水泥活性混合材料对混凝土强度的贡献率。一般而言,水泥含量越少, K_s 越大,水泥混合材料对混凝土强度的贡献率就越大,当水泥混合材料掺量为 0 时, $K_s = 1$,随着水泥混合材料掺量的变化, K_s 随之变化, K_s 越大,说明水泥混合材料对混凝土强度贡献越大,继而钼尾矿作为掺合料的活性越大。

　　具体试验配合比方案见表 3.7。试验所用水泥为基准水泥,A-0 为对比试验组,A-1 为掺入未粉磨的(−0.16mm)钼尾矿,A-2~A-7 是选择不同粉磨时间的钼尾矿以质量分数 30%掺入基准水泥中,A-2~A-7 中钼尾矿对应的粉磨时间分别为 40min、60min、80min、100min 和 120min,胶砂试件的水灰比为 0.5。

表 3.7　复合胶凝材料试验配合比方案(质量分数)

试件编号	水泥/%	钼尾矿粉/%	石膏/%[n]
A-0	100	—	—
A-1	65	30	5
A-2	65	30	5
A-3	65	30	5
A-4	65	30	5
A-5	65	30	5
A-6	65	30	5

2. 试验结果

　　根据上述方案,测试胶砂试件不同龄期的抗压强度,绘制强度贡献率趋势如 3.13 所示。可以看出,掺入不同粉磨时间的钼尾矿粉及原状钼尾矿混合材料的混凝土强度贡献率的趋势。A-0 为基准对照组,A-1 为掺入未粉磨钼尾矿混凝土不

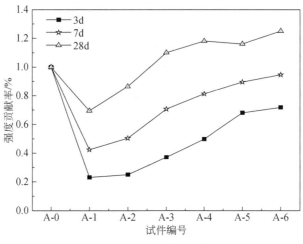

图 3.13　混凝土强度贡献率趋势

同养护龄期的强度贡献率,其值低于 1,即混凝土的各龄期抗压强度不及基准对照组;可以判断未粉磨钼尾矿的掺入影响混凝土强度的发展,说明未粉磨钼尾矿不具有火山灰活性。A-2~A-6 随着粉磨时间及养护龄期的增加,钼尾矿粉对混凝土强度贡献率随之增加;当养护时间较短时,钼尾矿粉的火山灰活性较低;当粉磨 60min 以上且养护时间在 28d 以后,钼尾矿粉火山灰活性逐渐体现得较为明显,各贡献值已超过基准对照组。图中在 A-5 处出现拐点,说明此处钼尾矿粉的火山灰活性有降低表现,即混凝土在标准条件下养护 28d,粉磨 100min 不及粉磨 80min 钼尾矿对混凝土强度的贡献率大。在 3.3.2 节中所述,在 SEM 下钼尾矿粉有一定的"团聚现象";在钼尾矿粉粒度分布图中,颗粒粉磨 100min 出现双峰现象,这都可能因粉磨粉体粒径已达纳米级,颗粒间产生微团聚或彼此间的静电力加大互相吸引,最终导致粉体表面活性能不能充分发挥,影响活性效应。从图 3.13 中可以看出,随着粉磨时间加大,对混凝土强度的贡献率也加大,但综合考虑经济因素及实用方面,选择对钼尾矿粉磨 80min 较为合理。

随着混凝土制备技术的进步,普通混凝土配制技术由最初的水泥、砂子、石子和水四种成分组成,早已发展成水泥、砂子、石子、水、矿物掺合料和外加剂等多种成分构成,其中矿物掺合料和外加剂已成为现今商品混凝土不可或缺的组成部分。现今通常情况下,将水泥和矿物掺合料的混合品称为胶凝材料,活性矿物掺合料替代水泥后参与水化反应,可以减缓早期水化反应速率,降低水化热,有利于混凝土早期强度的均衡发展,且形成的水泥石结构更加致密;同时矿物掺合料后期二次水化反应有利于混凝土后期强度发展以及耐久性发展。通过上述对钼尾矿活性的研究及 3.3 节中从不同角度对钼尾矿粉特性变化研究分析,在前期一定探索试验基础上确定,本节拟以各种矿物掺合料总量 100% 计,主要利用钼尾矿粉及矿渣粉等固体废弃物,辅以少量水泥熟料及脱硫石膏为激发剂,探索研制钼尾矿复合凝胶材料,根据《水泥标准稠度用水量、凝结时间、安定性检验方法》(GB/T 1346—2011) 对钼尾矿复合胶凝材料的性能进行测试,用试锥下沉深度测试标准稠度用水量。同时将复合胶凝材料参照《水泥胶砂强度检验方法(ISO 法)》(GB/T 17671—1999)中胶凝材料与标准砂的比例为 1∶3 配合,其中对照组 A-0 中水泥为专用基准水泥,测定复合胶凝材料胶砂试件的抗压强度。试验中复合胶凝材料配合比方案见表 3.8,其中 B 组、C 组和 D 组胶凝材料中钼尾矿粉对应的比表面积分别为 445m²/kg、500m²/kg、650m²/kg。

表 3.8　复合胶凝材料配合比方案(质量分数)

试件编号	水泥/%	钼尾矿/%	矿渣/%	水泥熟料/%	石膏/%
A-0	100	—	—	—	—
B-1	—	30	40	20	10
B-2	—	40	30	20	10
B-3	—	50	20	20	10
C-1	—	30	40	20	10
C-2	—	40	30	20	10
C-3	—	50	20	20	10
D-1	—	30	40	20	10
D-2	—	40	30	20	10
D-3	—	50	20	20	10

　　复合胶凝材料的标准稠度用水量及凝结时间测试结果见表 3.9,复合胶凝材料胶砂试件的抗压强度测试结果如图 3.14 所示。

表 3.9　复合胶凝材料标准稠度用水量及凝结时间测试结果

试件编号	标准稠度用水量/%	初凝时间/min	终凝时间/min
A-0	28.1	175	215
B-1	30.1	205	322
B-2	32.3	198	300
B-3	33.5	185	295

试件编号	标准稠度用水量/%	初凝时间/min	终凝时间/min
C-1	31.4	195	290
C-2	32.5	191	289
C-3	34.7	180	282
D-1	31.6	189	287
D-2	33.8	181	280
D-3	35	176	273

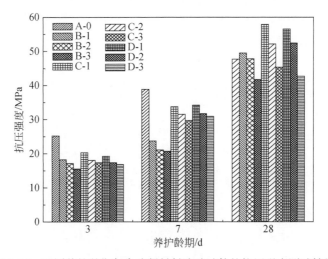

图 3.14　不同养护龄期复合胶凝材料胶砂试件的抗压强度测试结果

从图 3.14 可以看出,复合胶凝材料标准稠度的用水量随着钼尾矿掺量的增加出现增长趋势,各组与对照组相比均有不同程度的增加,增加幅度最大的组为 D-3 组,增幅为 6.9%,增加幅度最小的组为 B-1 组,增幅为 2%。同一定配合比下的标准稠度用水量随着钼尾矿粉比表面积的增大也有一定程度增加,但变化幅度较小。另外,复合胶凝材料的初终凝时间较对照组都出现不同时间的延长,终凝时间延长最长的为 B-1 组,延长了 107min,最短的为 D-3 组,延长了 58min。由于各种组分的细度要比纯水泥更细,水泥浆的黏稠性更大是复合胶凝材料达到标准稠度出现用水量增加的主要原因,同时各矿物组分的化学活性比硅酸盐水泥低,其早期水化反应可能较弱,也加剧了需水量的增加。另外,本身钼尾矿的火山灰活性较低,要达到相应的黏稠度,有大量惰性石英粉需要更多的水分包裹,这样也存在需水量的增加。复合胶凝材料的凝结时间出现不同时间的延长,这主要与各矿物早期参与水化反应的组分有关,硅酸盐水泥与水接触就立马发生反应,而复合胶凝材料需水量增加且各矿物掺合料的活性都不及纯水泥,造成时间延长。

从图 3.14 还可以看出,复合胶凝材料胶砂试件的抗压强度在养护前期还不及对照组,但随着养护时间的延长,胶砂试件的抗压强度逐渐超越了对照组。同时,随着钼尾矿粉掺量的增加,胶砂试件的抗压强度出现下降;同一比例下,胶砂试件的抗压强度随着钼尾矿粉比表面积的增加也随之增大,在比表面积为 500m^2/kg 时,胶砂试件28d 抗压强度可以达到 55MPa。矿渣粉的化学活性要比钼尾矿粉大得多,因此钼尾矿粉的掺量不宜过多。一般情况下,颗粒的粒径越小,即反应体系的水化反应越激烈,形成的水化产物越丰富,胶砂试件的强度也就越高。综合考虑钼尾矿利用率以及钼尾矿粉消耗的成本,当复合胶凝材料的中钼尾矿粉:矿渣粉=40:30,钼尾矿粉的比表面积约为 500m^2/kg 时,复合胶凝材料各项性能可以达到较优点。

3.4.2　钼尾矿作为细骨料的研究

本节主要对钼尾矿砂(+0.16mm)用作细骨料制备的胶砂试件进行探究,根据本节预期目标材料的力学性能及尽量提高钼尾矿综合利用率的要求,即保持钼尾矿综合利用率在 70% 以上,配制钼尾矿胶砂试件达到较好的力学性能和工作性。胶凝材料是混凝土材料重要组成部分,起着黏结骨料、填充孔隙以及使新拌混凝土具有较好的工作性等作用。其中,水泥熟料与高炉矿渣粉都是具有较强胶凝性的掺合料,但水泥熟料作为附加值较高的资源,且生产水泥熟料需要消耗大量资源并产生大量温室气体,最终引起一系列环境问题,因此本着节约资源、保护环境的理念,水泥熟料尽量少用,将其质量分数确定为 10%。结合 3.4.1 节中胶凝材料研究中矿渣粉与钼尾矿粉的比例,钼尾矿粉比表面积为 500m^2/kg,将其用作矿物掺合料的质量分数占定为 20%。根据预期钼尾矿的利用率,按照胶砂比为 1:1 进行。脱硫石膏对硫酸盐的激发以及析晶效应,其通过改善混合料的黏度[34]、调节颗粒级配来提高流动度,掺量不宜过高,所以质量分数暂定为 6%,最后确定矿渣粉的质量分数为 13%。最终制定出最初的钼尾矿胶砂材料配合比:钼尾矿砂:钼尾矿粉:矿渣粉:水泥熟料:石膏=50:20:10.5:13.5:6。该节通过调整水泥熟料及粒化高炉矿渣掺量,保持钼尾矿粉、脱硫石膏的掺量不变,来确定较为合理的配合比,研究矿渣与水泥熟料比例对钼尾矿高强混凝土结构材料力学性能的影响。胶砂试件的制备、养护方式、硬化试件力学性能及流动度测试方法按 3.2.5 节介绍方法进行,试验配合比列于表 3.10,其中 PC 减水剂用量占胶凝材料质量的0.4%,水胶比为 0.23。

表 3.10　　不同水泥熟料掺量的钼尾矿胶砂材料配合比方案（质量分数）

试件编号	水泥熟料/%	矿渣/%	钼尾矿粉/%	石膏/%	钼尾矿细骨料/%
A-1	4.5	19.5	20	6	50
A-2	6.5	17.5	20	6	50
A-3	8.5	15.5	20	6	50
A-4	10.5	13.5	20	6	50
A-5	12.5	11.5	20	6	50

　　图 3.15 为水泥熟料掺量对钼尾矿胶砂试件抗折强度的影响。可以看出，随着水泥熟料掺量增加，抗折强度也随之增加。图 3.16 为水泥熟料掺量对钼尾矿胶砂试件抗压强度的影响，其变化规律与图 3.15 类似。在水泥熟料掺量为 12.5% 时，抗压强度达到最大值为 84.2MPa，抗折强度 13.8MPa。从图 3.15 和图 3.16 可以看出，水泥熟料对钼尾矿胶砂试件强度有较大影响。图 3.17 为水泥熟料增加量对抗压强度增幅的影响。可以看出，水泥熟料增加时强度的增幅变化趋势，特别是在水泥熟料从 4.5% 增加到 8.5% 时，抗压强度增加了高达 25MPa，影响较明显；而水泥熟料从 8.5% 增加到 12.5% 强度仅增加不到 6MPa，影响幅度较小。分析其原因，水泥熟料本身具有较高活性，增加其用量必然会增加反应体系中活性 CaO、C_3S 等组分的含量，因而会引起强度增加；然而，粒化高炉矿渣本身也具有相当高的化学活性，经粉磨后其微集料效应和粉体的形态效应得到充分发挥，但随着水泥熟料量增加矿渣量减少，这也可能导致矿渣作用下降，影响强度增幅。同时，水泥熟料含有大量 CaO，过多的 CaO 可以引起胶砂试件安定性不良；另外，水泥熟料含有

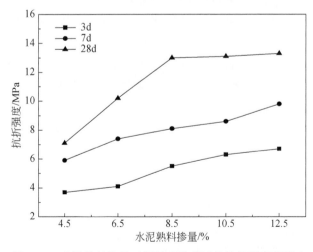

图 3.15　水泥熟料掺量对钼尾矿胶砂试件抗折强度的影响

大量 MgO,在活性钼尾矿激发下,胶砂试件存在一定膨胀性,易形成气孔导致强度增幅减弱。从表 3.5 可以看出,钼尾矿中不含 SO_3,可能也对胶砂试件水化过程的 C_3S 晶体的产生存在影响,最终影响胶砂试件强度的发展。综合考虑生产成本及降低水泥熟料的使用量,结合胶砂试件强度增幅发展规律,选用水泥熟料掺量的质量分数为 8.5%,矿渣为 15.5% 时较为合理,后续试验均按此比例进行。

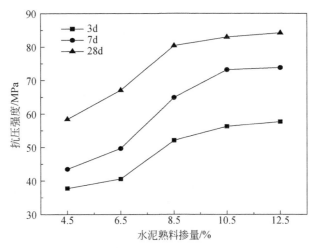

图 3.16　水泥熟料掺量对钼尾矿胶砂试件抗压强度的影响

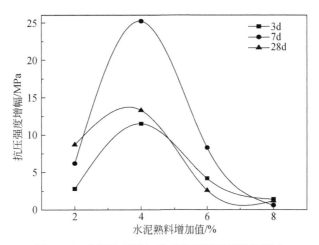

图 3.17　水泥熟料增加量对抗压强度增幅的影响

粒化高炉矿渣粉现已成为混凝土产品的重要组成部分,经活化处理后,火山灰活性和微集料效应得到极大释放,其已是目前应用最广泛的配置混凝土的矿物掺合料。矿渣粉作为极细活性掺合料,主要成分是 CaO、大量的无定形 SiO_2 及硅铝酸盐玻璃态物质,本章所用矿渣比表面积为 $565m^2/kg$,比普通硅酸盐水泥的比表面积 $350m^2/kg$ 高出很多。矿渣粉在混凝土制备中掺入或取代部分水泥,可以提升流变性、增加混凝土后期强度、提高耐久性以及提升抵抗腐蚀性离子侵蚀等性能,同时可以减少水泥用量,节约资源[35,36]。但是矿渣粉活性的充分发挥需要一定激发剂,脱硫石膏具有对硫酸盐活性的激发效应和对胶凝材料水化的析晶效应,是一种重要的矿物掺合料。本节内容调整石膏和矿渣在钼尾矿胶砂试件中的掺量,通过胶砂试件抗压强度的变化规律,得出钼尾矿胶砂试件的优化配合比,试验的配合比方案见表 3.11,其中水胶比为 0.23,PC 减水剂用量为 0.4%。

表 3.11　石膏和矿渣掺量对胶砂试件抗压强度的影响配合比方案(质量分数)

试件编号	石膏/%	矿渣/%	钼尾矿粉/%	水泥熟料/%	钼尾矿砂/%
D-1	2	18.5	21	8.5	50
D-2	4	16.5	21	8.5	50
D-3	6	14.5	21	8.5	50
D-4	8	12.5	21	8.5	50

图 3.18 和图 3.19 是脱硫石膏掺量对不同龄期的钼尾矿胶砂试件抗折强度和抗压强度的影响。从图 3.18 可以看出,石膏掺量对钼尾矿胶砂试件后期抗折强度影响较为明显,其变化随着石膏掺量的增加,而钼尾矿胶砂试件抗折强度出现先增大后减小的变化,图 3.19 也具有相同的变化规律。在掺入矿渣 16.5%、石膏 4%时,钼尾矿胶砂试件抗压达到最大值 83.3MPa、抗折强度 14.6MPa。这是胶凝材料的水化及颗粒细化起作用的原因,掺入适量的石膏可以促进矿渣和水泥熟料等

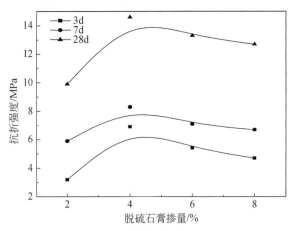

图 3.18　脱硫石膏掺量对钼尾矿胶砂试件抗折强度的影响

材料的活性效应、形态效应、微集料效应充分释放,加速水化反应进程;同时,随着水化的进行以及脱硫石膏对硫酸盐的活性激发及析晶效应作用,脱硫石膏为反应体系提供充足的硫酸盐,加剧二次水化反应进行,可形成较多的钙矾石,有效提高混凝土早期强度和后期强度。另外,部分石膏代替矿渣可使反应体系的级配更为合理,使砂浆试件微结构更加密实,孔隙率降低,微集料效应较为明显,强度进一步提升。但过多的石膏会对砂浆试件强度产生影响,多余的石膏不参与反应,最终以二水石膏形式残留在混凝土内部,形成孔隙,降低砂浆试件强度。因此,考虑固体废弃物的综合利用,选取粒化高炉矿渣质量分数为 16.5%,脱硫石膏质量分数为 4% 时,钼尾矿胶砂试件的性质可以得到优化,后续试验均按此比例进行。

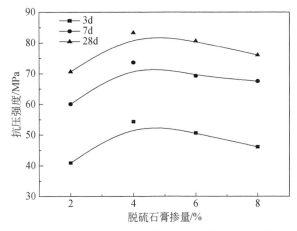

图 3.19　脱硫石膏掺量对钼尾矿胶砂试件抗压强度的影响

前面讨论了水泥熟料最少掺量、钼尾矿的最大掺量、石膏用量等对钼尾矿胶砂试件力学性能及工作性的影响。基于活性粉末混凝土原理,就是要从提高原料的活性及细度,增加水泥石的密实度,减少内部缺陷等基本观点出发。胶砂试件内部缺陷主要包括孔隙及微裂缝,其主要产生于混合料拌和时多余的水、骨料间互相支撑以及反应水化热引起的试件自收缩,因而适当的胶砂试件需求用水量对减小内部缺陷,提高胶砂试件工作性、力学性能及耐久性具有重要意义。本节试验在 3.4.2 节中确定物料比及减水剂掺量一定的基础上,研究水胶比从 0.20 递增到 0.24 对混凝土力学性能及流动性的影响。钼尾矿胶砂试件制备养护条件及选料情况依据 3.2.5 节和 3.4.2 节所得结论,硬化试件力学性能及流动度测试方法按 3.2.5 节介绍方法进行。不同水胶比下,钼尾矿胶砂试件流动度测试结果如图 3.20 所示,水胶比对钼尾矿胶砂试件力学性能影响的测试结果见表 3.12。

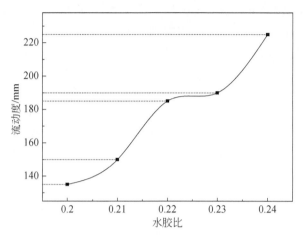

图 3.20　水胶比对钼尾矿胶砂试件流动性的影响

表 3.12　水胶比对钼尾矿胶砂试件力学性能影响的测试结果

试件编号	水胶比	抗压强度/MPa			抗折强度/MPa		
		3d	7d	28d	3d	7d	28d
E-1	0.20	50.2	66.1	73.0	5.7	8.5	11.0
E-2	0.21	56.5	73.9	80.2	5.9	8.8	12.3
E-3	0.22	58.6	77.2	83.6	7.2	9.7	14.4
E-4	0.23	55.4	75.1	81.9	7.7	10.2	13.7
E-5	0.24	48.9	60.2	70.7	4.3	8.0	10.3

从图 3.20 可以看出,流动度的变化大致可分三个主要阶段,第一阶段水胶比从 0.20 增加到 0.22,流动度的增长较为明显,从 0.22 变化到 0.23,流动度增加幅度仅为 10%,然后随着水胶比增大,钼尾矿胶砂试件的流动度急剧陡升。

表 3.12 为水胶比对钼尾矿胶砂试件力学性能影响的测试结果。可以看出,随着水胶比增大钼尾矿胶砂试件的力学性能出现先增加后减小的变化趋势,在水胶比为 0.22 时,28d 钼尾矿胶砂试件抗压强度为 83.6MPa,抗折强度为 14.4MPa。分析其中原因,当水胶比过小时,致使胶凝材料加水水化时,胶凝材料浆体流动性太差,浆体不能充分包裹在骨料表面;另外,本身硬化试件有一定的自收缩,共同导致硬化试件空隙及裂缝增加,最终影响钼尾矿胶砂试件的力学性能。当水胶比过大时,新拌砂浆流动度较大,即水泥浆较稀,胶凝材料水化完成后,有大量水分剩余,随着胶砂试件逐渐硬化后,多余水分蒸发完成,留下了很多孔隙,钼尾矿胶砂试件的密实度受到影响,继而影响了钼尾矿胶砂试件后期强度的发展。从建筑施工

对砂浆流动度要求角度出发,流动度(180±5)mm 为宜,同时考虑钼尾矿胶砂试件力学性能方面达到最优,最终选择水胶比为 0.22 较为合适。

3.4.3　钼尾矿用作胶凝材料的匹配设计

正交试验设计是一种应用于多因素多水平的试验方法,由于其具有快速、高效、全面、经济等特点,广泛应用于各个领域。正交试验重要的第一步就是代表性试验方案的选择,其中这些代表性试验方案的具有"均匀分散,齐整可比"的特点,因而受到领域学者的青睐,因而正交试验是一种重要的试验方法。以上探究了水泥熟料掺量、磨细钼尾矿粉细度、石膏掺量、水胶比等单因素变化,对钼尾矿胶砂试件抗压强度、抗折强度及流动度等性能的影响,确定了较为合理的实验室钼尾矿胶砂试件配合比。为了进一步将研究内容运用到实际生产,根据前期探索及单因素试验,本节内容通过正交试验,合理选取三个影响因素及其相应的三个水平值,探究不同因素对钼尾矿胶砂试件性能的影响程度,完善实验室基准配合比设计。

本节主要研究目的是大宗利用钼尾矿废弃物,最终制备出强度较高、性能较好的钼尾矿高强胶砂材料。水泥熟料作为胶凝原料,其用量多少直接关系成本,所以选取水泥熟料掺量作为其中一个因素,其水平值根据前述试验选取 4.5%、8.5%、12.5%。另外通过机械力活化钼尾矿是激发活性降低活化能的重要手段,但其也需要较高的外力做功,耗能较大,考虑经济因素,选取对钼尾矿的粉磨时间作为另外一个因素,水平值选取 40min、80min、100min。最后通过前述单因素试验探究得知,水胶比对钼尾矿胶砂试件的力学性能影响较明显,选取合理的水胶比有利于钼尾矿胶砂反应体系水化产物的生成及空隙率的降低,综合考虑选取水胶比为第三个因素,水平值为 0.20、0.22、024。在前面探索试验基准配合比的基础上,设计了表 3.13 的正交试验,试验中胶砂比为 1:1,钼尾矿细骨料掺量为 50%,胶凝材料用量为 50%,胶凝材料中含钼尾矿粉为 21%,矿渣粉为 16.5%,水泥熟料为8.5%,石膏为 4%,养护条件为标准养护,试验的具体方案见表 3.14。

表 3.13　复合胶凝材料正交试验因素和水平表

水平	因素		
	A 钼尾矿粉磨时间/min	B 水泥熟料/%	C 水胶比
1	40	4.5	0.20
2	80	8.5	0.22
3	100	12.5	0.24

表 3.14　复合胶凝材料正交试验方案

试件编号	因素			试验方案
	A	B	C	
1	1	1	1	A1B1C1
2	1	2	2	A1B2C2
3	1	3	3	A1B3C3
4	2	1	2	A2B1C2
5	2	2	3	A2B2C3
6	2	3	1	A2B3C1
7	3	1	3	A3B1C3
8	3	2	1	A3B2C1
9	3	3	2	A3B3C2

　　根据正交试验方案设计表,制备 40mm×40mm×160mm 钼尾矿胶砂试件,按照《水泥胶砂强度检验方法(ISO)法》(GB/T 17671—1999)分别测试养护龄期 3d、7d 和 28d 试件的力学性能,试验结果见表 3.15。

表 3.15　复合胶凝材料正交试验测试结果

试件编号	抗压强度/MPa			抗折强度/MPa			试验方案
	3d	7d	28d	3d	7d	28d	
1	50.7	62.6	70.9	1.0	2.5	5.7	A1B1C1
2	51.0	66.8	82.9	2.5	5.5	10.1	A1B2C2
3	44.3	58.3	76.4	2.8	5.9	9.9	A1B3C3
4	53.3	60.4	79.9	3.9	4.7	7.1	A2B1C2
5	52.4	72.3	80.7	3.5	5.8	11.3	A2B2C3
6	54.8	77.4	83.9	3.3	7.5	10.6	A2B3C1
7	44.7	66.7	75.8	2.2	5.5	11.1	A3B1C3
8	53.5	63.7	84.3	1.8	6.1	12.7	A3B2C1
9	55.0	66.1	85.7	2.5	7.6	12.2	A3B3C2

　　根据表 3.15 中试件 28d 抗压强度可以看出,最好的组合方案是 A3B3C2。下面通过正交试验结果中极差分析法与方差分析法对钼尾矿胶砂试件不同龄期抗压强度展开讨论,对影响抗压强度主要因素及水平进行分析。

1. 正交试验抗压强度的极差分析

正交试验结果的极差分析法又称为直观分析法,它是正交试验分析方法应用最广泛、最简便的分析方法之一,其通过 m 列因素 j 水平下对应的试验指标平均值,通过对比各列平均值大小来判断选出最优水平组合比;极差大小反映了不同因素对指标作用的影响主次,极差大则影响大,极差小则影响小。正交试验极差分析见表 3.16。

表 3.16　复合胶凝材料正交试验抗压强度极差分析表

养护龄期/d	因素	A(钼尾矿粉磨时间)/min	B(水泥熟料掺量)/%	C(水胶比)
3	K_1	48.667	49.567	53.000
	K_2	53.500	52.300	53.100
	K_3	51.067	51.367	47.133
	R	4.833	2.733	5.967
7	K_1	62.567	63.233	67.900
	K_2	70.033	67.600	64.433
	K_3	65.500	67.267	65.767
	R	7.466	4.367	3.467
28	K_1	78.733	77.533	81.700
	K_2	81.500	82.633	82.833
	K_3	81.933	82.000	77.633
	R	3.200	5.100	5.200

从表 3.16 可以看出,$A2B2C2$ 为胶砂试件 3d 抗压强度优化方案,水胶比最主要,其次为钼尾矿粉磨时间;根据试件指标平均值优化组合方案为:试件 7d 抗压强度影响因素主次为:钼尾矿粉磨时间＞水泥熟料掺量＞水胶比;根据试件 7d 抗压强度指标平均值优化组合方案为 $A2B2C1$。试件 28d 抗压强度影响因素主次为:水胶比＞水泥熟料掺量＞钼尾矿粉磨时间;通过试件 28d 抗压强度指标平均值选出最优的方案为 $A2B2C2$,即钼尾矿粉磨 100min,水泥熟料掺量 15%,水胶比为 0.22。

图 3.21 为各因素对胶砂试件 28d 抗压强度影响变化的趋势图。可以看出,28d 抗压强度随钼尾矿的粉磨时间延长而增大,随水泥熟料掺量先增大后减小,随水胶比也是先增大后减小。通过正交试验极差分析可以直观形象、简单易懂地得出优化配合比方案,强度随着钼尾矿粉磨时间的延长而增加,主要与掺合料活性的变化有关;而水泥熟料影响强度,可能主要与矿渣间作用有冲突,甚至跟其本身所

含矿物成分不能很好地参与化学反应有关；水胶比主要影响骨料间孔隙的形成，进而影响强度发展。

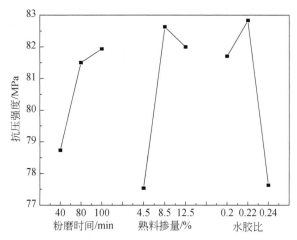

图 3.21　各因素对胶砂试件 28d 抗压强度的影响趋势图

2. 正交试验的方差分析

极差分析虽然具有简单、直观等特点，但也存在一定弊端，主要不能估计试验中无法避免的误差，因此采用方差分析弥补这一缺点。方差是每个数据与其平均数之差的平方和的平均数，用来衡量随机变量与其均值之间的偏离程度，方差越大，离散程度越大，对性能的影响越显著。胶砂试件性能受到多种因素的影响，使得到的数据呈现波动状。造成波动的原因有两种：一种是不可控的随机因素，另一种是研究中改变的对结果造成影响的可控因素。试件 28d 抗压强度方差分析见表 3.17。

表 3.17　复合胶凝材料正交试验 28d 抗压强度方差分析表

差异来源	因素 A	因素 B	因素 C	误差
偏差平方和	49.949	92.629	41.129	183.71
自由度	2	2	2	6
检验统计量	0.816	1.513	0.672	—
F 临界值	—	3.46	—	—
显著性	不显著	不显著	不显著	—

从表 3.17 可以看出，钼尾矿粉磨时间、水泥熟料掺量、水胶比下的检验统计量分别为 0.816、1.513、0.672，故各因素对试件 28d 抗压强度的影响主次依次为水泥

熟料＞钼尾矿粉磨时间＞水胶比。各因素的检验统计量均小于 F 的临界值 3.460,所以各因素对胶砂试件 28d 抗压强度的影响不显著,但各因素都在可控范围内,对胶砂试件 28d 抗压强度产生一定影响。

综合考虑极差分析法的优化配合比方案与方差分析法以及试验结果得出各因素的显著性,可以得出优化配合比方案 A2B2C2,即钼尾矿粉磨 80min,水泥熟料掺量为 8.5%,水胶比为 0.22。

分析正交试验数据得出的结论,以胶砂试件 28d 抗压强度为主要参考指标,选取优化配合比方案与试验结果中最好组合方案进行平行试验,具体试验方案与试验结果见表 3.18。

表 3.18　复合胶凝材料 28d 平行强度试验数据

试件编号	钼尾矿粉磨时间/min	水泥熟料掺量/%	水胶比	抗压强度/MPa	抗折强度/MPa
A	100	12.5	0.22	85.3	15.7
B	80	8.5	0.22	83.1	13.8

从表 3.18 可以看出,两组胶砂试件的 28d 抗压强度比较接近,仅相差 1.9MPa,与正交试验结论有一点误差,综合考虑试验中提高钼尾矿利用率,以及降低成本的原则,正交试验优化结果符合要求。

3.4.4　钼尾矿胶凝材料的水化机理研究

在混合物料水化体系中,参与水化反应的主要是体系中的胶凝材料,包括水泥熟料、粒化高炉矿渣、钼尾矿、脱硫石膏等。一般水化反应生成的水化硅酸钙、水化铝酸钙、钙矾石、氢氧化钙晶体等矿物成分是胶砂试件性能持续发展的主要原因,所以探究水化反应机理是有必要的。通过单因素及正交试验优化试验,最终完善得到基准配合比,本节内容主要探究钼尾矿胶砂结构材料的水化反应过程,从而揭示其反应规律,为后续继续研究利用钼尾矿提供理论依据。通过测定胶凝材料净浆试件结合水量随时间的变化分析水化产物,以及利用 XRD 和 SEM 等手段对水化产物的变化和微观形貌进行分析,最终得出水化过程的基本规律。因为主要是胶凝材料的水化反应,所以本节剔除钼尾矿细骨料来制备净浆试件。净浆试件制备质量比为:钼尾矿粉∶水泥熟料∶矿渣∶石膏＝42∶17∶33∶8,水胶比为 0.19,减水剂(PC)占总质量的 0.4%,净浆试件制备及养护方式按照 3.2.5 节中所述方法进行。

钼尾矿胶砂试件早期力学性能发展与水泥浆体、矿物掺合料、外加剂等水化反应密切相关,其中反应体系中产物化学结合水可以表征不同龄期水化产物的数量和表征水化进程[37]。为了从胶凝材料水化层面分析钼尾矿胶砂试件强度发展与反应产物的关系,本节以净浆试件进行化学结合水试验。

根据前述内容将制备好的净浆试件养护至不同龄期,然后破碎至 5mm 放入无水乙醇浸泡终止其水化反应;下一步将破碎浸泡后的试件磨细并通过 $80\mu m$ 筛,然后磨细的粉末样品置于 105℃ 鼓风干燥箱烘干 12h 至恒重。称取 9.5～10.5g 粉末样品(记为 m_1)放入坩埚,然后放入电熔炉,调节升温 8℃/min 至 950℃ 保温 30min 后冷却至室温,取出样品称量(记为 m_2)。本节中化学结合水量计算以灼烧后的样品为基准,查文献按式(3.6)计算单位胶凝材料的化学结合水含量。

$$W_{\text{nel}}=\frac{m_1-m_2}{m_2}-\frac{R_{\text{fc}}}{1-R_{\text{fc}}}, \quad R_{\text{fc}}=P_f R_f+P_c R_c \tag{3.6}$$

式中,W_{nel} 为单位质量胶凝材料化学结合水的含量,%;m_1 为灼烧前样品的质量,g;m_2 为灼烧后样品的质量,g;P_f、P_c 为分别为各矿物掺合料、水泥熟料占胶凝材料的质量比数,%;R_f、R_c 为分别为矿物掺合料、水泥熟料的烧失量,%。

对上述制备好的净浆试件进行化学结合水的测试,胶凝材料水化后化学结合水量随养护龄期的变化趋势如图 3.22 所示。

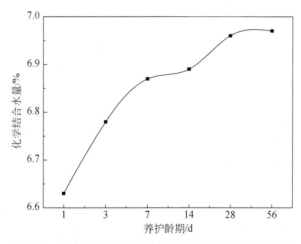

图 3.22　胶凝材料化学结合水量随养护龄期的变化趋势

从图 3.22 可以看出,化学结合水量随着时间延长出现逐渐增长的趋势,同时可以看到化学结合水量出现前期增长明显、后期增长缓慢的变化规律;大体可以分为两个变化阶段,在试件养护开始至 7d 时,化学结合水含量已达到 85%,这说明钼尾矿胶砂试件养护前期已发生了大量水化反应,水化产物在不断增加,这期间主要是水泥熟料所含成分发生了水化反应,产生了大量水化硅酸钙及部分钙矾石;同时由于是在水化初期,原材料中的二水脱硫石膏还没来得及完全反应,也存在大量剩余,是化学结合水量迅速增长的主要原因;这也使得钼尾矿胶砂试件前期强度发展较快,水化反应进行得比较充分。当净浆试件养护至 28d 时,从图中可以看出化学结合水量增加较明显,这说明水化产物有了一定的增加,这主要是大量矿渣粉以及钼尾矿粉进行了第二阶段的水化反应,使得胶砂试件强度继续发展。但随着龄期增加,28d 以后胶凝材料浆体中化学结合水量虽有一定增加,但幅度较小,这说明胶凝浆体还有部分水化反应进行,但由于水胶比较小及试件内部水化反应已将大部分自由水分用掉,水化反应基本终止,化学结合水量基本不再增加,水化产物量不再变化,同时胶砂试件本身由于水化反应的自收缩,强度基本不再变化,甚至出现倒缩现象。

依据上述方法制备净浆试件,通过 XRD 分析不同龄期胶凝材料的水化产物,主要得出不同龄期水化产物的组成,分析强度增长的原因。

图 3.23 为养护龄期 3d、7d 和 28d 胶凝材料水化产物的 XRD 谱图。可以看出,不同龄期的试件水化产物的 XRD 谱图中均出现大量石英的衍射峰,从化学成分分析表 3.5 可知,这主要是钼尾矿本身含有大量惰性 SiO_2,没有参与水化反应引起的。在试件 3d 时,可以看到有一定量 C-S-H 凝胶和 $Ca(OH)_2$ 生成,这是水泥熟料中 C_3S 和 C_2S 进行水化反应生成的;同时,可以看到有大量 AFt(钙矾石)存在,这是因为掺合料中含有大量硫酸盐成分,其在脱硫石膏的激发和析晶作用下可以生成 AFt。随着反应的持续进行,可以看到 28d 水化产物较 3d 出现更多的 C-S-H 凝胶及 AFt,这是因为在反应生成的碱性 $Ca(OH)_2$ 环境下,矿物掺合料中的活性 SiO_2 和活性 Al_2O_3 与 $Ca(OH)_2$ 以及石膏共同作用下,进行二次水化生成的;随着养护时间的延长,水化产物有部分会转变为强度更高的水化硫铝酸钙,从而使混凝土后期密实性更好,力学性能更高。在 2θ 为 $20° \sim 45°$ 的衍射峰下面,存在宽泛

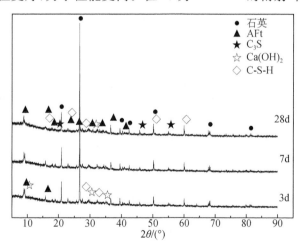

图 3.23　不同龄期胶凝材料水化产物的 XRD 谱图

的"凸包"背景[38]，且随着时间延长产物数量增加明显，说明硬化试件中含有大量无定形产物存在；从 28d 图谱中看到，除石英外产物最多的是 C-S-H 凝胶及 AFt，说明水化反应较充分。

将上述制备的净浆试件留取 3d、7d、28d 制备试验试件，通过 SEM 可以清晰地观察到水化产物表面的微观结构、胶凝材料水化产物的黏结情况，并对不同龄期水化产物的含量、种类、外观变化进行分析。图 3.24 为钼尾矿胶砂试件不同龄期的 SEM 图。

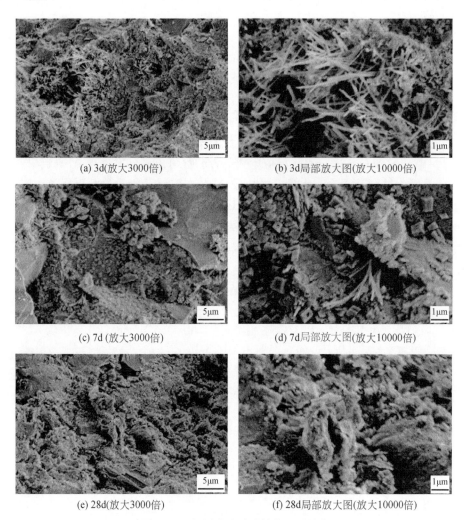

(a) 3d(放大3000倍)　　　　　　　(b) 3d局部放大图(放大10000倍)

(c) 7d (放大3000倍)　　　　　　　(d) 7d局部放大图(放大10000倍)

(e) 28d(放大3000倍)　　　　　　　(f) 28d局部放大图(放大10000倍)

图 3.24　钼尾矿胶砂试件的 SEM 图

图 3.24 为复合胶凝材料净浆试件养护至不同龄期,即刻用无水乙醇溶液终止其水化后的 SEM 图。图 3.24(a)是标准养护 3d 试件放大 3000 倍的 SEM 图,试件早期水化产物为大量针、棒状物质,其大部分为 AFt 及 C-S-H 凝胶;图 3.24(b)为试件放大 10000 倍的 SEM 图,可以看到大量纤维状物质互相交叉搭接,说明水化反应正在进行,使性能增强,另外空洞周围还有大量球状颗粒未反应。图 3.24(c)、(d)是硬化试件 7d 的 SEM 图,可以看到大量 AFt 已被 C-S-H 凝胶包裹,针、棒状晶体物质减少,水化反应较充分,图 3.24(d)中净浆试件孔隙被水化生产的 C-S-H、AFt 及未反应的 SiO_2 所填充,比较致密。图 3.24(e)、(f)为试件 28d 的 SEM 图,图中生成的颗粒紧密堆积穿插在一起,反应基本结束,孔隙已被产物填充凝胶间隙黏结紧密、空隙少,力学性能更加优异。

3.5　钼尾矿制备高强混凝土的研究

高强混凝土一直以来是科研工作者研究的热点,它的研究与应用是当前混凝土技术中的一个重要突破方向。高强混凝土应用范围广泛,尤其在土木建筑工程中;随着我国高层、超高层建筑、大跨度桥梁、架空索道及高速公路等工程建设项目的增多,对高强混凝土需求量必然会大大增加,所以本节主要研究以提高钼尾矿利用率为目的,制备出 C60 级的高强混凝土。前面依据活性粉末混凝土原理,通过不断优化配合比方案,制备出 C80 钼尾矿胶砂试件结构材料,通过测试检验后可作为铁路轨枕、桥梁工程等产品加以应用。但为了进一步研究制备出应用广泛的 C60 高强混凝土,提高钼尾矿的综合利用率,通过添加石子粗骨料,探究钼尾矿砂代替河砂制备高强混凝土的最佳条件;同时改变胶凝材料掺量、砂率以及水胶比来对制备的高强混凝土力学性能、工作性等方面进行优化。最后对以钼尾矿制备的高强混凝土进行经济性分析,讨论其在实际生产中的可行性,为大宗利用钼尾矿提供借鉴作用。

3.5.1　钼尾矿高强混凝土影响因素研究

影响尾矿高强混凝土性能的因素较多,如胶凝材料用量、砂率、水胶比、粗骨料粒径、外加剂种类及尾矿掺量等都会对混凝土的力学性能、和易性、耐久性等产生影响。本节选取钼尾矿砂取代率、胶凝材料用量、砂率及水胶比等作为研究对象,以新拌混凝土的流动性及混凝土的抗压强度作为分析指标,对用钼尾矿砂做细骨料的高强混凝土配合比进行优化,使制备的高强混凝土工作性及抗压强度达到预期目标。本节试验所用胶凝材料为 3.4 节中胶凝材料的配合比,将钼尾矿粉、水泥熟料、高炉矿渣、脱硫石膏按照质量分数为 42%：17%：33%：8% 的比例混合均匀,密封好备用,然后按照《混凝土强度检验评定标准》(GB/T 50107—2010),将混合均匀的胶凝材料与粗细骨料、外加剂、水加入单卧轴强制式混凝土搅拌机搅拌均匀,浇注到 150mm×150mm×150mm 的标准试模中,最后置于标准养护条件下养护至不同龄期进行性能测试。

　　本节将研究钼尾矿砂对高强混凝土性能的影响。试验配合比设计依据《普通混凝土配合比设计规程》(JGJ55—2000)中提出的有关原则和规定,混凝土试件制备按 3.2.5 节方法,本节试验配合比方案见表 3.19,其中 PC 减水剂的用量占胶凝材料的 0.6%,水胶比为 0.23。图 3.25 为钼尾矿砂掺量对混凝土坍落度的影响。图 3.26 为钼尾矿砂掺量对混凝土抗压强度的影响。

表 3.19　掺入钼尾矿砂的混凝土配合比方案

试件编号	胶凝材料 /(kg/m³)	钼尾矿砂 /(kg/m³)	河砂 /(kg/m³)	替代率 /%	石子 /(kg/m³)
A-1	550	0	463	0	1387
A-2	550	93	370	20	1387
A-3	550	185	278	40	1387
A-4	550	278	185	60	1387
A-5	550	370	93	80	1387
A-6	550	463	0	100	1387

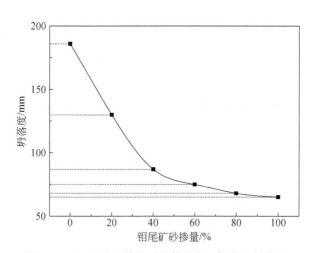

图 3.25　钼尾矿砂掺量对新拌混凝土坍落度的影响

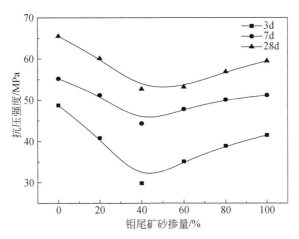

图 3.26　钼尾矿砂掺量对不同龄期混凝土抗压强度的影响

　　图 3.25 给出了钼尾矿砂掺入高强混凝土取代河砂用作细骨料对新拌混凝土坍落度的变化曲线。可以看出,随着钼尾矿砂掺量的增加,新拌混凝土的坍落度逐渐减小,且幅度逐渐变小,当钼尾矿砂 100% 作为细骨料时坍落度减小到 65mm,坍落度减小了近 70%。尾矿砂 100% 替代天然砂必然会引起混凝土流动性的降低,这主要是在用水量不变的条件下,尾矿砂经过洗选球磨后,颗粒表面粗糙度较大,粒度分布不均并含有石粉和泥块,消耗了一定量的水,引起混凝土黏稠度加大,流动性降低。

　　从图 3.26 可以看出,随着钼尾矿砂掺量的增加,混凝土抗压强度出现先降低后增加的变化规律,未使用钼尾矿砂的高强混凝土标准养护 28d 的抗压强度最大,达到 65.5MPa;尾矿砂取代 40% 河砂混凝土的抗压强度最小,其 3d 和 28d 的抗压强度为 29.8MPa 和 52.7MPa,当作为细骨料钼尾矿砂的用量为 100% 时,混凝土抗压强度较用河砂做细骨料的混凝土有所降低,其 28d 抗压强度最大为 59.5MPa,达不到高强混凝土的抗压强度要求。因此,钼尾矿砂制备的混凝土要达到力学性能和工作性的要求,需要对其他影响因素(胶凝材料用量、水胶比、砂率等)进行进一步的调整。

　　胶凝材料用量大是制备高强混凝土的重要特点,胶凝材料在混凝土体系中是重要的组成部分,一般认为高性能、高强度混凝土的胶骨比大约在 35∶65[39,40],不同种类的胶凝材料的浆体量有一定差别,合理优化的胶骨比,不仅可以使混凝土力学性能优化,同时适量的胶凝材料可以降低反应水化热对早期混凝土收缩开裂,减小混凝土泌水性,改善流动性等方面都有重要影响,所以选择掺入适量的胶凝材料尤为重要。本节设计不同的胶凝材料用量对混凝土力学性能及其和易性的影响,测定新拌混凝土和易性及硬化混凝土试件的力学性能,混凝土试件制备方法见 3.2.5 节,具体配合比见表 3.20,水胶比为 0.26,PC 减水剂用量为胶凝材料用量的 0.6%。

表 3.20　不同胶凝材料用量的钼尾矿高强混凝土配合比方案

试件编号	胶凝材料 /(kg/m³)	钼尾矿砂 /(kg/m³)	石子 /(kg/m³)	PC 减水剂 /%
B-1	500	475	1425	0.6
B-2	550	463	1387	0.6
B-3	600	450	1350	0.6
B-4	650	438	1312	0.6

　　图 3.27 体现了胶凝材料用量对新拌混凝土坍落度的影响规律,从图的直观现象可以观察到,随着胶凝材料用量加大,骨料量减小,混凝土坍落度逐渐增加,并且当胶凝材料用量从 500kg/m³ 增加到 600kg/m³ 时混凝土坍落度增加幅度较大,再往后增加幅度减小;这是因为在用水量固定的条件下,胶凝浆体不仅填充骨料间的孔隙,并增加骨料间的润滑效应,增加胶凝材料用量,无疑增加了整个体系中骨料与浆体间的润滑作用,减小混凝土骨料间的摩擦力,从而增加了混凝土坍落度,同时胶凝浆体占整个体系的比例越大,混凝土的流动性就越好,坍落度就越大。

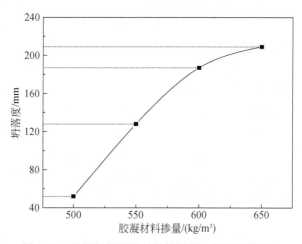

图 3.27　胶凝材料用量对新拌混凝土坍落度的影响

　　图 3.28 为在不同龄期混凝土试件的抗压强度随胶凝材料用量的变化规律。从图中可以观察到在胶凝材料用量较少时,混凝土的早期抗压强度是相对低的,整体的变化规律是随胶凝材料用量的增加硬化混凝土试件的抗压强度出现先增后减的变化规律。在胶凝材料用量约为 600kg/m³ 时,混凝土养护 28d 抗压强度达到最大,为 65.8MPa,同时看到早期硬化混凝土试件的抗压强度增长加快,后期增长趋

势减缓,当胶凝材料用量增加到 650kg/m³ 时,混凝土抗压强度反而下降,通过观察得到胶凝浆体比例过大,在体系反应过程中,产生较大的水化热,导致养护过程中,混凝土产生孔隙,密实性降低,从而影响混凝土的强度及耐久性;同时胶凝材料用量所占比例较少,胶凝浆体不能够充分填充骨料孔隙,混凝土流动性较差,骨料间的黏结性降低,进而影响强度;比例恰当的胶凝材料用量,不仅可以提高新拌混凝土流动性,同时可以提高混凝土的强度,综合考虑商品混凝土对流动性的要求及获得高强混凝土,选择胶凝材料用量为 600kg/m³。

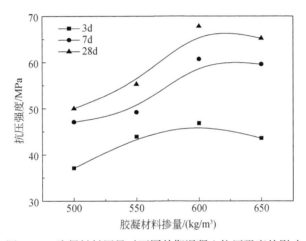

图 3.28　胶凝材料用量对不同龄期混凝土抗压强度的影响

砂率对新拌混凝土的工作性及力学性能有重要影响[41],其指的是混凝土中细骨料质量占整个粗细骨料质量和的百分比;不同的砂率,对应不同的骨料颗粒级配,其可以显著改变骨料的总比表面积,一般而言,砂率越大,骨料的比表面积也越大,进而拌和混凝土的需水量也越大,最终对混凝土的工作性及力学性能产生影响,不适的砂率对整个体系的体积稳定性也产生重要影响。通过本节试验,探究不同的砂率对新拌混凝土的工作性及力学性能的影响,混凝土试件制备方法按照 3.2.5 节所述,试验配合比方案见表 3.21,试件 C-1～C-5 的砂率分别为 20%、25%、30%、35%、40%,试验用水胶比为 0.26,PC 减水剂用量为胶凝材料的 0.6%。

表 3.21　不同砂率的钼尾矿高强混凝土配合比方案

试件编号	胶凝材料 /(kg/m³)	钼尾矿砂 /(kg/m³)	石子 /(kg/m³)	PC 减水剂 /%
C-1	600	360	1440	0.6
C-2	600	450	1350	0.6
C-3	600	540	1260	0.6

续表

试件编号	胶凝材料 /(kg/m³)	钼尾矿砂 /(kg/m³)	石子 /(kg/m³)	PC减水剂 /%
C-4	600	630	1170	0.6
C-5	600	720	1080	0.6

图 3.29 为砂率对新拌混凝土坍落度的影响规律,图中体现了砂率逐渐增大的趋势,新拌混凝土坍落度出现先增大后减小的变化规律,从砂率 20％时的坍落度为 81mm,砂率增加到 35％,新拌混凝土的坍落度增加到最大为 204mm,增加幅度达 152％,其后砂率增大,坍落度降低。这可能主要因为在水胶比一定的条件下,当砂率偏低时,反应体系所生成的砂浆层量较少,不足以使起骨架作用的粗骨料全部被料浆层包裹,料浆间的黏聚力较差,导致新拌混凝土的流动性较差,如果砂浆不够或偏少,还会严重影响混凝土的工作性;然而,过大砂率导致总的骨料比表面积增大,相当于增大了骨料间的孔隙率,加大了骨料间摩擦作用,最终影响混凝土的流动性。因此在水胶比、胶凝材料不变的条件下,选择合适的砂率不仅可以提高新拌混凝土的流动性,有利于混凝土的工作性提高,并使混凝土拌合物具有较好的黏聚性和保水性。

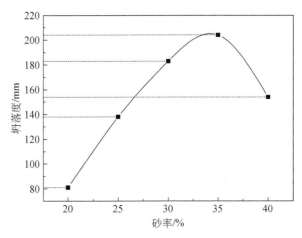

图 3.29　砂率对混凝土坍落度的影响

从图 3.30 可以得出,硬化混凝土抗压强度出现先增加后降低的变化趋势。在混凝土硬化早期,不同砂率混凝土抗压强度相差不是特别大,随着养护龄期的增长,在砂率为 35％时,硬化混凝土抗压强度达到最大,已接近 70MPa。这是因为砂率过小,形成的料浆层不足以全部包裹骨料表面,造成体系孔隙率加大,最终影响硬化混凝土强度;同样在用水量一定的前提下,砂率过大,细骨料不能充分搅拌,发挥润滑效应,因而混凝土抗压强度也会降低。综合考虑钼尾矿砂的综合利用率、对新拌混凝土工作性的影响及获得较好的力学性能,在水胶比一定的条件下,选择砂率为 35％较为合理。

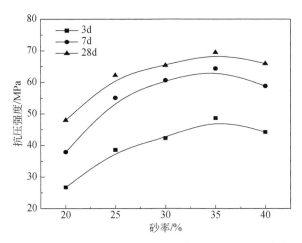

图 3.30　砂率对不同龄期硬化混凝土抗压强度的影响

　　水胶比是混凝土拌合物用水量与胶凝材料的比值,其是影响混凝土后期强度及性能的重要因素[42],一直以来是建筑材料领域专家学者的重要研究对象。前面几节,通过探究确定了相对优化的制备高强混凝土的胶凝材料用量及砂率,本节在各因素一定的条件下,探究不同水胶比对新拌混凝土流动性及硬化混凝土抗压强度的影响规律,混凝土试件制备方法按照 3.2.5 节,试验具体配合比方案见表 3.22,试件 D-1～D-5 的水胶比对应为 0.24、0.25、0.26、0.27.0.28,砂率设计为 35％,PC 减水剂用量为胶凝材料的 0.6％。

表 3.22　不同水胶比的钼尾矿高强混凝土配合比方案

试件编号	胶凝材料 /(kg/m³)	钼尾矿砂 /(kg/m³)	石子 /(kg/m³)	PC 减水剂 /％
D-1	600	613	1137	0.6
D-2	600	613	1137	0.6
D-3	600	613	1137	0.6
D-4	600	613	1137	0.6
D-5	600	613	1137	0.6

　　在胶凝材料用量固定的条件下,混凝土混合搅拌过程中,水胶比越大,即用水量越大,混凝土拌合物变稀疏,黏稠度下降,从而混凝土的流动性增大,图 3.31 也

符合这样的规律,在水胶比为 0.24 时,新拌混凝土坍落度只有 50mm,黏稠度较大,流动性极差,当随着水胶比增大到 0.26 时,新拌混凝土的坍落度可达到 180mm,流动性较好,易于商品混凝土的施工,随着水胶比继续增大,坍落度继续增大,但增加幅度减小,较大坍落度将会影响混凝土的体积稳定性,使拌合物产生严重的离析泌水现象,最终影响混凝土性能。

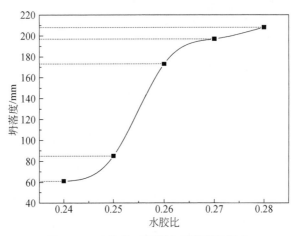

图 3.31　水胶比对混凝土坍落度的影响

　　图 3.32 是不同龄期硬化混凝土抗压强度随水胶比的变化趋势。可以看出,水胶比过低,不利于混凝土强度的增加,但水胶比过大也会影响混凝土抗压强度的发挥,从图中的变化趋势可以知道,当水胶比为 0.26 时,试验得到的不同龄期的混凝

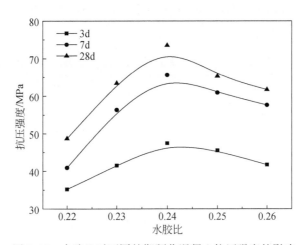

图 3.32　水胶比对不同龄期硬化混凝土抗压强度的影响

土抗压强度是最大的,在标准养护龄期为 28d 时,混凝土的抗压强度为 73.3MPa。
分析试验结果表明,当水胶比过小,拌合物的用水不够时,造成新拌混凝土的流动
性较差,胶凝砂浆黏稠度较大,胶凝砂浆不能充分包裹骨料表面,不能形成良好的
可塑性,造成较大的孔隙率,密实度下降,影响强度发挥;水胶比过大,即拌合物的
用水量加大,引起混凝土拌合物凝聚性和保水性降低,发生混凝土离析和泌水现象
风险增加,导致混凝土的后期强度降低。综合考虑提高新拌混凝土的工作性及增
加混凝土的后期强度,在本试验固定胶凝材料用量的条件下,可选择 0.26 作为本
章的优化水胶比。

3.5.2　钼尾矿高强混凝土性能及经济性分析

经过一系列单因素试验研究,利用钼尾矿用作砂子制备的高强混凝土在强度
方面达到高强要求,为了进一步比较制备的高强混凝土与普通高强混凝土在其他
方面的力学性能差异,进行了对比试验,将胶凝材料换作 P·O42.5 硅酸盐水泥,细
骨料换为试验原料中所列河砂,骨料仍为原料中所列碎石,具体试验配合比见表
3.23,试验中砂率设计为 35%,水胶比为 0.26,PC 减水剂用量为胶凝材料的
0.4%。然后按照 3.2.5 节所示方法制备成型 150mm×150mm×150mm、150mm×
150mm×300m、100mm×100mm×600mm 混凝土试件,置于标准养护条件下,养
护至 3d、28d 龄期,依据《混凝土物理力学性能试验方法标准》(GB/T 50081—
2019),测定混凝土试件的抗压强度、抗折强度、静力弹性模量及劈裂抗拉强度,以
上混凝土性能都是应用 YAW-3000 型微机控制电液伺服压力试验机进行测试的。

表 3.23　钼尾矿高强混凝土配合比方案

试件	配合比		
A　钼尾矿高强 混凝土	胶凝材料/(kg/m³)	钼尾矿砂/(kg/m³)	石子/(kg/m³)
	600	613	1137
B　普通高强 混凝土	P·O42.5 普通 硅酸盐水泥/(kg/m³)	河砂/(kg/m³)	石子/(kg/m³)
	600	613	1137

表 3.24 为对比试验组养护 3d 及 28d 力学性能测试结果。可以看出,钼尾矿
砂高强混凝土及普通水泥制备的高强混凝土力学性能间的对比情况,应用钼尾矿
砂制备的高强混凝土养护 3d 的力学性能均比普通高强混凝土要低;但到 28d 时钼
尾矿高强混凝土的力学性能得到极大改善,其抗压强度、抗折强度、劈裂抗拉强度
都已超过普通水泥制备的高强混凝土,只有静力弹性模量比对比组要低,但整体比
较两组高强混凝土的力学性能差异不大。普通高强混凝土早期力学性能较钼尾

高强混凝土好的原因主要可能是胶凝材料不同,B 组中胶凝材料只是普通硅酸盐水泥,没掺入任何矿物掺合料,水泥的水化速率较快,所以早期力学性能较好,而 A 组中掺入大量掺合料,水化反应大都不及纯水泥,但其后期反应及二次水化都有利于后期性能的进一步发展。静力弹性模量是反映混凝土形变性能的重要指标之一,反映混凝土结构材料在受力过程中应力与应变的关系。从表中可以看出,A 组中弹性模量一直比 B 组低,这可能与所用细骨料有一定关系,钼尾矿砂是经过多次粉碎洗选产生的固体颗粒,颗粒表面受到破坏,在水泥石逐渐硬化过程中钼尾矿砂没能与石子产生较好的黏结;同时也体现了钼尾矿高强混凝土较普通高强混凝土表现出更高的韧性,脆性较普通高强混凝土更好;但总体而言钼尾矿高强混凝土的力学性能符合目标材料要求。

表 3.24　高强混凝土 3d 及 28d 力学性能测试结果

养护龄期	试件	抗压强度 /MPa	抗折强度 /MPa	静力弹性 模量/10^4MPa	劈裂抗拉 强度/MPa
3d	A 钼尾矿高强混凝土	42.4	1.7	3.65	4.3
	B 普通高强混凝土	49.5	3.1	3.72	4.5
28d	A 钼尾矿高强混凝土	71.9	7.8	4.37	5.6
	B 普通高强混凝土	65.6	6.7	4.84	5.2

现今社会本着绿色、高效的宗旨,要求混凝土体现出"轻质高强"的特点,同时混凝土的工作性也是其要求之一。工作性是评价混凝土性能的重要指标,其与建筑施工工艺密不可分。混凝土的工作性也称为和易性,是指新拌混凝土表现出来的易于搅拌、运输、浇注等施工操作特性的总称,同时可以获得体积稳定、质量均匀、结构密实的混凝土[43]。混凝土的工作性是在一定施工条件下对混凝土拌合物性能的综合性评价,其包含新拌混凝土的流动性、黏聚性、泌水性、可泵性及新拌混凝土的表观密度等技术性能。工作性优良说明新拌混凝土流动性大、不离析泌水、各物料间黏结性好等,因而新拌混凝土的工作性就是各性能的矛盾统一[44]。本节试验测试了新拌钼尾矿高强混凝土的流动性、泌水性及新拌混凝土的表观密度并对其展开讨论。

新拌混凝土的工作性能测试方法有很多,但目前还没有全面反映混凝土工作性能的测试方法,常用于表示混凝土流动性的有维勃稠度法、坍落度法与坍落度扩展度法。本次以坍落度及扩展度作为评价新拌混凝土流动性的标准。对于新拌混凝土的工作性各项性能测试均是依据《普通混凝土拌合物性能试验方法标准》(GB/T 50080—2016)进行。试验测试结果见表 3.25。

表 3.25 新拌混凝土各项工作性能测试结果

试件	坍落度/mm	扩展度/mm	泌水量/mL	表观密度/(kg/m³)
A 钼尾矿高强混凝土	210	380	18	2320
B 普通高强混凝土	145	210	7	2260

从表 3.25 可以看出,利用钼尾矿制备高强混凝土各项性能比普通高强混凝土表现出来的优良。试件 A 制备的混凝土坍落度＞180mm,符合大流动性混凝土可泵性的要求;试件 A 泌水性比试 B 中的泌水性大,表观密度也比试件 B 中大。从宏观方面混凝土的和易性主要与组成成分、环境条件和时间因素有关,其中后两个因素都是一致的,所以本试验主要从拌合物的组成成分入手。试件 A 中胶凝材料是各种矿物掺合料的组合品,比普通硅酸盐水泥比表面积大得多,同时各组分间成分较普通硅酸盐水泥多,有利于水化反应的延迟,这可能引起钼尾矿高强混凝土的坍落度较普通高强混凝土大。另外,试件 A 中的细骨料为钼尾矿砂,属特细砂,其细度也较试件 B 中河砂大,所以整体加大了骨料的整体骨料与水泥浆的接触面积,这也在一定程度上加大了钼尾矿高强混凝土的流动性。然而,试件 A 中泌水性要比试件 B 中大,已有大量研究表明泌水性与胶凝材料有较大关系,所以这可能与胶凝材料的组成有关,胶凝材料的水化反应程度影响了水泥砂浆的黏稠度,从而影响混凝土的泌水性。总而言之,新拌混凝土的和易性是一项综合指标,是矛盾的相对统一。综合考虑新拌和钼尾矿高强混凝土的各项和易性的工作指标,符合高强混凝土对和易性的要求。

通常,混凝土配合比设计需从工作性、力学性能、耐久性以及经济性等四个方面综合考虑,其中经济性是任何混凝土企业必须考虑的主要问题之一。钼尾矿作为大宗固体废弃物,对环境、经济、生活都产生严重影响。上述通过探索研究在一定条件下以钼尾矿为主要原料制备出高强混凝土,钼尾矿的整体利用率可以达到30%,比全国尾矿平均利用水平提高近10%。虽然制备的钼尾矿高强混凝土在一定程度上提高利用率,但其经济性还有待研究,本节从应用钼尾矿的经济性出发,对应用钼尾矿制备的高强混凝土进行经济性分析。经过测试合格后,制备钼尾矿高强混凝土可以应用于建筑、桥梁、铁路等工程,为尾矿的综合利用提供借鉴。

1. 钼尾矿制备高强混凝土的经济效益

当前尾矿多以堆存在尾矿库为主,属于固体废弃物。据统计,陕西省商洛市现已累计堆存各类钼尾矿近 4400 万 t,其中钼尾矿占 30%,现在绝大多数堆放在尾矿库中,因为累计堆存钼尾矿基数太大,现有尾矿库的堆存压力极大,面临要增加或重修尾矿库的压力,所以钼尾矿亟须综合利用。一般开矿企业要投入总投资的

10％～20％甚至更高来进行尾矿库的基础设施建设;在以后运营过程中,需要投入占生产成本近30％的费用用于尾矿库每年的基础设施维护。在我国一般堆存1t尾矿需要5～10元的基础建设费用,需要3～5元的运输费用。假设现一采矿企业总投入1000万元,则需要近100万～200万元用于尾矿库建设;假设生产成本为300万元,则每年需要近90万元进行基础设施维护;加上运输及人工费用,并且国家提倡利用尾矿可以免税等政策,大约需要10万元;综合算上以上费用可以为企业节约200万～300万元/年。若将应用推广至全国其他地区钼尾矿库,甚至进行技术改进应用于其他尾矿,在行业内将产生上百亿的直接经济效益,还是相当可观的。

　　2. 钼尾矿制备高强混凝土的社会效益

　　以钼尾矿制备高强混凝土的研究中也加入了其他固体废弃物,所以利用钼尾矿的同时,也利用其他固体废弃物。固体废弃物已经对生态环境、社会经济、人民生命安全造成严重影响及威胁,这些是有目共睹的。开发尾矿利用新技术、新途径已迫在眉睫,综合利用尾矿资源,实现资源的开放利用、循环利用、高效利用。同时资源的合理配置,有利于经济转型的建设,对矿山企业的可持续发展具有重要意义。我国是世界主要水泥生产国之一,年生产水泥量居世界第一位,生产大量的水泥,每年需要向大气中排放高达上数十亿吨的CO_2,严重加剧了城市热岛效应,加快了全球海平面上升,如果以钼尾矿制备混凝土的应用得到推广,通过技术革新,应用于其他尾矿,这样不仅节约了水泥,提高经济效益,而且减小了CO_2排放量,为社会的可持续发展做出重要贡献。当前我国各类尾矿累计堆存已严重超负荷,高达146亿t,且以年10亿t以上的速度增长,预计在未来十年间将超过200亿t,大量的尾矿占用了大量土地资源;据不完全统计,当前我国已超过100万亩(1亩≈666.67m^2)被尾矿占用,其中良田也有5万多亩[34]。我国土地资源紧缺,人均占有量不足世界平均水平的1/3,“人多地少”是我国的基本国情,加大尾矿的利用程度,使土地资源得到释放是重要的选择方式之一,所以将退砂还耕,每年每亩可以增加产值6500元,年增值达3亿多元。

　　当前我国处于传统经济结构重要转型期,综合利用固体废弃物,符合我国现阶段基本国情,也符合市场对新产品新技术的迫切需求,更符合当前我国建设环境友好型社会和可持续发展的国家目标。开发综合利用固体废弃物的新技术,不仅可以解决尾矿对环境造成的严重影响,还可以降低建筑材料、道路材料的生产成本;同时随着尾矿数量的减少,自然环境将重新焕发生机,使山地重新绿化,使人类家园更加美好。

3.6　结　　论

通过对钼尾矿制备高强混凝土的探索研究,得到以下结论:

(1)陕西省商洛地区的钼尾矿属于特细砂,在钼尾矿中属于极细颗粒;该地区钼尾矿主要由石英、正长石、金云母、角闪石四种矿物成分组成,其中 SiO_2 含量超过 70%,钙质含量低于 5%,与大多数粉煤灰组分类似,属高硅低钙型材料。

(2)钼尾矿本身不存在活性,通过机械粉磨后钼尾矿颗粒具有活性效应,可以用作复合胶凝材料掺合料应用。钼尾矿粉火山灰活性随着粉磨时间增加,出现先增后减再增的变化规律;当粉磨至比表面积为 $500m^2/kg$ 时,可用作活性掺合料,符合经济性要求。

(3)以钼尾矿为主要原料制备的钼尾矿胶砂试件,其在标准养护条件下,28d 抗压强度为 83.6MPa,抗折强度为 14.4MPa,钼尾矿综合利用可以达到 71%。其中钼尾矿胶砂试件制备最佳配合比为:钼尾矿粉:水泥熟料:矿渣粉:脱硫石膏:钼尾矿砂=21:8.5:16.5:4.5(质量分数),水胶比为 0.22,PC 减水剂掺量占复合胶凝材料的质量分数为 0.4%。

(4)复合胶凝材料的水化机理结果表明,在水化反应初期复合胶凝材料中水泥熟料和部分活性矿渣成分在脱硫石膏作用下反应剧烈,产生了一定量的 C-S-H 凝胶、AFt 和 $Ca(OH)_2$ 是前期胶砂试件强度的主要来源。随着水化反应进行,钼尾矿粉中的活性 SiO_2 和钙质及铝质成分在生成的 $Ca(OH)_2$ 碱性条件下进行二次水化,继续生成大量的 AFt、C-S-H 和水化铝酸钙,使胶砂试件强度进一步发展。

(5)将钼尾矿替代河砂制备高强混凝土,其在标准养护条件下 28d 强度已达70MPa,材料其余各项性能符合商品高强混凝土要求。制品不仅可以达到材料各项要求,也带来良好的经济和社会效益,是一种钼尾矿资源化利用的新途径,可进行实际工程应用。

参 考 文 献

[1] Jena S K, Sahoo H, Rath S S, et al. Characterization and processing of iron ore slimes for recovery of iron values[J]. Mineral Processing and Extractive Metallurgy Review: An International Journal,2015,36: 174-182.

[2] Giri S K, Das N, Pradhan G C. Magnetite powder and kaolinite derived from waste iron ore tailings for environmental applications[J]. Powder Technology,2011,214(3): 513-518.

[3] Singh S, Sahoo H, Rath S S, et al. Recovery of iron minerals from Indian iron ore slimes using colloidal magnetic coating[J]. Powder Technology,2015,269: 38-45.

[4] Praes P E, Albuquerque R O, Luz A F O. Recovery of iron ore tailings by column flotation[J].

Journal of Minerals and Materials Characterization and Engineering,2013,1(5)：212-216.

[5] Roy S,Das A. Recovery of valuables from low- grade iron ore slime and reduction of waste volume by physical processing[J]. Particulate Science and Technology：An International Journal,2013,31(3)：256-263.

[6] Giri S K,Das N,Pradhan G C. Synthesis and characterization of magnetite nanoparticles using waste iron ore tailings for adsorptive removal of dyes from aqueous solution[J]. Colloids and Surfaces A：Physicochemical and Engineering Aspects,2011,389(1-3)：43-49.

[7] Sakthivel R,Vasumathi N,Sahu D,et al. Synthesis of magnetite powder from iron ore tailings[J]. Powder Technology,2010,201(2)：187-190.

[8] 陈旭峰,徐景会,赵营. 铁尾矿在预拌混凝土产业化应用的技术开发[J]. 混凝土,2014,(4)：112-114.

[9] 孙恒虎,易忠来,魏秀泉,等. 凝石混凝土耐久性能研究[J]. 硅酸盐通报,2009,28(S1)：6-10.

[10] 王冬卫,康洪震,刘平. 铁尾矿砂混凝土立方体抗压强度与轴心抗压强度的关系[J]. 河北联合大学学报(自然科学版),2013,35(3)：102-105.

[11] Ni W,Zhang Y Y,Zheng Y C,et al. Method for producing active concrete admixture from ore tailings：China,101121579A[P]. 2007-09-23.

[12] 郑永超,倪文,徐丽,等. 铁尾矿的机械力化学活化及制备高强结构材料[J]. 北京科技大学学报,2010,32(12)：504-508.

[13] 马雪英,王安岭,杨欣. 铁尾矿粉复合掺合料对混凝土性能的影响研究[J]. 混凝土世界,2013,(7)：90-95.

[14] 张国庆. 调军台选矿厂尾矿再选实验研究[J]. 金属矿山,2006,(7)：77-79.

[15] 陈禄政,任南琪,熊大和. 海钢尾矿强磁—离心分离再选试验研究[J]. 金属矿山,2006,(10)：75-77.

[16] Johnston M,Clark M W,McMahon P,et al. Alkalinity conversion of bauxite refinery residues by neutralization[J]. Journal of Hazardous Materials,2010,182：710-715.

[17] Fall M,Benzaazoua M,Ouellet S. Experimental characterization of the influence of tailings fineness and density on the quality of cemented paste backfill[J]. Minerals Engineering,2005,18(1)：41-44.

[18] 边同民,孙立杰,王琳,等. 马庄铁矿采空区及尾矿库综合治理研究与实践[J]. 矿业快报,2008,(2)：43-45.

[19] 邱丽娜,戴惠新,张旭. 从某钼矿老尾矿中回收钼的实验研究[J]. 中国钼业,2009,33(13)：14-17.

[20] 王韩生,栾川选. 钼尾矿回收白钨的选矿研究[J]. 有色金属(选矿部分)1999,32(3)：22-24.

[21] 叶丽佳,申士富. 利用铜钼尾矿制备建筑陶瓷砖的实验研究[J]. 矿冶,2015,24(4)：69-71.

[22] 刘振英. 钼矿尾矿生产烧结砖的实验研究[J]. 中国非金属工业导刊,2011,(8)：38-54.

[23] 王国帅. 一种利用钼尾矿制备蒸养砖的工艺方法：中国,CN102718458A[P]. 2012-10-10.

[24] 张凤海. 一种利用钼尾矿制备黑色微晶玻璃的方法：中国,CN10254616A[P]. 2010-06-16.

[25] 吴伟东,杨俊杰. 利用钼尾矿粉替代砂研制混凝土小型空心砌块[J]. 丽水学院学报,2012,

34(5):71-77.

[26] 刘龙.钼尾矿－粉煤灰－炉渣承重蒸压砖的研制[J].硅酸盐通报,2011,30(4):961-965.

[27] 李建涛,王之宇.利用商洛钼尾矿制备混凝土保温砌块的实验研究[J].新型建筑材料,2015,(3):80-85.

[28] 张冠军.钼尾矿作为铁质原料配料烧制水泥熟料的研究[J].应用研究,2015,(3):79-81.

[29] Hanssen K E. The Effect of mineral admixture on properties of high performance concrete [J]. Cement concrete and Composities,2000,(22): 267-271.

[30] Bharatkumar B H,Raghuprasad B H,Ramachandramurthy D S,et al. Effect of fly ash and slag on the fracture characteristics of high performance concrete[J]. Materials and Structures,2005,38(1): 63-72.

[31] 杨南如.机械力化学过程及效应(Ⅰ)——机械力化学效应[J].建筑材料学报,2000,3(1):19-26.

[32] Li L J,Sun F J. Study on infrared spectra of acicular nanoparticles of calcium carbonate powder[J]. Journal of Northeastern University (Natural Science),2006,27(4): 462-464.

[33] 沈旦申.我国粉煤灰用科学技术的可持续发展[J].建筑材料科学报,1998,(2):3-5.

[34] Choi H,Lee W,Kim D U,et al. Effect of grinding aids on the grinding energy consumed during grinding of calcite in a stirred ball mill[J]. Minerals Engineering,2010,23 (1):54-57.

[35] 何富强,元强,郑克仁.掺矿物掺合料混凝土 ASTNC1202 测试指标的相关性[J].东南大学学报(自然科学版),2006,30(S2):105-109.

[36] Liu R G,Ding S D,Yan P Y. Microstructure of hardened complex binder pastes blended with slag[J]. Journal of the Chinese Ceramic Society,2015,43(5): 611-618.

[37] 冯庆革,张小莉,李浩璇.废弃混凝土磨细粉对水泥性能的影响[J].硅酸盐通报,2016,35(5):1476-1480.

[38] 刘佳,倪文,于淼.全尾砂废石骨料混凝土的制备和性能[J].材料研究学报,2013,27(6):616-621.

[39] 张仁水,冯恩杰,吴继兰.掺废渣的高强混凝土研究[J].山东科技大学报,2002,21(3):103-105.

[40] 阎培渝.现代混凝土的特点[J].混凝土,2009,(1):3-5.

[41] 满腾,王伯昕,金贺楠.砂率对自应力混凝土坍落度的影响[J].混凝土,2014,(1):98-99.

[42] 于本田,王起才,周立霞,等.矿物掺合料与水胶比对混凝土耐久性的影响研[J].硅酸盐通报,2012,31(2):391-395.

[43] 朱建忠,赵亮.影响混凝土和易性的几个因素[J].水利与建筑过程学报,2010,8(5):141-142.

[44] 王亮,黄伟,赵宏魁.浅谈混凝土和易性的控制[J].黑龙江交通科技,2010,(9):38-40.

第4章 金尾矿制备胶凝材料及固氯机理研究

4.1 概 述

4.1.1 金尾矿综合利用的背景及意义

水泥与现代建筑产业紧密相连,近年来,我国城市发展迅速、基础设施规模日益扩大,作为基础设施的水泥,其需求量更是剧增。据统计,截至 2017 年 6 月底,我国水泥企业共有 3465 家,水泥熟料的产量达 20.2 亿 t,水泥产量则达 38.3 亿 t,毋庸置疑,水泥行业的发展必将会导致我国自然资源的匮乏,生态环境破坏,空气污染等,这就迫使人们需要对非再生资源的二次利用足够重视。在 20 世纪 50 年代,国外学者就已意识到水泥行业带来的此类问题,所以较早地开始对工业固体废弃物在水泥行业的应用展开研究。

我国固体废弃物主要分三大类,分别来源于工业、农业、城市,其中以火力发电、水泥行业、采矿业等产生的工业固体废弃物最多,处理难度最大。然而,大量工业固体废弃物的堆放、处理,需占用土地资源,造成用地紧张和浪费,而且还给环境治理带来极大经济负担,更严重的是矿山下游地区重金属污染问题。据统计,我国工业固体废弃物每年产量均超过 30 亿 t,2015 年全国工业固体废弃物产量为 32.71 亿 t,其综合利用率总体相对较低,不足 50%,尾矿的综合利用率仅为 20%。

我国是一个矿业大国,矿产资源储量丰富,分布广泛,2016 年初,各类尾矿堆存储量为 146 亿 t,且每年以 16 亿 t 的速度增长。金矿作为一种宝贵的战略矿种,在我国还是十分短缺的。从已探明的储量来看,山东省储量最大,其次是黑龙江、河南、江西、陕西等省。金矿矿床类型主要为花岗岩型、风化壳型、变碎屑岩型、火山-次火山岩型、矽卡岩型、微细侵染型等。金矿床形成类型复杂,伴生金矿储量大,小型矿床多,大型矿床少以及金矿品位低的特征,加之选矿技术落后,企业缺乏管理等因素,导致采矿选矿过程中,大量低品位金矿被废弃,造成了矿产资源的极大浪费。这些固体废弃物在污染环境的同时,也给我国环境治理加重了负担,矿产资源的大肆开发也引起了一系列生态问题。

基于上述背景,金尾矿的利用需借鉴其他固体废弃物利用方式,发挥自身理化特性,实现其本身价值。从理论分析的结果看,金尾矿的化学成分及矿物组成与煤矸石、粉煤灰等废弃物比较接近,但由于金尾矿的胶凝活性、含泥量大和技术等问题,目前还不能像矿渣、粉煤灰、煤矸石样用于硅酸盐水泥生产中。国内外虽对其有相关研究,但大多都是重新回收金,或制备陶粒、免烧砖等,用作水泥混合材料的研究相对较少。

本章以综合利用金尾矿为主旨,以制备固氯效果良好的胶凝材料为目标,使金属矿成为一种能用于配制混凝土的高性能胶凝材料。在金尾矿原材料基本物理化学特性分析的基础上,利用复合活化后的金尾矿,加以一定量的水泥熟料、矿渣、石膏等,制备出一种新型的金尾矿胶凝材料,并用于建筑材料领域,这一研究对金尾矿资源的再次利用和对环境的改善,实现工业废渣的高附加值应用具有重要意义。将金尾矿作为新型胶凝材料的研究原料,也代表了我国绿色高性能混凝土的发展方向。

4.1.2　新型胶凝材料体系的研究现状

Aïtcin[1]指出了未来水泥的发展方向,提出胶凝材料应该是以低碳环保、生态友好和绿色为显著特点的。首先,胶凝材料中应含有比现在更多的 C_2S 矿物;其次,胶凝材料中应含有以 SiO_2、Al_2O_3 为主要成分的优质矿物细粉掺合料。在我国,20 世纪 90 年代由吴中伟院士首次提出高性能胶凝材料的概念,他指出胶凝材料高性能的实现需大量掺用矿物细掺料[2,3]。

新型胶凝材料的由来可追溯到 20 世纪 40 年代,Purdon[4]在研究矿渣对水泥的作用时,发现 NaOH 作为碱性激发剂,矿渣活性激发较好,制备的胶凝材料强度高,胶凝材料凝结快,由此提出了碱激发理论,为后来胶凝材料的发展奠定了基础。Glukhovsky 等[5]利用 NaOH 作为碱激发剂,在波特兰水泥中加入炉渣和矿渣两种矿物原料,成功研制了碱矿渣胶凝材料,在此期间,Glukhovsky[5]还深入研究了该胶凝材料的水化机理、水化产物和浆体结构凝结硬化过程,而后碱矿渣胶凝材料开始应用于建筑工程中,并且由此建立了碱水泥的理论框架。Davidovits[6,7]开发了地质聚合水泥,指出这种水泥主要由火山灰质类铝硅原材料(尾矿、偏高岭土、矿渣、粉煤灰等)、碱性激发剂、缓凝剂配制而成。2004 年,孙恒虎等[8]提出了"凝石"概念,其定义可理解为在不加入水泥熟料等传统胶凝物质的前提下,硅铝体系的工业废渣经一定方法加工与配合比,在少量激发剂情况下,通过一定的化学反应凝结硬化成坚硬的石状固体。

从国内学者对胶凝材料的研究来看,最早的研究开始于 20 世纪 50 年代,并相继开发出了碱-磷渣、矿渣-钢渣、矿渣-粉煤灰等胶凝材料[9]。王朝强等[10]以煤矸石、矿渣粉为主要原料,并掺入适当激发剂制备了一种煤矸石-矿渣粉无熟料水泥。研究表明,当煤矸石、矿渣粉比例为 5:5 时,胶砂试件 28d 抗压强度可达24.1MPa。段瑜芳等[11]以煤矸石、矿渣为主要材料,在碱激发作用下制备了煤矸石-矿渣无熟料水泥基材料。

　　矿产资源是人类社会发展所必不可少的非可再生资源，而矿产资源持续急剧减少，迫使人们对于未来社会非可再生资源产生深深忧虑。自 20 世纪 50 年代起，我国就将尾矿运用于矿山井下填充料，用于做土壤改良剂及复垦植被等，实现资源的二次有效利用。在建筑材料方面，许多尾矿的矿物组成大致相同，由石英、长石和黏土类矿物构成，化学组成中，通常 SiO_2 和 Al_2O_3 含量最多，CaO、Fe_2O_3、MgO 等较少，可见其矿物化学组成与水泥相似，活性组分能与水发生反应，产生 $Ca(OH)_2$、AFt 和 C-S-H 凝胶等。目前，由于尾矿粒度及物理化学性能的不同，在我国工程建筑中可以用来作为铁路道砟，亦可作为混凝土骨料、砂浆及水泥等，因其成本低廉，在混凝土中的性能良好，科研工作者对于尾矿应用于建筑材料的研究正在持续发酵。

　　近年来，国内学者开始了尾矿用作胶凝材料和矿物掺合料的研究。倪文等[12]提出一种利用铁尾矿与石灰、石膏等原料，借助蚀变剂在 700℃ 在反应器中蚀变反应得到活性矿物掺合料的方法。郑永超等[13]以北京密云地区铁尾矿，分别作为矿物掺合料和细骨料，实验室条件下制备出了强度高、耐久性优异的金尾矿混凝土。Wu 等[14]研究了各类活性和非活性矿物掺合料在胶凝材料中的作用机理，分析掺合料对胶砂试件强度及混凝土收缩的影响规律，指出掺合料的各种利用优点。赵向民等[15]研究了粉煤灰和铁尾矿粉对胶凝材料性能的影响，指出铁尾矿粉和粉煤灰能有效地抑制混凝土收缩。葛会超等[16]针对传统尾矿胶结材料成本高及性能差的问题，提出尾矿砂的粒度与新型胶结材料最佳组分配合比之间存在明显的匹配性，建立了胶结强度的二元二次模型。殷佰良等[17]分析尾矿胶结材料的发展趋势，认为尾矿胶凝材料具有很深远的发展意义，并提出传统的尾矿胶凝材料具有用量大、强度低、强度发展缓慢的缺陷。刘文永等[18]按照水泥熟料设计方法，烧制了铁尾矿掺量为 6%、10% 和 15% 的胶凝材料，分析表明用铁尾矿烧制的胶凝材料与硅酸盐水泥熟料的矿物组成相似，其力学性能达到 P·O52.5、P·O42.5 和 P·O32.5硅酸盐水泥的标准。张宏志等[19]的研究指出，比表面积在一定范围内的铜尾矿适当的煅烧可提高活性，可以适当替代传统的硅酸盐水泥作为胶凝材料。朴春爱等[20]用铁尾矿作为掺合料掺加到混凝土中，研究了机械力活化效应以及与其水化活性的关系，并分析了该铁尾矿复合胶凝材料的水化硬化机理，提高了掺加该复合双掺的铁尾矿胶凝材料的混凝土的和易性、力学性能及耐久性。

　　综合以上分析可知，尾矿胶凝材料的研制虽已不少，但不足之处是其配制的混凝土具有水胶比低、骨料用量少、胶凝材料用量多等特点，且大多处于实验室阶段。在利用尾矿制备胶凝材料或混凝土方面，一味地以提高混凝土强度为目标来制备胶凝材料，普遍认为混凝土高强，即工作性和耐久性能良好，其实这种说法是并不科学的，使得人们对混凝土的理解存在错误认识，使得目前由尾矿胶凝材料配制的混凝土性能并不高。不足之处在于我国目前还没拥有对尾矿胶凝材料的各项性能及指标的参考标准及规范。

4.1.3　氯离子固化的研究现状

以波特兰水泥为胶凝材料在混凝土中应用普遍认为是以 1824 年 Aspdin 发明第一个专利开始的,从最早的波特兰水泥到现在的硅酸盐水泥,目前已有近两百年历史了。但是随着混凝土技术的发展,传统的波特兰水泥逐渐暴露出混凝土耐久性差的问题。在工程应用中,许多波特兰水泥混凝土结构过早破坏,严重影响混凝土的使用寿命、服役年限及安全质量,具体表现出与环境协调性差,复杂环境下氯盐侵蚀严重,钢筋锈蚀快速等。基于可持续发展战略和混凝土结构耐久性要求,目前我国使用的普通硅酸盐水泥都是掺入了一定量的矿物掺合料[21]。

矿物掺合料已成为制备高性能混凝土必不可少的功能性材料和重要组分,国内外对矿物掺合料的应用研究推动了现代混凝土技术的发展,随着现代混凝土高性能化的要求,含各类矿物掺合料和高效减水剂、低水胶比的混凝土越来越多。在低水胶比情况下,矿物掺合料潜在水化活性弱,延迟了水化反应进程,却具有降低混凝土水化热、优化界面区和改善不良晶相等一系列优点,赋予了混凝土优异的工作性和耐久性,超越了传统的水泥混凝土。基于矿物掺合料在水泥和现代高性能混凝土中的应用,具有较好的活性效应和微集料效应,可以降低早期收缩,控制温升,具有提高混凝土抗渗等级以及耐久性优异等诸多益处,目前矿物掺合料的广泛应用已成为水泥基材料科学研究的重要发展方向。

钢筋锈蚀是导致钢筋混凝土结构耐久性损伤的主要原因,众多研究表明,在混凝土呈碱性的情况下,钢筋因氧化保护膜的存在不致锈蚀,但如果混凝土中游离 Cl^- 含量较高,Cl^- 会强烈促进锈蚀反应,破坏保护膜,加速钢筋锈蚀,所以混凝土材料对 Cl^- 的固化显得尤为重要[22]。为此,国内外学者在 Cl^- 入侵混凝土过程、矿物掺合料、胶凝材料矿物组成、水化反应产物等对 Cl^- 的固化作用进行了研究,其中关于以矿物掺合料对 Cl^- 固化的研究最多。

Jain 等[23]研究了粉煤灰在水泥材料中对 Cl^- 的固化作用,通过保持粉煤灰不变但改变溶液中 Cl^- 浓度的方法,对比发现粉煤灰的使用促进了水泥浆体对 Cl^- 的固化。Song 等[24]研究了矿渣在水泥材料中对 Cl^- 的固化作用,结果表明矿渣的掺量控制在一定范围内时,水泥浆体对 Cl^- 的固化与矿渣掺量呈正比关系。Delagrave 等[25]采用硅灰复掺 ASTM Ⅲ型水泥研究了 Cl^- 的固化,发现硅灰掺量为 6％时,ASTM Ⅲ型水泥浆体对 Cl^- 固化量较低,由于硅灰的二次水化导致了 AFt 和 C－S－H 凝胶减少,使得水化产物对 Cl^- 的物理吸附能力降低。胡红梅等[26]研究了几种具有代表性矿物功能材料(粉煤灰、矿渣、硅灰)对 Cl^- 的固化能力,矿物材料因其自身的表面结构、带电特性和孔结构特征等,对 Cl⁻ 产生吸附作用,使得初始固化能力就很好,在水化反应中后期,Cl⁻ 固化仍在进行。勾密峰等[27]研究了粉煤灰、矿渣等水泥基矿物掺合料水化程度对 Cl⁻ 固化的影响。上述研究结果充分表明,矿物掺合料,如粉煤灰、矿渣、偏高岭土和硅灰等,掺入水泥材料可有效地提升其对 Cl⁻ 的固化能力,在水泥材料和混凝土中大量使用,对新拌混凝土的流变性和成型混凝土的耐久性也有很大影响,除具有普通磨细的矿物掺合料效应外,还对混凝土有特殊作用,目前矿物掺合料的制备已成为配制高性能混凝土的关键技术。

　　本章利用金尾矿制备胶凝材料并配制混凝土,尽管这方面其他尾矿的研究有很多,但在金尾矿做胶凝材料或在固氯方面的研究却未见报道,而氯盐侵蚀是导致混凝土耐久性降低的主要影响因素,因此研究金尾矿在水泥材料和混凝土中对Cl⁻ 作用的研究显得十分有必要,由此配制的混凝土在工作性和耐久性方面与普通混凝土相比有待深入研究。

4.1.4　主要研究内容及创新点

1. 主要研究内容

　　尾矿作为一种新型的矿物掺合料在混凝土中应用,对于尾矿资源的二次利用以及绿色混凝土发展具有十分重要的意义。本章以陕西商洛地区金尾矿为主要研究对象,首先,采用机械力活化和热活化的方式对金尾矿进行活化,并对活化处理的金尾矿进行矿物学特性研究和活性研究;其次,在对活化后金尾矿矿物学特性研究的基础上,研究了金尾矿胶凝材料的制备、胶凝材料的固氯效果、胶凝材料的物理力学性能,然后,采用 XRD、SEM、FTIR 等测试方法揭示了金尾矿在胶凝材料中的水化机理及其对 Cl⁻ 的作用机理;最后,利用优化后的金尾矿胶凝材料,配制了工作性能和耐久性符合标准的 C30、C40 混凝土。具体研究内容如下。

　　1)金尾矿原材料矿物学特性研究

　　利用金尾矿必须了解该原料的基本物理化学特性,矿物掺合料是一种以 SiO_2、Al_2O_3、CaO 等一种或多种氧化物为主要成分的粉体材料。水泥材料中使用的矿物掺合料大多来自工业固废,每种固废的物理和化学性质(如颗粒粒级组成、化学成分组成、矿物组成)各不相同,因此本章采用化学分析法、XRD 和 SEM等测试方法研究金尾矿的基本物理和化学特性,为后续金尾矿的活化奠定基础。

　　2)金尾矿的活化研究

　　机械力活化主要表现为物料在机械力作用下,比表面积提高,反应接触面增大,随之反应速率加强,达到活化目的,热活化主要表现为除去金尾矿中含有的少量杂质、结晶水以及破坏一些矿物稳定的晶体结构,促使矿物相转变,黏土类矿物

溶出更多活性 SiO_2、Al_2O_3 等,达到活化的目的。金尾矿属高硅铝质原料,其活化也参照其他固体废弃物的活性激发方法,对金尾矿进行活性增强研究,研究中首先运用机械力活化金尾矿,在机械力活化的基础上进行热活化,通过这两种方式激发金尾矿中潜在的活性。并研究不同活化方式处理的金尾矿粉在水泥材料中的反应活性以及对 Cl^- 的固化能力。

3)金尾矿胶凝材料的制备

以最优活化处理金尾矿为主要原料,掺入磨细后的矿渣、水泥熟料和石膏进行金尾矿复合胶凝材料的制备,充分发挥各原料自身物理化学特性,使各原料各粒级与活性协同优化,探讨胶凝材料中各物料掺量对固化 Cl^- 的影响,并通过正交试验优化得出最佳配合比方案,具体研究有:①矿渣和水泥熟料掺量变化对固化 Cl^- 的影响;②金尾矿掺量变化对固化 Cl^- 的影响;③石膏掺量变化对固化 Cl^- 的影响;④正交优化试验;⑤胶凝材料的力学性能和固氯分析。

4)胶凝材料水化产物及固化机理分析

以最优原料配合比方案制备胶凝材料并成型净浆试件,将试件进行相应处理后运用 XRD、FTIR、SEM 等测试手段,对相应龄期水化产物进行物相分析,对其矿物种类、组成和数量进行鉴别,观察胶凝材料水化过程发生的物相变化及微观结构变化,综合分析得出影响因素,揭示金尾矿在胶凝材料的水化机理及其对 Cl^- 的作用机理。

5)金尾矿胶凝材料配制混凝土研究

利用配制的高性能金尾矿胶凝材料设计 C30、C40 强度等级的混凝土,通过胶凝材料各项性能及指标,配制目标要求混凝土,确定不同等级混凝土中各原料最佳用量,对养护相应龄期混凝土进行力学性能、工作性和耐久性测试分析,并与纯水泥配制的同强度等级混凝土进行对比,研究金尾矿胶凝材料配制的混凝土各项性能指标是否符合相关标准。

2. 创新点

(1)以工业行业典型的固体废弃物金尾矿为主要原材料,通过复合活化(将机械力活化后的金尾矿进行热活化)的方式,增强金尾矿中矿物的胶凝活性,得到一种较理想的高活性粉体材料,将其作为新型胶凝材料,改善了水泥材料对 Cl^- 的固化能力,为金尾矿的高附加值利用提供了有效途径。

(2)XRD、FTIR、SEM 等测试表明,胶凝材料早期的水化产物有 AFt、C-S-H、$Ca(OH)_2$ 和少量的 Friedel's 盐,随着水化程度的加深,金尾矿粉中的活性组分在碱性环境下发生二次水化,促使 Cl^- 与水化后的矿物化学结合生成更多 Friedel's 盐、C-S-H 凝胶和 AFt,此处 C-S-H 凝胶对 Cl^- 具有很强的物理吸附作用,这就使得硬化浆体结构变得密实且提升了固化 Cl⁻ 的效果。

（3）以金尾矿胶凝材料制备的胶砂试件养护 3d、28d 抗压强度为 18.2MPa 和 37.4MPa,达到《通用硅酸盐水泥》(GB 175—2007)中规定的 32.5 复合硅酸盐水泥标准,胶凝材料配制的 C30 混凝土养护 3d、28d 抗压强度分别为 11.8MPa 和 35.6MPa,C40 混凝土养护 3d、28d 抗压强度分别为 12.2MPa 和 45.4MPa,在混凝土收缩性方面,其各龄期收缩值均低于水泥混凝土,其工作性能和耐久性优异,满足工程应用要求。

4.2　金尾矿制备胶凝材料及固氯机理研究的方案

4.2.1　金尾矿制备胶凝材料及固氯机理研究的思路

本章以陕西省大洞沟尾矿库堆存的金尾矿为研究对象,根据水泥混合材料要求特征,结合粉煤灰、矿渣等固体废弃物在水泥中的应用前景以及高性能混凝土的绿色发展要求,遵循“现状分析→特性分析→活性分析→性能分析→固氯分析→优化调控→机理分析→比较分析→成功集成”的研究思路,形成科学试验、量化技术与机理探索相结合,宏观与微观分析、还原分解论与总体论有效性相结合的分析模式,确保研究体系的严谨性和科学化,对同类尾矿资源进行系统、科学的研究方式具有重要参考价值。本章将从以下方面展开研究。

（1）金尾矿矿物学特性分析。不同地区矿物基本物理化学特性具有很大差异,受成矿类型、地理环境、选矿工艺和条件等多重因素影响。金尾矿作为一种常见固体废弃物,为有效地实现二次资源利用,需分析其基本物理化学特性,明确其化学成分、矿物相组成以及微观形貌,进而了解金尾矿中可利用的组分。

（2）金尾矿的活化研究。试验用原状金尾矿颗粒较粗,参与反应的能力有限,在胶凝材料中的反应活性偏低,还不能达到无机活性矿物细粉的要求,且作矿物掺合料使用其活性还取决于其化学成分、矿物组成、粉磨细度等。因此金尾矿作为矿物掺合料使用时,需针对其基本物理化学特性进行活化处理,才能使其潜在活性充分发挥。现有的工业生产中,矿物掺合料的制备都使用机械方法进行磨细加工,磨细到一定比表面积后,才能有效发挥各种效应。金尾矿作为矿物掺合料的研究还未见报道,所以本章参照其他固体废弃物的火山灰活性激发方法进行金尾矿活性激发试验,首先采用机械力活化,再采用复合激发工艺(将机械力活化后的金尾矿进行热活化)的方法提升其火山灰活性,体现金尾矿潜在的利用价值。

（3）在对活化后金尾矿矿物学特性研究的基础上,通过以活化金尾矿为主要原料,探索高性能胶凝材料的制备工作,以胶凝材料固化 Cl⁻ 为目标,首先以单因素进行试验,研究各原料占比对胶凝材料固氯的影响,然后通过正交试验得出金尾矿胶凝材料的优化配合比,再采用 XRD、SEM、FTIR 等测试方法揭示金尾矿复合胶凝材料水化过程、水化产物及其固化机理。

(4)探索以金尾矿胶凝材料制备高性能混凝土的研究,利用优化后的金尾矿胶凝材料,测定其各项性能及指标,判断该胶凝材料是否符合相关要求,并以配制工作性能和耐久性良好的 C30、C40 混凝土为目标。本章的研究应用,可为尾矿在现代混凝土中应用提供理论和技术参考,同时为实现尾矿的高附加值应用提供有效途径。

4.2.2　金尾矿制备胶凝材料及固氯机理研究的技术路线

金属矿制备胶凝材料及固氯机理研究的工艺技术路线如图 4.1 所示,根据研究思路,在金尾矿矿物学特性分析的基础上,针对金尾矿中的硅铝质的成分多以惰

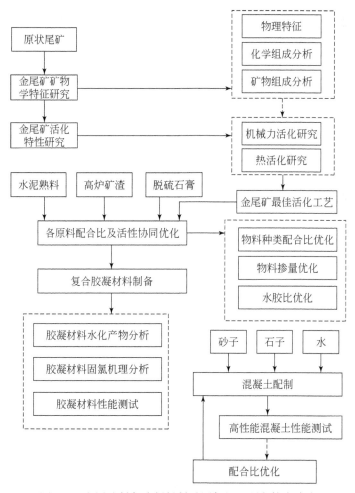

图 4.1　金尾矿制备胶凝材料及固氯机理研究技术路线

性元素存在,通过机械力活化和热活化相结合的技术手段处理得到活性试验原料,而后利用活化的金尾矿制备一种能固化 Cl^- 效果较理想的复合胶凝材料。首先选取具有代表性的金尾矿通过振动筛筛分留样,然后进行以下几方面研究工作:①借助化学分析法、XRD 和 SEM 等测试方法研究金尾矿的矿物学特性;②在矿物学特性研究的基础上,选用合适的活化方式,对金尾矿进行活化研究,并揭示活化中金尾矿的矿物学特性;③利用生产水泥原理,将活化后金尾矿与水泥熟料、高炉矿渣、脱硫石膏按一定比例制备得到胶凝材料;④利用制备的金尾矿复合胶凝材料配制混凝土,对混凝土工作性能、力学性能和耐久性进行测试对比。

4.2.3　金尾矿制备胶凝材料及固氯机理研究的方法

1. 试件的表征

本章试件的测试分析中,所用到的分析方法有化学全分析、XRD 分析、FTIR 分析、DSC-TG 分析、SEM 分析等,仪器的具体操作及功能介绍如下。

1)化学全分析

化学全分析主要用于测定各物料的化学成分,本章中原料的化学成分及数据均由陕西省尾矿资源综合利用重点实验室提供测试。

2)XRD 分析

金尾矿原料及样品物相分析和晶体结构分析运用材料研究领域中常用的XRD,该技术主要用于定性分析和定量分析材料的物相及晶体结构,材料中物相的存在根据对材料测得的点阵平面间距及衍射强度与标准物相的衍射数据对比确定。晶体结构分析则根据特征峰衍射反映的强度,确定材料中各相的含量,研究晶体的结晶程度。仪器工作条件为:工作电压 40kV,电流 40mA,2θ 耦合连续扫描,Cu 靶扫描,速度 $5°/min$,扫描范围 $5°\sim90°$,步长 $0.02°$。

3)FTIR 分析

FTIR 分析用于测定物质化学键及官能团,具有高度特征性。各种官能团的振动频率及其位移规律在图谱中反映,就可以应用红外光谱图来鉴别物质中存在的基团及其在分子中的相对位置,从而分析分子结构。测试光谱图中吸收峰的位置、强度取决于分子中各基团的振动形式和所处的化学环境,即与物质的化学键有关。该分析用于测试热活化后金尾矿粉样品,研究热活化前后金尾矿的化学结构。试验中将测试试件和溴化钾混合(1:100),置于玛瑙研钵粉磨,然后制成透光圆片,测试范围为 $350\sim7000cm^{-1}$。

4)DSC-TG 分析

DSC-TG 分析反映了被测物料在加热过程中所发生的热量和质量变化,通过这种变化来判断样品的物相组成,了解样品中物质的热变化特性。在材料研究领域中,热分析广泛用于对原材料的煅烧过程中的物相和结构变化的研究。测试中温度设定为 0～1000℃,采用氮气保护条件,升温速率为 10℃/min。

5)SEM 分析

SEM 分析用于测试两种样品:一种测试原状金尾矿及金尾矿粉,观察其表面微观形貌;另一种测试不同龄期净浆试件硬化体的微观结构,观察水化产物形貌特征,孔隙结构及密实度等,更能准确直观地反映试验结果。

6)比表面积分析

勃氏比表面积测试原理可理解为空气通过一定厚度的物料层时,颗粒大小不同引起透过时间不同,并与标准粉做对照来得到被测物料的比表面积。比表面积反映了粉体材料的粗细程度,试验采用 QBE-9 型全自动比表面积测定仪,表征组成各胶凝材料的原料及粉磨不同时间的金尾矿粉,按照《水泥比表面积测定方法　勃氏法》(GB/T 8074—2008)操作。

2. 试验方法

(1)金尾矿活性激发方法。金尾矿的活性来源于其各矿物中的惰性 SiO_2、Al_2O_3 的激发,由于固体废弃物活性激发的方法较多,根据实验室条件,对金尾矿活性激发选择操作简单的机械力活化和热活化方式。首先用方孔筛对原矿进行筛分,去除含泥大颗粒,其次将筛分的细粒金尾矿放入干燥箱内烘干,保证含水率低于 1%。机械粉磨:将烘干状态下的金尾矿称取 5kg 装入 SMΦ500mm×500mm 型水泥试验球磨机,分别粉磨 15min、30min、45min、60min、75min。高温煅烧:同样设计五个梯度温度,将粉磨一定时间后的金尾矿粉用 500g 容量的坩埚装入,然后置于马弗炉中煅烧,分别在 300℃、450℃、600℃、750℃、900℃温度下热活化 1h,自然冷却后取出备用留样。然后研究金尾矿在机械力作用下的比表面积变化,粒度分布变化和微观结构变化,以及其在高温作用下发生的物相变化,晶体结构变化等。

(2)活化金尾矿粉的作用验证。将机械粉磨不同时间和不同煅烧温度下的金尾矿粉以掺合料的方式加入基准水中,并制备水泥净浆试件,研究金尾矿粉细度和热活化温度对水泥材料固化 Cl^- 性能的影响规律。

(3)金尾矿胶凝材料性能测试及优化。制备不同水泥熟料、金尾矿、矿渣比例的胶凝材料,利用银量法测试其试件中的 Cl^-,揭示不同原料比例的金尾矿胶凝材料对 Cl^- 固化量的变化规律,并得出最优配合比。并将最优配合比的金尾矿胶凝材料用于制备混凝土,研究混凝土的和易性、抗压强度、收缩性、耐久性等。

(4)样品测试及微观分析。利用 XRD、SEM、FTIR 等测试手段对金尾矿胶凝材料的水化产物和水化反应机理进行研究,揭示金尾矿胶凝材料对 Cl^- 的固化机理以及水化反应体系中各原料的协同作用。

试验试件主要有净浆试件、胶砂试件和混凝土试件三种。净浆试件用于固化能力测试及微观机理分析,这种试件应用最多;胶砂试件用于力学性能测试;混凝土试件用于抗压强度、收缩性及耐久性能测定等。涉及试件制备方法以及性能测试均严格按相关规范执行。具体测试方法及参照规范如下。

3. 测试方法

(1)胶砂试件的力学性能测试。胶砂试件的制备和力学性能测试依据《水泥胶砂强度检验方法(ISO 法)》(GB/T 17671—1999)进行,其力学性能的测试通过下列方法得出。

$$R_f = 1.5 \frac{F_f L}{b^3} \tag{4.1}$$

式中,R_f 为试件抗折强度,MPa;L 为支撑圆柱间距离,mm;F_f 为破坏荷载,N;b 为棱柱体正方形截面边长,mm。

$$R_c = \frac{F_c}{A} \tag{4.2}$$

式中,R_c 为试件抗压强度,MPa;F_c 为破坏荷载,N;A 为受压面积,1600mm²。

(2)Cl⁻测试方法。试验研究的最终目的是制备固化性能优异的胶凝材料并运用于混凝土中,试验主要针对净浆试件固化体对 Cl⁻ 的固化能力进行以下两种测试:一种是不同活化方法处理后金尾矿对水泥材料固化能力的测试,分别将机械粉磨不同时间和不同煅烧温度活化处理后的金尾矿粉按 30% 的掺量与 P·I42.5 硅酸盐水泥混合后,以水胶比 0.4 制备净浆试件,溶液中含 Cl⁻ 0.5mol/L;另一种是以活性最佳的金尾矿粉制备复合胶凝材料,测试其净浆试件对 Cl⁻ 的固化能力,主要是活化后金尾矿粉与矿渣、水泥熟料、石膏按不同比例配制而成,同样含 Cl⁻ 0.5mol/L 的水溶液,以水胶比 0.4 制备而成。

试验净浆成型用 30mm×30mm×50mm 标准试模,24h 拆模后继续养护,置于养护条件为温度(20±1)℃,湿度不低于 95% 的标准养护箱。固化能力测试方法参照《水运工程混凝土试验检测技术规范》(JTS/T 236—2019)进行。①将养护至规定龄期的试件敲碎放入无水乙醇中浸泡 7d 以终止水化,然后置于(105±5)℃烘箱中烘 2h。取样约 30g 研磨至 0.63mm,最后放入干燥皿内备用;②准确称取20g(精确到 0.01g)置于三角烧瓶中,加入 200mL 蒸馏水,剧烈振荡 2min,浸泡24h 后取滤液;③Cl⁻固化量大小根据下列公式进行计算。

$$R_{Cl} = C_t - C_f \tag{4.3}$$

$$C_f = \frac{M_{AgNO_3} V_{AgNO_3} \times 35.453}{G \dfrac{V_3}{V_4}} \tag{4.4}$$

式中，C_t 为试件中 Cl^- 总量，7.091mg/g；C_f 为游离 Cl^- 量，mg/g；M_{AgNO_3} 为滴定用的硝酸银的物质的量浓度，0.02mol/L；V_{AgNO_3} 为滴定时试件所消耗的硝酸银体积，mL；V_3 为测定时提取滤液量，mL；V_4 为样品浸泡时所加蒸馏水量，mL；G 为样品质量，g。

　　(3)混凝土工作性能测试参照《普通混凝土拌合物性能试验方法标准》(GB/T 50080—2016)进行。

　　(4)混凝土力学性能测试：混凝土立方体试件 3d、7d 和 28d 的抗压强度测试按照《混凝土物理力学性能试验方法标准》(GB/T 50081—2019)进行。

　　(5)混凝土收缩性测试：依据《普通混凝土长期性能和耐久性能试验方法标准》(GB/T 50082—2009)测试混凝土 1d、3d、7d、14d、28d、60d 和 90d 的收缩值。

4.2.4　试验条件

1. 试验原料特性分析

1)金尾矿

采用陕西省大洞沟选矿厂金尾矿，金尾矿的基本物理特性和化学特性将在 4.3 节中详细阐述。

2)水泥熟料

试验采用河北省唐山市冀东水泥股份有限公司提供的普通硅酸盐水泥熟料，外观为 1~15mm 的黑色球状固体颗粒，主要成分由占 88.8% 的 CaO、SiO_2 和含其他少量的氧化物组成，矿物组成为 56.3% C_3S、23.7% C_2S、8.5% C_3A 和 11.5% C_4AF。使用前通过水泥试验球磨机粉磨 40min，测得比表面积为 355m²/kg。表 4.1 为水泥熟料的化学成分，图 4.2 为水泥熟料的矿物组成 XRD 分析。

表 4.1　水泥熟料的化学成分(质量分数)

成分	含量/%
SiO_2	22.5
Al_2O_3	4.86
Fe_2O_3	3.43
MgO	0.83
CaO	66.3
K_2O	0.31

续表

成分	含量/%
Na_2O	0.24
MnO	0.2
TiO_2	0.81
烧失量	0.12
合计	99.6

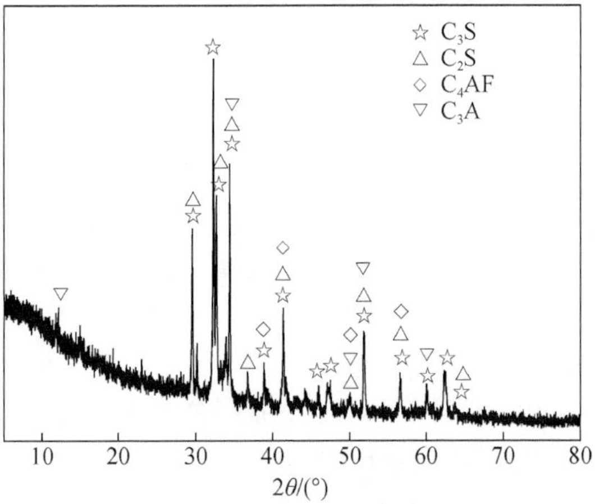

图 4.2 水泥熟料的 XRD 谱图

3)矿渣

粒化高炉矿渣的化学成分及矿物组成分别见表 4.2 和图 4.3。从表 4.2 中可知,其主要化学成分为 CaO、SiO_2、Al_2O_3、MgO、Fe_2O_3。其活性大小取决于化学成分、矿物组成及粉磨细度等。从化学成分表中可以计算出 Al_2O_3 与 SiO_2 的比值为 0.42,该值大于《用于水泥中的粒化高炉矿渣》(GB/T 203—2008)中规定的矿渣活性率判断标准(0.25),属于高活性矿渣。其次根据碱性系数 $M_o=(w_{CaO}+w_{MgO})/(w_{SiO_2}+w_{Al_2O_3})$评价矿渣的酸碱度,计算得 $M_o=0.928(0.928<1)$,故矿渣呈酸性。从图 4.3 可以看出,主要矿物组成为钙铝黄长石($Ca_2Al(AlSi)O_7$),未见其他明显的结晶相。试验中采用成品矿渣粉,其比表面积为 $473m^2/kg$。

表 4.2　矿渣的主要化学成分（质量分数）

成分	含量/%
SiO_2	34.9
Al_2O_3	14.65
Fe_2O_3	0.7
MgO	10.52
CaO	35.46
Na_2O	0.27
K_2O	0.35
TiO_2	0.98
MnO	0.68
烧失量	0.38
合计	98.89

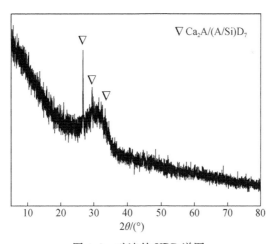

图 4.3　矿渣的 XRD 谱图

4）钢渣

钢渣由氧化转炉法炼钢过程产生。表 4.3 为钢渣的主化学成分，图 4.4 为钢渣的 XRD 谱图。从表 4.3 可以看出，钢渣以 CaO、SiO_2、Fe_2O_3 为主要成分，还包含少量金属氧化物成分。从图 4.4 可以看出，钢渣主要矿物组成有 C_2S、C_3S、RO相。试验中采用的钢渣经 60min 的机械粉磨，其比表面积达到 300m^2/kg。

表 4.3　钢渣的主要化学成分（质量分数）

成分	含量/%
SiO_2	18.16
Al_2O_3	6.24
Fe_2O_3	17.66
MgO	5.26
CaO	42.58
P_2O_5	2.35
K_2O	0.12
TiO_2	1.62
MnO	4.1
SO_3	0.29
合计	98.38

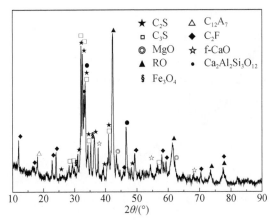

图 4.4　钢渣的 XRD 谱图

5) 粉煤灰

试验用粉煤灰主要化学成分为 SiO_2、Al_2O_3，比表面积为 330m^2/kg，其主要矿物组成是石英、莫来石及少量石膏。石膏可能是烟气脱硫过程中的混入物。粉煤灰的化学成分分析和物相测试分析分别见表 4.4 和图 4.5。

表 4.4　粉煤灰的主要化学成分(质量分数)

成分	含量/%
SiO_2	58.5
Al_2O_3	29.1
Fe_2O_3	4.3
MgO	2.85
CaO	1.5
Na_2O	3.2
SO_3	0.28
合计	99.73

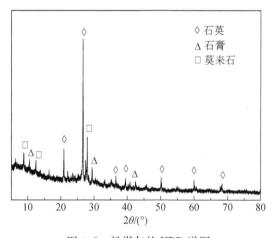

图 4.5　粉煤灰的 XRD 谱图

6)脱硫石膏

试验所用石膏是脱硫石膏,为工业湿法脱硫排出,外观呈淡黄色。脱硫石膏的化学成分及矿物组成分别见表 4.5 和图 4.6。可以看出,脱硫石膏的主要化学成分为 CaO 和 SO_3,主要物相为二水石膏($CaSO_4 \cdot 2H_2O$)。使用前需注意的是烘干温度控制在 60℃以下,温度过高石膏将脱水转变为半水石膏,脱硫石膏烘干后放入球磨机中粉磨 20min,其比表面积为 346m²/kg。

表 4.5　石膏的主要化学成分（质量分数）

成分	含量/%
CaO	45.31
SiO_2	3.14
Fe_2O_3	0.71
Al_2O_3	1.48
MgO	0.58
Cl	0.27
P_2O_5	0.03
TiO_2	0.08
MnO	0.03
SO_3	47.26
K_2O	0.35
Na_2O	0.03
烧失量	0.06
合计	99.33

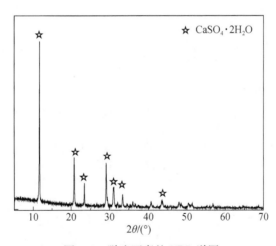

图 4.6　脱硫石膏的 XRD 谱图

7）水泥

试验中对金尾矿粉的活性测试及对比试验使用到 P·I42.5 基准水泥和 P·C32.5复合硅酸盐水泥。

8)减水剂

试验采用减水剂为粉末状 PC 减水剂,呈淡黄色,理论减水率为 23%,实测减水率为 18%,在胶凝材料中的最佳使用量还需通过试验确定。

9)细骨料

胶砂试验用砂为标准砂,每袋 1350g。配制混凝土用河砂,细度模数 2.4,属于中砂范围,砂表观密度及堆积密度分别为 $2.65g/cm^3$、$1.48g/cm^3$,含水率小于 1%,含泥量 0.85%。

10)粗骨料

制备混凝土所用石子选用碎卵石,最大粒径 25mm,最小粒径 5mm,表观密度及堆积密度分别为 $2.5g/cm^3$、$1.44g/cm^3$,由于含泥量较大,使用前用水清洗后再烘干。

2. 试验中使用的仪器设备

试验中使用的主要仪器设备见表 4.6。

表 4.6　金尾矿胶凝材料研究中使用的主要仪器设备

主要仪器	型号
水泥试验球磨机	SMΦ500mm×500mm
快速升温节能箱式电炉	KSY12D-18
电热恒温鼓风干燥箱	DHG-9920A
水泥胶砂振实台	ZS-15
水泥净浆搅拌机	NJ-160B
水泥胶砂搅拌机	JJ-5
水泥胶砂流动测定仪	NLD-3
标准恒温恒湿养护箱	YH-40B
混凝土收缩膨胀仪	HSP-540
微机控制电液伺服压力试验机	YAW-3000
全自动比表面积测定仪	QBE-9
电感耦合等离子体原子发射光谱仪	Optima8000 ICP-OES
傅里叶变换红外光谱仪	Nicolet-380
X 射线衍射仪	XPert Powder
激光粒度分析仪	Mastersizer 2000
热重分析仪	FR-TGA-101
扫描电子显微镜	SUPRA55

3. 试验中使用的化学试剂

试验中测试 Cl⁻ 用到的主要化学试剂见表 4.7。

表 4.7　金尾矿胶凝材料研究中使用的化学试剂

试剂名称	分子式	级别
蒸馏水	H_2O	分析纯
无水乙醇	CH_3CH_2OH	分析纯
氯化钠	$NaCl$	分析纯
硝酸银	$AgNO_3$	化学纯
铬酸钾	—	化学纯
稀硝酸	HNO_3	化学纯
酚酞	—	化学纯
稀硫酸	H_2SO_4	化学纯

4.3　金尾矿的基本特性及活性研究

4.3.1　金尾矿的基本特性研究

1. 金尾矿的产生

金矿选矿提金中用得较多的方法有重选、浮选和加温常压碱浸-全泥氰化碳浆等,目前我国金矿选矿提金主要采用氰化浸出的方法[28]。金原矿经过破碎、细磨后,用一定量的选矿提取剂(硫酸铜、松醇油等),可分别选出金尾矿和金精矿,精矿进入下级再选,而不可选的金尾矿则直接排放。研究使用的金尾矿取自陕西省商洛市山阳县秦鼎矿业有限公司大洞沟尾矿库,该地区选矿厂为岩金矿,属于石英脉型矿床。矿石中金主要以自然金的形态存在,一些极细微粒则以浸染状分布于各类矿物中,但矿石中最主要含金载体的矿物含量极少,相对含量不到矿物总量的2%,矿山金品位大致为 3~9g/t,含量较低。由于矿石中金与载金矿物的共生关系,该选矿厂提金工艺主要采取浮选-氰化浸出方式。金尾矿如图 4.7 所示。金尾矿的堆积密度为 1.55g/cm³,表观密度为 2.83g/cm³,真密度为 3.01g/cm³,含水率1.73%,含泥量 9.68%,外观呈淡黄色,属于自然界中一种常见的工业固体废弃物。

(a) 金尾矿库　　　　　　　　　　　　(b) 金尾矿外观形貌图

图 4.7　金尾矿照片

2. 金尾矿的化学成分分析

不同类型矿床的成矿地质环境、矿床成因将导致矿石呈现不同特点,选矿厂针对不同类型的矿石采矿、选矿工艺条件也不同,因此不同产地的金尾矿物理化学特性存在很大差异,本节针对原状金尾矿,借助相关试验分析仪器分别了解金尾矿的化学组成,物相组成及微观形貌等基本特性,为金尾矿的活化研究提供理论支撑,最大限度地提高金尾矿火山灰活性,充分实现金尾矿资源的二次利用。

表 4.8 为金尾矿主要化学成分。数据由陕西省尾矿资源综合利用重点实验室测试分析提供。可以看出,金尾矿主要由硅和铝元素及其他少量金属元素组成,这些元素以氧化物的形式储存于不同的矿物中。金尾矿中 SiO_2 和 Al_2O_3 占总含量的83.19%,其铝硅比很小,这种高硅含量的金尾矿(SiO_2 含量大于 65%)不易活化处理。金尾矿烧失量为 7.09%,说明金尾矿中除含有较多的矿物结晶水和结构水外,应该还有较多碳质、泥土等杂质的存在。金尾矿中的硅铝含量高,符合火山灰质原材料的特点,因此采用有效的方法提升金尾矿中 SiO_2、Al_2O_3 活性,是金尾矿活化研究的重点工作。

表 4.8　金尾矿主要化学成分(质量分数)

成分	含量/%
SiO_2	80.74
Al_2O_3	2.45
Fe_2O_3	1.23

成分	含量/%
CaO	5.27
MgO	1.39
K_2O	0.38
Na_2O	0
MnO	0.08
TiO_2	0.07
SO_3	0.08
P_2O_5	0.36
烧失量	7.09
合计	99.14

3. 金尾矿的矿物组成分析

为了鉴定金尾矿的矿物组成,以筛分后的(-0.16mm)金尾矿进行 XRD 分析,将测试谱图与 PDF 元素卡片进行检索分析得到图 4.8 所示 XRD 谱图,从 XRD 谱图中可知,组成金尾矿的矿物主要为石英、方解石、白云石。图中特征衍射峰尖锐而明显,相对强度高的是石英的矿物,该矿物结晶度好,物理化学性质稳定,硅元素以 SiO_2 的形式稳定存在于该矿物中,在金尾矿中含量最高。组成金尾矿的矿物还有极少的高岭石和斜长石,此类矿物在 XRD 谱图中衍射特征峰不明显。

4. 金尾矿的粒度组成分析

为分析原状金尾矿的粒度组成,试验用细度模数 M_x 来表征金尾矿的粗细程度及类别,参照《建设用砂》(GB/T 14684—2011),采用一套孔径为 4.75mm、2.36mm、1.18mm、0.6mm、0.3mm、0.15mm 的标准方孔筛,对烘干状态下的 500g 金尾矿进行筛分分析。

$$M_x = \frac{\left[(A_{0.15}+A_{0.3}+A_{0.6}+A_{1.18}+A_{2.36})-5A_{4.75}\right]}{(100-A_{4.75})}$$

式中, $A_{0.15}$、$A_{0.3}$、$A_{0.6}$、$A_{1.18}$、$A_{2.36}$、$A_{4.75}$ 分别为 0.15mm、0.3mm、0.6mm、1.18mm、2.36mm、4.75mm 筛孔直径的累计筛余率,%。

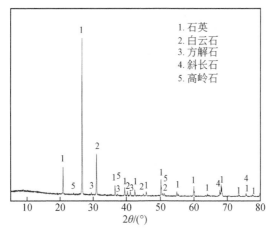

图 4.8　金尾矿的 XRD 谱图

表 4.9　金尾矿的筛分结果

筛孔直径/mm	筛余量/g	分计筛余率/%	累计筛余率/%
4.75	0	0	0
2.36	0	0	0
1.18	0	0	0
0.6	0	0	0
0.3	8.8	1.76	1.76
0.15	115	23	24.76
<0.15	376.2	75.24	100

　　从筛分结果计算出金尾矿细度模数为 0.27，不属于特细砂的范畴，金尾矿粒径集中分布在 0.15mm 以下，产率高达 75.24%，不宜作为砂使用，作为胶凝材料使用又太粗，还需进行进一步细化处理才能符合要求。

5. 金尾矿的 SEM 分析

　　原状金尾矿整体微观视图及放大的矿物颗粒表面形貌 SEM 图如图 4.9 所示，金尾矿的组成颗粒大小分布不均匀，外形不规则，多数呈现长条状和棱角状颗粒，大颗粒周围多为微米级尺寸的细小微粒，未发现团聚性粒子及微粉（见图 4.9(a)）。从图 4.9(b)可以看出大颗粒表面镶嵌着许多细小的矿物颗粒。

(a) 原状金尾矿   (b) 颗粒放大图

图 4.9 金尾矿的 SEM 图

4.3.2 金尾矿的机械力活化研究

机械粉磨是固体废弃物火山灰活性激发的主要手段之一,属于物理活化中最常用的方法,通过机械粉磨可实现固体废弃物颗粒的细化,更好地填充于水泥颗粒孔隙中,发挥矿物掺合料的微集料效应和形态效应。而活化的最终目的是让原料中活性硅、铝的数量增多,充分发挥固体废弃物潜在的活性效应,促使二次水化反应生成更多的水化产物,达到水泥混合材料的使用要求。

Takahashi[29]提出,物质在受力研磨的过程中将产生物理效应、化学效应和结晶状态变化效应,材料反应活性的提升是这三种效应的体现。具体表现为矿物固体颗粒在粉磨或超细磨的条件下,颗粒得到快速细化,表面产生大量的不饱和硅氧断键,其硅氧结构偏离稳态,比表面积增大,表面能提升,晶相间反应的程度和机会被提高,有利于反应的进行。另外,机械粉磨中有一部分机械能将发生转化,引起化学键断裂,形成新化合物晶核、羟基脱水等,使原有的结晶态物质结晶度下降。由 4.3.1 节可知,金尾矿中 SiO_2、Al_2O_3 含量丰富,以石英的形式存在,符合水泥混合材料要求基本特点。经筛分分析,金尾矿平均粒径在 0.15mm 以下,相比其他固体废弃物粉煤灰、矿渣等还不够精细化,原状金尾矿活性较低,颗粒太大,将其作为辅助胶凝材料用在水泥中,还需进行一定的活化技术处理,才能提升尾矿的火山灰活性,实现金尾矿资源的高值利用。

本节试验采用机械粉磨的方式活化金尾矿,找到金尾矿合适的粉磨时间。采用 QBE-9 型全自动比表面积测定仪和激光粒度分析仪测试磨细金尾矿粉的细度及颗粒群特征。利用 X 射线衍射仪、红外光谱仪分析粉磨后金尾矿的矿物组成、矿物晶体结构、化学键及官能团是否发生改变,推断物质受力前后发生化学效应等。

SEM 则直观表征金尾矿粉的微观形貌。

1. 不同粉磨时间下金尾矿的 XRD 分析

不同粉磨时间下(15～75min)金尾矿粉的 XRD 谱图如图 4.10 所示。

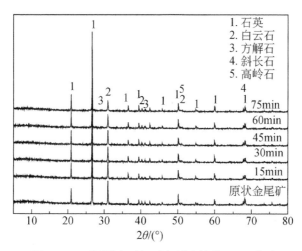

图 4.10　不同粉磨时间下金尾矿粉的 XRD 谱图

从图 4.10 可以看出,金尾矿颗粒经过不同程度的机械粉磨,各矿物衍射峰位置、种类数量均未发生明显变化,只是个别衍射峰峰值降低或消失,说明机械粉磨并不能改变金尾矿的矿物组成,唯一能改变的是矿物的结晶度。从 XRD 谱图中看出变化最明显的是 30°～35°位置处的衍射峰,该峰强度随着机械粉磨时间的延长而减弱,经分析这是碳酸盐类的白云石矿物,同时从图中还可看到其他矿物衍射峰也发生不同程度的变化。分析认为金尾矿经过机械粉磨,机械能发生转化,存储于其矿物中,或被晶体吸收、引起晶格发生畸变、使原子间距变大,结晶状态的改变和晶体结构破坏导致结晶程度降低。以上说明机械粉磨中金尾矿的矿物组成没有发生改变,只是将金尾矿颗粒细化和破坏矿物晶体结构,提高了粉体材料的表面能,降低了矿物参与水化反应时所需的能量,从而使金尾矿粉反应活性增强。

2. 不同粉磨时间下金尾矿的粒度分布

图 4.11(a)～(f)为不同粉磨时间(15～75min)金尾矿粉的粒度分布图。表 4.10 为不同粉磨时间对应的比表面积测试结果。

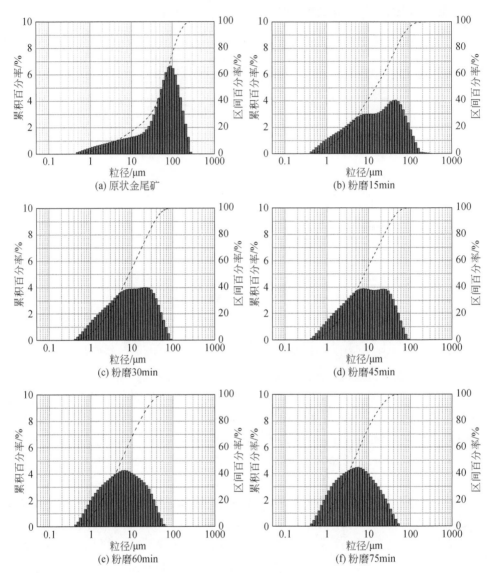

图 4.11　不同粉磨时间下金尾矿粉的粒度分布图

表 4.10　不同粉磨时间下金尾矿粉的比表面积

粉磨时间/min	金尾矿粉比表面积/(m²/kg)
15	483
30	585

续表

粉磨时间/min	金尾矿粉比表面积/(m²/kg)
45	653
60	702
75	743

通过对金尾矿粉的粒度分布及比表面积测试分析可以看出,原状金尾矿粒径集中分布在 $20\sim200\mu m$,在机械力作用下,金尾矿粉颗粒粒径越来越小,粒度分布宽度逐渐缩小,比表面积越来越大,$100\mu m$ 以下的小颗粒所占比例逐渐增大。$0\sim30min$ 的粉磨中,金尾矿粉的粒度分布宽度快速向粒径小的方向变化,表明这段时间内颗粒粒径得到快速细化,粉磨效率高;粉磨 $45\sim75min$ 过程中,金尾矿粉的粒度分布宽度变化趋势不再明显,粒径分布范围曲线趋于稳定,矿物颗粒粒径变化平缓,说明在粉磨出现中许多粉体小颗粒发生聚集,大多数分子间弱能键断裂而高能键不易破坏等因素导致粉磨效率降低,这与比表面积变化测试结果相符。粉磨 $60min$ 以后,粒径在 $10\mu m$ 以下颗粒的产率占 70%,出现大量亚微米级颗粒,进一步提升了金尾矿的细度。

3. 不同粉磨时间下金尾矿的 SEM 分析

图 4.12(a)~(f)为不同粉磨时间下(15~75min)金尾矿粉的 SEM 图。可以看出,在机械力作用下,金尾矿颗粒尺寸不断减小,大颗粒逐渐消失,表面趋于球形,产生大量亚微米级和纳米级颗粒,从粉磨 75min 放大图中可明显观察到颗粒表面特性发生明显改变。

(a) 粉磨15min

(b) 粉磨30min

(c) 粉磨45min　　　　　　　　　　　(d) 粉磨60min

(e) 粉磨75min　　　　　　　　　　　(f) 粉磨75min放大图

图 4.12　不同粉磨时间下金尾矿粉的 SEM 图

4. 不同粉磨时间下金尾矿的火山灰活性

通过对金尾矿的机械力活化,可以看出机械粉磨使金尾矿粉更加精细化,比表面积增大,提高了反应接触面,粉体颗粒表面又有新的表面生成,使粉体材料成分之间自由能增加。另外,金尾矿中一些矿物在机械力作用下,晶体结构发生改变,结晶度下降,金尾矿粉中活性 SiO_2、Al_2O_3 等活性组分增多,从而其活性提高。因此,试验采用基准水泥来检验不同粉磨时间的金尾矿粉在水泥中的反应活性,试验按照《用于水泥混合材的工业废渣活性试验方法》(GB/T 12957—2005)测定其活性指数,胶砂试件的制备按照《水泥胶砂强度检验方法(ISO 法)》(GB/T 17671—1999)。试验原料配合比和试验结果分别见表 4.11、图 4.13和图 4.14。

表 4.11　机械力活化金尾矿粉活性测试的配合比

试件组	水泥/g	金尾矿粉/g	标准砂/g	水/g
对比组	450	—	1350	225
试验组	315	135	1350	225

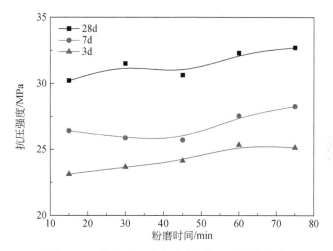

图 4.13　粉磨时间对胶砂试件抗压强度的影响

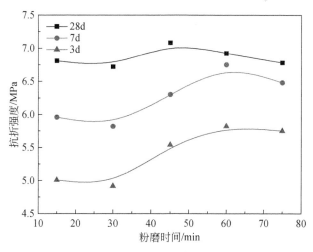

图 4.14　粉磨时间对胶砂试件抗折强度的影响

　　图 4.13 和图 4.14 中某一粉磨时间点曲线存在波动变化,可能是试验误差产生的,但总体影响不大。从图中可以看出,强度随着细度的增大基本呈提升的趋

势,在粉磨 60min 后,各龄期抗折抗压强度增幅明显,说明此时活化效果相对理想。从活性指数分析表 4.12 看出,当比表面积达到 $702m^2/kg$(粉磨时间为 60min)时,金尾矿粉的活性指数为 65.38%,刚好达到活性混合材料(活性指数≥65%)的要求。经 60min 粉磨的金尾矿粉处于极细状态,较大的比表面积使得吸湿性增大,水化反应加快,能快速地消耗氢氧化钙和石膏,促进了该混合材料与水化产物的二次反应,生成了凝结时间短、产物丰富的 C-S-H 和 AFt,使得水泥在 28d 时强度最高。

表 4.12　不同粉磨时间下金尾矿粉活性指数

试件编号	比表面积/(m²/kg)	粉磨时间/min	28d 抗压强度/MPa	活性指数/%
对比组	—	—	49.4	100
1	483	15	30.2	61.13
2	585	30	31.5	63.76
3	653	45	30.6	61.94
4	702	60	32.3	65.38
5	743	75	32.7	66.19

5. 不同粉磨时间下金尾矿的固氯机理研究

试验中净浆试件的水胶比为 0.4,水泥中掺入 30%不同细度的金尾矿粉,试件 A-1～A-5 中掺入的金尾矿粉磨时间分别对应为 15min、30min、45min、60min 和 75min,试验配合比方案见表 4.13。

表 4.13　机械力活化金尾矿粉活性测试的配合比方案

试件编号	基准水泥/g	金尾矿粉/g
A-0	100	—
A-1	70	30
A-2	70	30
A-3	70	30
A-4	70	30
A-5	70	30

由图 4.15 不同粉磨时间金尾矿粉对水泥固氯测试结果可知,粉磨金尾矿粉的掺入改善了水泥材料对 Cl^- 的固化能力,固化能力随金尾矿粉细度的提升而增大,

总体来讲,Cl⁻固化量曲线呈平缓趋势。在龄期为 3d 时,水泥材料对 Cl⁻的固化能力高于纯水泥,这可能是加入了金尾矿粉的缘故;龄期为 7d 时,固化效果不如纯水泥,但随着水化反应的进行,金尾矿粉的作用在水化反应后期得以发挥。从图中可以看出,含金尾矿粉的水泥材料在龄期为 28d 和 56d 时对 Cl⁻的固化高于纯水泥,且固化还在继续发展,对水泥材料固化 Cl⁻做出贡献,而纯水泥材料 28d 龄期固化量(4.40mg/g)与 56d 龄期几乎无差异,说明经机械粉磨后的金尾矿粉具有一定的活性,在水泥材料中参与反应,对 Cl⁻的固化起到一定的促进作用,尤其体现在水化反应后期。因此,更好地发挥活性还需采取其他方法。综合考虑能耗,固化能力等因素,选取粉磨 60min 的金尾矿粉进行后续热活化试验。

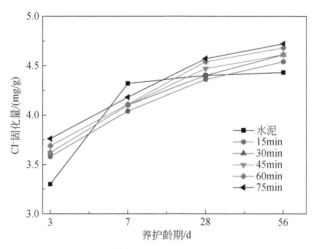

图 4.15　不同粉磨时间金尾矿粉的 Cl⁻固化量

4.3.3　金尾矿的热活化研究

热活化主要通过改变金尾矿粉所处环境温度,利用高温使各成分之间产生剧烈运动,形成处于热力学不稳定状态的玻璃相结构,从而改变金尾矿粉中的矿物成分和晶体结构以达到活化的目的。通过金尾矿粉的化学全分析可知,金尾矿粉中含有大量惰性 SiO_2、Al_2O_3,金尾矿粉在高温热处理过程中,随温度的升高,硅、铝原子配位方式发生改变,原有结构排列次序打乱,Si—O 键和 Al—O 键键角发生断裂,键长发生变化,不能充分聚合成链,使高活性 SiO_2、Al_2O_3 增多。金尾矿粉含泥量高,在高温环境下能去除不利杂质,黏土类矿物将发生分解和羟基脱水,导致晶格中产生大量缺陷,使金尾矿粉火山灰活性提高。易忠来等[30]研究了热活化对铁尾矿胶凝活性的影响,指出经 700℃热活化的铁尾矿胶凝活性最好,以 30%铁尾矿粉取代 P·I42.5基准水泥,测得 28d 抗压强度为 40.3MPa,同时指出铁尾矿粉热活化温度不宜过高,温度高于1050℃时,SiO_2、Al_2O_3将重新结合生成莫来石晶体,反而使铁尾矿活性降低。参考铁尾矿热活化的研究,本章的研究将机械粉磨60min后的金尾矿粉作为辅助胶凝材料,将粉磨60min后的金尾矿粉,结合金尾矿粉的化学成分及热属性,选择热活化温度范围,而后采用胶砂试验测试热活化后的金尾矿粉活性,确定金尾矿粉的最优活化温度。

1. 金尾矿的 DSC-TG 分析

热分析反映了被测物料在受热过程中的热量和重量的变化,这种变化是由矿物热变化特性决定的。金尾矿的DSC-TG曲线如图4.16所示,研究其矿物受热状态下变化特性,为后面的热活化提供依据。

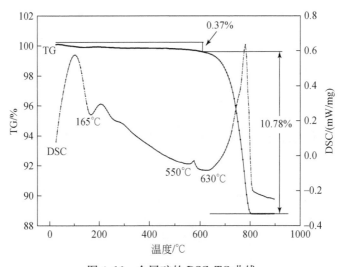

图 4.16　金尾矿的 DSC-TG 曲线

从图4.16可以看出,TG曲线主要分600℃之前和600℃之后两个阶段,总体变化趋势呈递减情况,说明金尾矿的受热过程是一个连续失重的过程。经分析TG曲线主要分两个失重阶段,第一阶段为0~600℃温度区间,600℃之前主要脱除了结晶水、游离水和吸附水,导致失重0.37%,DSC曲线中165℃为集中对应的吸热温度。第二阶段600~800℃温度区间TG曲线快速下降,发生了明显失重,累积约10.78%,由DSC-TG曲线参照矿物特性分析可知,在630℃吸热谷应为碳酸盐类的矿物白云石、方解石受热分解,转变为金属氧化物、氧化钙及CO_2,同时高岭石也会在此温度段内发生结构破坏,脱去羟基,转变为偏高岭石,并释放少量的活性SiO_2、Al_2O_3。另外,金尾矿中可能含有少量的白云母矿物,其初始分解温度较低,伴随着受热的整个过程,在900℃才能基本完全分解。

2. 不同煅烧温度下金尾矿粉的 XRD 分析

通过前面综合分析,本节试验设置最高煅烧温度为 900℃,图 4.17 为不同煅烧温度(300~900℃)下金尾矿粉的 XRD 谱图。

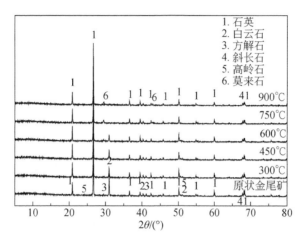

图 4.17　不同煅烧温度下金尾矿粉的 XRD 谱图

从图 4.17 可以看出,低温环境条件下,金尾矿粉矿物组成和晶体结构并未发生改变,主要矿物还是石英、白云石、方解石及斜长石等,图中石英衍射峰在各位置始终未发生消失的情况,说明石英的性质非常稳定。但是随着煅烧温度逐渐升高,部分矿物组成和特征衍射峰开始发生不同程度的变化,表现最明显的是 2θ 处于 $30°$ 的矿物白云石的衍射峰从 450℃ 开始逐渐降低,温度到达 900℃ 几乎完全消失,这是由于白云石的矿物化学性质不稳定,属于碳酸盐系矿物,这与 TG 分析结果一致。从图中还可发现,斜长石、方解石、高岭石的矿物也在随煅烧温度的升高而分解消失,受热过程中释放出活性 SiO_2、Al_2O_3,高岭石向偏高岭石转变等,在 900℃ 时这类矿物很难在 XRD 分析中找到对应衍射峰。在 900℃ 时发现有一种新的衍射峰出现,经分析该特征峰对应的是莫来石的矿物,生成了一种新的物质,分析认为:在 1050℃ 时,SiO_2 和 Al_2O_3 会相互结合生成莫来石,而在煅烧温度为 900℃ 时,温度已相对较高,金尾矿粉中的活性成分 SiO_2、Al_2O_3 也重新发生反应生成了莫来石。由此可见,通过高温煅烧金尾矿粉,能使其活性组分比例增多,相比机械粉磨方式能更好地提升金尾矿粉反应活性。因此煅烧金尾矿粉不失为一种好的活化方法,但煅烧温度不宜过高,否则又会使活性降低,合理地选取热活化温度是提升金尾矿粉活性的关键。

3. 不同煅烧温度的金尾矿粉的 FTIR 分析

通过利用 XRD 分析的方法,初步表征了金尾矿粉煅烧过程中其矿物组成和晶体结构发生的变化,但一些信息在 XRD 中不能完全表征,因此利用红外光谱分析进行补充说明。不同煅烧温度(300~900℃)的金尾矿粉的 FTIR 谱图如图 4.18 所示。

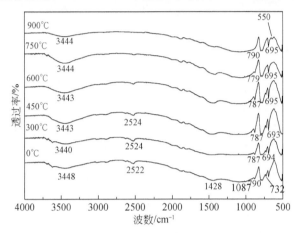

图 4.18　不同煅烧温度的金尾矿粉的 FTIR 谱图

从图 4.18 可以看出,位于 $694cm^{-1}$、$790cm^{-1}$、$1087cm^{-1}$ 处的吸收峰表征的是 Si—O 键非对称伸缩振动,代表的矿物为石英,石英中的 Si—O 振动频率随煅烧温度逐渐降低,到 900℃时吸收峰有的消失或减弱,这表明 Si—O 键在发生变化,使硅氧四面体晶格发生畸变,石英结晶度降低,使得煅烧金尾矿粉具有活性。位于 $1428cm^{-1}$ 处的特征峰表征的是方解石的矿物,当煅烧温度达到 900℃时,方解石中 C—O 键吸收峰消失,表明已分解。位于 $2522cm^{-1}$ 处特征峰表征的矿物是白云石,该矿物化学性质不稳定,初始分解温度较低。从谱图可知,在 450℃时,白云石的特征峰开始消失,到 900℃时,该矿物已完全分解。位于 $732cm^{-1}$、$3617cm^{-1}$ 处特征峰表征的矿物是高岭石,在 750℃时,高岭石中 Si—O—Al 键吸收峰消失,由此证明煅烧过程中硅氧四面体和六配位铝发生转化,形成了更多的活性 SiO_2、Al_2O_3[31]。从 900℃图谱中发现,在 $550cm^{-1}$ 出现了一个微弱的吸收峰,分析认为煅烧温度过高,有莫来石生成。

4. 不同煅烧温度的金尾矿粉的火山灰活性

通过本节对金尾矿粉的热活化研究分析可以看出,采用高温煅烧的方式活化金尾矿粉,不仅可以破坏矿物晶体结构,而且能改变矿物组成,由此能够克服机械粉磨会改变矿物晶体结构的弊端。在机械粉磨 60min 的基础上,再采用热活化能更好地提高其化学反应活性,煅烧温度的选择至关重要,直接决定金尾矿粉的活化程度。试验同样按照 4.3.2 节机械力活化后的火山灰活性测试方法和胶砂试件制备方法进行,试验配合比方案和试验结果分别见表 4.14 和图 4.19、图 4.20。

表 4.14 煅烧活化金尾矿粉活性测试的配合比方案

试件组	水泥/g	金尾矿粉/g	标准砂/g	水/g
对比组	450	—	1350	225
试验组	315	135	1350	225

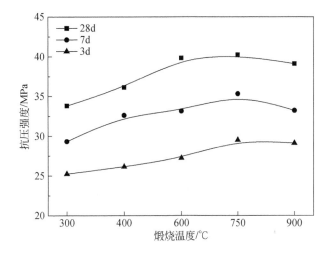

图 4.19 煅烧温度对胶砂试件抗压强度的影响

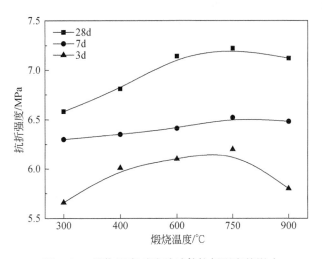

图 4.20 煅烧温度对胶砂试件抗折强度的影响

试验根据表 4.14 和图 4.19、图 4.20 强度测试结果,列出了不同煅烧温度条件下金尾矿粉的活性指数,见表 4.15。从图 4.19 和图 4.20 中可以看出,抗压强度的变化发展趋势与抗折强度几乎相同,胶砂试件强度随着煅烧温度升高而增加,总体趋势为先增后减,温度在 300～750℃内,强度是逐渐增加的,间接说明金尾矿粉的火山灰活性逐步提升,而在 750℃之后强度呈下降趋势,说明煅烧温度过高也是不利的。综合前面的 XRD 分析,也侧面证实了较强高温条件下处于活性状态的 SiO_2 和 Al_2O_3 发生反应生成了莫来石的稳定物质,导致其抗压强度降低。从活性指数表中可以看出,经过热活化的金尾矿粉活性较强,活性指数远远高于 65%,因此可以判定符合水泥混合材料的使用要求。

表 4.15　不同煅烧温度金尾矿粉活性指数

试件编号	比表面积/(m²/kg)	煅烧温度/℃	28d 抗压强度/MPa	活性指数/%
对比组	—	—	49.4	100
1	702	300	33.8	68.42
2	702	450	36.1	73.07
3	702	600	39.8	80.56
4	702	750	40.2	81.37
5	702	900	39.1	79.15

5. 不同煅烧温度的金尾矿粉固氯能力研究

4.3.3 节中分析了煅烧金尾矿粉的火山灰活性,本节试验则是研究不同煅烧温度下金尾矿粉对 Cl^- 的固化效果,试件 A-1～A-5 中的金尾矿粉煅烧温度分别为 300℃、450℃、600℃、750℃和 900℃,试验同样以不同煅烧温度金尾矿粉按质量分数 30%掺入水泥中,不掺金尾矿粉纯水泥组做空白对照试验,按水胶比 0.4 成型净浆试件,以此检验高温煅烧后金尾矿的固氯效果。试验方案和结果分别见表 4.16 和图 4.21。

表 4.16　煅烧活化金尾矿粉净浆试件配合比方案

试件编号	基准水泥/g	金尾矿粉/g
A-0	100	—
A-1	70	30
A-2	70	30
A-3	70	30
A-4	70	30
A-5	70	30

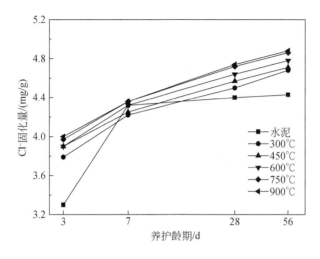

图 4.21　不同养护龄期下煅烧金尾矿胶凝材料净浆对 Cl⁻ 的固化

图 4.21 为不同养护龄期下煅烧金尾矿胶凝材料净浆对 Cl^- 固化的测试结果。根据不同煅烧温度金尾矿粉净浆试件 Cl^- 固化量测试结果对比可知,水泥材料对 Cl^- 固化量随着热活化温度的升高而增加,300~750℃ Cl^- 固化量逐渐增加,温度在 750~900℃ Cl^- 固化趋势平缓。从图中可以看出,与掺杂机械粉磨方式活化的金尾矿粉相比,水泥材料龄期为 3d 和 7d 对 Cl^- 的固化进一步提升,且龄期为 28d Cl^- 固化量从 4.40mg/g 提升到 4.72mg/g,说明在机械粉磨的基础上采用热活化能更好地发挥金尾矿的反应活性,使得水泥材料对 Cl^- 固化量提升幅度更大。这是金尾矿粉中的 SiO_2、Al_2O_3 活性效应和极细颗粒的微集料效应的体现,活性效应体现在水泥材料中金尾矿粉二次水化作用使得水化反应更加充分,Cl^- 也参与反应或水化产物中生成了大量能吸附 Cl^- 的矿物等,如 C-S-H 凝胶对 Cl^- 就有较强的吸附作用,水化产物越多,吸附能力越强。微集料效应体现在物理填充作用,部分不参与反应的微米级金尾矿粉很好地填充于孔隙中,形成致密结构,堵塞毛细孔,降低 Cl^- 的传输能力,这是热活化金尾矿粉对水泥材料固化 Cl^- 起到很好效果的原因。通过本节试验研究,后续工作将采用粉磨 60min 再经 750℃ 热活化处理的金尾矿粉用于胶凝材料试验。

4.4　金尾矿胶凝材料固氯机理研究

通过 4.3 节对金尾矿的基本特性及火山灰活性来源分析,可以看出对金尾矿进行机械粉磨合高温煅烧活化处理后,提高了金尾矿粉在水泥材料中的反应活性,对于水泥基材料固化 Cl^- 起到很好的促进作用。最终得出结果,水泥材料中掺杂 60min 粉磨并经 750℃ 处理后的金尾矿粉对 Cl^- 固化效果相对较好。

本节从合理利用金尾矿的角度出发,以活化后的金尾矿粉为主要原料制备胶凝材料。在胶凝材料的制备过程中,为了更好地发挥金尾矿粉的反应活性,还必须对矿渣、水泥熟料及石膏的配合比进行优化设计,充分发挥各原料特性。配合比的优化需考虑以下两点:其一,胶凝材料必须对 Cl^- 具有良好的固化性能,因此在进行配合比优化时,以胶凝材料对 Cl^- 固化量为考查指标。其二,应尽可能多地利用固体废弃物,少用水泥熟料,节约资源,同时考虑胶凝材料胶凝性。最后选取最大的影响因素进行正交优化试验,最终得出金尾矿胶凝材料最优配合比,同时对最优配合比进行留样分析,运用 XRD、FTIR 及 SEM 等测试手段分析金尾矿胶凝材料的水化产物及其 Cl^- 的固化机理。

4.4.1　基础试验

1.胶凝材料的组成及制备

本节研究主要是针对粉煤灰、矿渣、钢渣三种固体废弃物,初步确定制备尾矿复合胶凝材料中所用原料。郑永超等[32,33]和崔孝炜等[34]成功利用铁尾矿或钼尾矿作为部分胶凝材料配制出了高强混凝土,并提出"尾矿基础胶凝材料"这一概念。基础胶凝材料按质量比例为:铁尾矿粉∶水泥熟料∶矿渣∶石膏＝40∶26∶26∶8,经不同粉磨工艺共同混合组成。

本试验按照已有研究基础,将胶凝材料中的尾矿由金尾矿替换,其余原料和配方保持不变,然后做净浆试件测试固氯效果,考虑胶凝材料后期用于配制混凝土,因此还需做胶砂试件对胶凝材料进行强度测试,选取合适的原料十分重要。试验方法如下:复合活化金尾矿粉∶水泥熟料∶石膏＝40∶26∶8混合均匀后,分别加入矿渣、钢渣粉、粉煤灰中的一种,共同组成胶凝材料,具体配合比方案见表4.17。然后将料浆浇注到 30mm×30mm×50mm 的标准试模中,脱模后置于养护条件为温度 (20 ± 1)℃,湿度不低于 95% 的标准养护箱养护,按 4.2.3 节中 Cl^- 固化能力测试方法分别测试 3d、7d、28d Cl^- 固化量。

表 4.17　复合活化金尾矿胶凝材料配合比方案(质量分数)

试件编号	金尾矿粉/%	水泥熟料/%	矿渣/%	钢渣/%	粉煤灰/%	石膏/%
A-1	40	26	26	—	—	8
A-2	40	26	—	26	—	8
A-3	40	26	—	—	26	8

胶砂试件用胶凝材料和标准砂按比例 1∶3 配料以 0.5 水胶比制备 40mm×40mm×160mm 试件,按照《水泥胶砂强度检验方法(ISO 法)》(GB/T 17671—1999)进行胶凝材料强度检验,分别测试 3d、7d、28d 龄期的抗压强度。

2.原料组成对胶凝材料性能的影响

1)固氯性能影响

图 4.22 为不同原料组成的胶凝材料对 Cl^- 固化量的影响。可以看出,由粉煤灰组成的胶凝材料各龄期对 Cl^- 的固化能力较为理想,矿渣次之,钢渣最弱。分析认为:粉煤灰、矿渣、钢渣除参与水化反应生成的水化产物能吸附固化部分 Cl^- 外,这类原料各自物理化学特性不同导致水化程度不同,浆体结构密实度不同等。另外,粉煤灰对 Cl^- 自身也有单独的吸附作用,这是粉煤灰具有较强固化效果的原因。

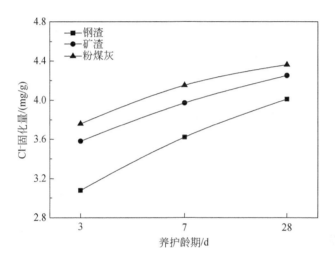

图 4.22　不同原料组成的胶凝材料对 Cl^- 固化量的影响

2)胶凝性能影响

图 4.23 为不同原料组成的胶凝材料胶砂试件抗压强度测试结果。可以看出,由矿渣组成的胶凝材料各龄期力学性能最好最优,粉煤灰次之。从试验结果来看,由于矿渣和粉煤灰分别组成的胶凝材料对 Cl^- 固化量相近,因此综合考虑对胶凝材料 Cl^- 固化作用及材料胶凝性两大因素,选取矿渣作为后续试验并进行胶凝材料的研究工作。

4.4.2　不同组分胶凝材料固氯性能的影响

在 4.4.1 节中,矿渣组成的胶凝材料对固化 Cl^- 及胶砂试件强度的增强有一定作用,故初步选定矿渣作为制备胶凝材料所用原料,因此通过探索试验确定了制备胶凝材料的配料有金尾矿粉、水泥熟料、矿渣和石膏,各原料比例待定。为了能

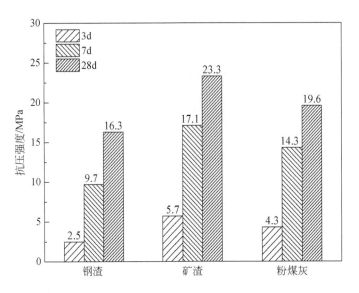

图 4.23　不同原料组成的胶凝材料的抗压强度

够得到对 Cl⁻ 固化性能良好的胶凝材料,还需研究胶凝材料中各原料比例对固化 Cl⁻ 能力的影响,原料比例不同,水化反应程度不同,水化产物各种类、数量不同,从而影响 Cl⁻ 的固化量。本节试验围绕各原料掺量不同的胶凝材料对 Cl⁻ 固化能力的影响展开研究,以胶凝材料对 Cl⁻ 固化量为主要分析指标,在胶凝材料力学性能方面先不做考虑。

1. 水泥熟料掺量影响

水泥熟料是由石灰质原料、黏土质原料、校正原料按一定比例混合粉磨后,经 1450℃ 高温煅烧,在窑内发生一系列物理化学变化生成的以硅酸钙为主要成分的制品。水泥熟料中的矿物 C_3S、C_3A、C_4AF 和 C_2S 决定了水泥制品的性质,这四种主要矿物单独与水作用时所表现的特性是不同的,他们在水泥熟料中的相对含量决定了水化反应速率、放热量、水化产物数量等。试验选取水泥熟料作为主要原料,一方面在于 C_3A 水化反应速率最快,C_4AF 次之,大量水化产物 3d 内就生成,对胶凝材料的早期强度发展及更好地吸附固化 Cl⁻ 提供了条件,同时水化反应生成的碱性 $Ca(OH)_2$ 产物可促进其他硅质原料的溶解速率,加深水化反应程度。另外研究发现组成水泥熟料中的矿物 C_3A、C_3S 对 Cl⁻ 的固化起着重要的主导作用,水化反应过程中四种矿物均可与 Cl⁻ 发生化学结合,生成一种结构稳定的 Friedel's 盐,将 Cl⁻ 稳定固化。因此,研究水泥熟料在胶凝材料中的掺量变化对 Cl⁻ 的固化影响显得十分重要。

　　试验首先固定金尾矿粉和石膏用量,通过改变水泥熟料和矿渣的相对掺量,研究不同水泥熟料和矿渣比例的胶凝材料对 Cl^- 固化能力的影响,从而研究水泥熟料和矿渣的协同固化作用及水化反应过程,因此减水剂此时不用于胶凝材料的制备。由于本次试验用料为金尾矿,而 4.1.2 节中提到的尾矿基础胶凝材料制备高强混凝土这一成果是针对其他尾矿的,其胶凝材料配料比例不一定适用于金尾矿,配方的选用还需重新通过试验确定(配合比方案见表 4.18)。

表 4.18　不同水泥熟料矿渣掺量胶凝材料配合比方案(质量分数)

试件编号	金尾矿粉/%	水泥熟料/%	矿渣/%	石膏/%
B-1	30	40	20	10
B-2	30	35	25	10
B-3	30	30	30	10
B-4	30	25	35	10
B-5	30	20	40	10

　　试验过程中有水泥熟料、矿渣两个变量,但互不影响,水泥熟料用量变化引起矿渣用量随之改变,因此绘制以水泥熟料掺量为横坐标的 Cl^- 固化量结果图,如图 4.24所示。

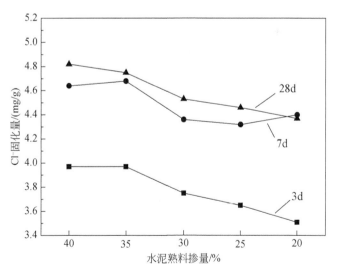

图 4.24　水泥熟料掺量对 Cl^- 固化量的影响

　　图 4.24 反映了胶凝材料净浆试件各龄期 Cl^- 固化量随水泥熟料掺量由 40%减少到 20%的变化趋势。水泥熟料掺量在 35%~40%范围内时试件各龄期对 Cl^- 的固化量变化不大,当水泥熟料掺量从 35%减少到 20%时,各龄期 Cl^- 固化量

均呈现降低趋势,图中 7d 曲线出现波动的原因可能是试验过程中操作不规范导致的误差,从试验结果图总体可看出,水泥熟料的减少使得胶凝材料对 Cl^- 的固化能力减弱。分析认为产生上述现象的原因是水泥熟料用量过少,水泥熟料中的活性矿物变少,与水反应的能力降低,导致胶凝材料水化过程不能充分进行,使水化产物种类和数量发生改变,从而对 Cl^- 的固化产生影响。Cl^- 的固化分为物理固化和化学固化,物理固化主要是指溶液 Cl^- 被水化产物吸附,化学固化则是 Cl^- 与原料中的矿物发生化学反应。从选择的原材料分析中可知,本次试验用水泥熟料中 C_3S、C_2S 的矿物最多,而 C_3A 相对较少,虽然 C_3S、C_2S 等单矿各自对 Cl^- 的固化有一定的贡献,但与 Cl^- 发生化学反应生成 Friedel's 盐结构的 C_3A 矿物具有重要的贡献作用[35]。因此,水泥熟料掺量的变化必将引起胶凝材料对 Cl^- 固化量的改变。由试验结果可见,当水泥熟料用量多时胶凝材料固化效果较好,但这并不代表用量越多越好,矿渣相对用量的减少对胶凝材料后期的固化提升难以保障,因此合理地掺配使用才能更好地发挥各原料及粒级活性。本章后面部分的试验中主要以编号 B-2 组(水泥熟料 35%、矿渣 25%)的配方进行深入研究。

2. 金尾矿粉掺量影响

通过 4.3 节中的金尾矿基本物理化学特性研究,了解到金尾矿中含有丰富的硅铝质氧化物,通过活化工艺使之变为高活性状态下的超细粉体材料,即金尾矿粉。活化处理后的金尾矿粉胶凝材料中不仅具有水化活性,而且有微集料效应和改善界面过渡区的作用。金尾矿作为本章研究的对象,其在原料体系中用量的变化必将影响胶凝材料性能的变化,故本节试验研究不同金尾矿粉掺量对胶凝材料固化 Cl^- 性能的影响。

本节试验同样按照 4.2.4 节中处理的原料,将复合活化后的金尾矿粉、水泥熟料、矿渣及石膏配料并进行胶凝材料的制备。在上文中确定了水泥熟料和矿渣的用量比例,研究金尾矿粉掺量影响时,固定石膏掺量 10% 不变,水泥熟料和矿渣掺量保持比例不变,其他原料用量做相应变化。试验方案见表 4.19。

表 4.19　不同金尾矿粉掺量胶凝材料配合比方案(质量分数)

试件编号	金尾矿粉/%	水泥熟料/%	矿渣/%	石膏/%
C-1	20	35	25	10
C-2	25	35	25	10
C-3	30	35	25	10
C-4	35	35	25	10
C-5	40	35	25	10

注:配料时以 100% 计,具体金尾矿粉、水泥熟料、矿渣用量还需换算。

从图 4.25 各龄期曲线走势可以看出,随着金尾矿粉掺量的增加试件对 Cl⁻ 的固化量呈减少趋势,固化效果越来越弱。当金尾矿粉掺量在 20%～25% 范围内时,Cl⁻ 固化量变化并不明显,在金尾矿粉掺量为 25% 时,试件对 Cl⁻ 固化效果相对较好,28d 固化量为 5.03mg/g,表明在较少金尾矿粉掺量条件下,试件对 Cl⁻ 的固化能达到一个较好的效果,从图中可以很明显地看出金尾矿粉掺量的增加对胶凝材料净浆试件固化 Cl⁻ 有很明显的负面影响。通过前面对金尾矿原料的处理,可以看出经粉磨再热活化后的金尾矿粉比表面积达 702m²/kg,相比之下比表面积是其他原料的 1～2 倍,很明显由金尾矿粉组成的胶凝材料在水化反应过程中,因其比表面较大,则需要更多的水来包裹金尾矿粉颗粒,导致净浆试件制备过程中,出现浆体稠度增大的现象,而此时水量是固定不变的,这样一来便影响水化过程的完整进行。其次,金尾矿粉水化活性不如水泥熟料和矿渣,在胶凝材料体系中活性激发比较缓慢,这类辅助胶凝材料的作用往往是在后期才能发挥的。

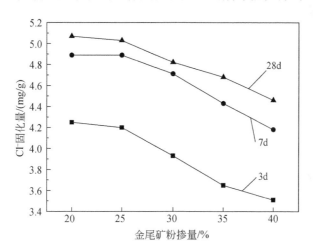

图 4.25　金尾矿粉掺量对 Cl⁻ 固化量的影响

通过对金尾矿粉不同掺量情况下胶凝材料的固化性能进行研究,得出结果是随着金尾矿粉掺量的增加,净浆试件对 Cl⁻ 的固化是不断降低的,综合考虑对金尾矿这种固废的利用率问题,试验选取金尾矿粉的掺量为 25% 较为合适。

3. 石膏掺量影响

通过前面试验确定了胶凝材料原料用料比例为金尾矿粉 25%、水泥熟料 35%、矿渣 25%,而石膏掺量影响还未探讨,故本节试验同样按照 4.2.4 节中处理的原料,将活化后的金尾矿粉、水泥熟料、矿渣及石膏配料并进行胶凝材料的制备。试验以石膏掺量作为变量,其他三种原料在保持比例不变的情况下进行相应用量变化。试验方案见表 4.20。

表 4.20　不同石膏掺量胶凝材料配合比方案（质量分数）

试件编号	金尾矿粉/％	水泥熟料/％	矿渣/％	石膏/％
D-1	25	35	25	6
D-2	25	35	25	8
D-3	25	35	25	10
D-4	25	35	25	12
D-5	25	35	25	14

从图 4.26 可以看出，胶凝材料净浆试件对 Cl^- 的固化量随石膏掺量的增加先增后减，说明胶凝材料合理地使用石膏可以提高胶凝材料固化 Cl^- 的能力。当石膏掺量在 6％～10％范围内时，胶凝材料净浆试件对 Cl^- 的固化能力达到一个相对较好的状态，其 28d 最高固化量为 5.13mg/g，石膏掺量超过 10％时，固化量越来越少，说明石膏掺量不宜过多。石膏作为配制胶凝材料必不可少的原料，普遍认为石膏在胶凝材料中的主要作用体现为可调节胶凝材料凝结硬化时间，具有缓凝作用；另外，石膏对水化反应具有促进作用，水化反应生成的产物 AFt 形成致密结构，提升胶凝材料的性能。国家标准规定，生产硅酸盐类水泥时，石膏中的 SO_3 含量在水泥中的比例应低于 3.5％。同样，若胶凝材料中石膏掺量偏多，在水化反应后期，未参与反应的石膏将与水化产物中的 C_3A 再次发生反应生成高硫型硫铝酸钙晶体，导致体积膨胀并产生裂缝，从而使得游离 Cl^- 量增多，这可能是固化量降低曲线走势下降的原因。

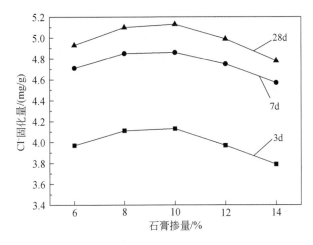

图 4.26　石膏掺量对 Cl^- 固化量的影响

4.4.3 金尾矿胶凝材料组成优化试验

4.4.2 节主要研究了各种原料掺量比例对胶凝材料净浆试件固化 Cl^- 能力的影响,试验以单因素进行,设定变量和不变量,逐一分析胶凝材料净浆试件对 Cl^- 的固化,最终得出结果。而胶凝材料的性能是由各原料协同发挥作用的,涉及的影响因素较多,因此上述试验结果还具有一定的局限性。因此,试验用一种能用于多因素试验的正交试验设计方法,便可解决上述问题,其优点在于可通过试验结果分析出较优的试验条件;通过试验数据分析还可以很好地反映主次影响因素,具有很强的综合可比性。

1. 因素水平的确定

本章研究的对象为金尾矿,试验始终以金尾矿为主要原料制备胶凝材料这条主线进行。已知原状金尾矿胶凝活性很低或者说没有,活性来源于活化处理工艺,试验中金尾矿的活化流程是先磨后烧,烧的是粉磨 60min 后这一粒度的,由此可将粉磨时间作为一个影响因素,还可将粉磨 45min、75min 来进行后续煅烧活化。通过试验看出高温煅烧后的金尾矿粉活性大增,750℃金尾矿粉对纯水泥固氯起到了很好的提升作用,因此煅烧温度是个必不可少的选取因素,试验可选取与 750℃相邻的两个温度来分析优化。通过本章中原料比例对胶凝材料固氯性能研究可以看出,水泥熟料和金尾矿粉掺量的影响是直观的,故不作为影响因素的选取,在研究石膏掺量影响时,发现石膏掺量的变化将引起胶凝材料固氯性能的变化,且掺量不宜过多,根据试验结果综合分析,选取石膏掺量作为一个影响因素,选用 6%～10% 的掺量作为正交试验的分析范围。

通过以上分析,确定了表 4.21 中的三因素为粉磨时间、煅烧温度和石膏掺量,其中粉磨时间为 45～60min,煅烧温度为 600～900℃,石膏掺量为 6%～10%。

表 4.21 复合活化金尾矿胶凝材料正交试验因素和水平表

水平	因素		
	粉磨时间/min	煅烧温度/℃	石膏掺量/%
1	45	600	6
2	60	750	8
3	75	900	10

2. 试验方案及结果

根据表 4.21 正交试验因素和水平,设计了 $L_9(3^3)$ 正交表,按照表上方案进行净浆试件制备试验,原料中金尾矿粉25%、水泥熟料35%、矿渣25%的用量是确定的。制备的胶凝材料净浆固化体试件按 4.3 节中的方法处理,最后分别测试 3d、28d Cl⁻ 固化量,试验方案和结果见表 4.22。

表 4.22　复合活化金尾矿胶凝材料正交试验方案及结果

试件编号	各因素水平			Cl⁻ 固化量/(mg/g)	
	粉磨时间	煅烧温度	石膏掺量	3d	28d
E-1	1	1	1	3.95	4.79
E-2	1	2	2	4.15	4.89
E-3	1	3	3	3.97	5.09
E-4	2	1	2	3.79	4.89
E-5	2	2	3	3.87	4.92
E-6	2	3	1	4.13	5.04
E-7	3	1	3	3.81	4.70
E-8	3	2	1	4.23	4.80
E-9	3	3	2	4.01	5.21

3.试验结果讨论与分析

根据表 4.22 正交试验结果计算胶凝材料净浆试件 3d、28d Cl⁻ 固化量的极差,结果分别见表 4.23 和表 4.24。

表 4.23　3d Cl⁻ 固化量的极差分析

因素	3d Cl⁻ 固化量在各水平下的和			极差
	1 水平	2 水平	3 水平	
粉磨时间	12.07	11.79	12.05	0.28
煅烧温度	11.55	12.25	12.11	0.70
石膏掺量	12.13	11.95	11.65	0.48

从表 4.23 的数据可以看出,对于试件 3d 的 Cl⁻ 固化量而言,极差大小排序为煅烧温度>石膏掺量>粉磨时间,极差大小反映了该因素的影响能力,本试验中影响最大的因素是煅烧温度。从表 4.22 可以看出,当煅烧温度为 750℃时,3d Cl⁻ 固化量有最大值为 4.23mg/g,此时对应的石膏掺量为 6%,粉磨时间为 75min。

表 4.24 28d Cl⁻固化量的极差分析

因素	28d Cl⁻固化量在各水平下的和			极差
	1 水平	2 水平	3 水平	
粉磨时间	14.77	14.85	14.71	0.14
煅烧温度	14.38	14.61	15.34	0.96
石膏掺量	14.63	14.99	14.71	0.36

从表 4.24 可以看出,对于试件 28d Cl⁻固化量,极差还是反映出煅烧温度影响最大,石膏掺量影响次之,粉磨时间影响最弱,同样由表 4.22 中的数据可知,当煅烧温度为 900℃时,28d Cl⁻固化量有最大值为 5.21mg/g,此时对应的石膏掺量为 8%,粉磨时间为 75min。

综合以上分析,煅烧温度始终处于主导地位,金尾矿粉的活化温度在胶凝材料中对 Cl⁻的固化起重要的影响作用,从 28d 固化情况考虑,本节试验认为 E-9 号试验方案比较合理,即粉磨时间 75min、煅烧温度 900℃、石膏掺量 8%。

4. 对比验证试验

以胶凝材料净浆试件对 Cl⁻的固化量为指标,正交优化试验得出了石膏的最佳掺量为 8%,并得到一个金尾矿的最佳活化工艺。可以看出,正交试验中的 E-9 号方案与第 3 章中的金尾矿活化工艺略有差异。因此,再次进行试验对以上两个金尾矿活化方案进行验证。试验中组成胶凝材料原料配合比为水泥熟料 37%、金尾矿粉 27%、矿渣 27%、石膏 9%,试件 F-1 中金尾矿粉的粉磨时间为 60min、煅烧温度为 750℃,试件 F-2 中金尾矿粉的粉磨时间为 75min、煅烧温度为 900℃,其他试验条件保持不变,分别测试其 3d、7d、28d Cl⁻的固化量。试验方案见表 4.25。试验验证结果见表 4.26。

表 4.25 复合活化金尾矿胶凝材料配合比方案(质量分数)

试件编号	水泥熟料/%	矿渣/%	金尾矿粉/%	石膏/%
F-1	37	27	27	9
F-2	37	27	27	9

表 4.26 复合活化金尾矿胶凝材料正交试验验证结果

试件编号	3d Cl⁻固化量/(mg/g)	7d Cl⁻固化量/(mg/g)	28d Cl⁻固化量/(mg/g)
F-1	4.08	4.82	5.07
F-2	4.14	4.86	5.11

从表 4.26 可以看出,由两组方案分别制备的胶凝材料在各龄期对 Cl^- 的固化量差异不大,考虑到试验过程中金尾矿粉在煅烧温度达 900℃ 时出现结块的现象,以及煅烧温度过高会有莫来石形成,降低金尾矿粉的活性,因此不建议高温煅烧至 900℃。因此,金尾矿粉细度的提升有助于胶凝材料对 Cl^- 的固化,因此在粉磨 60min 的基础上适当延长粉磨时间是可行的。

4.4.4 胶凝材料水化机理及固氯机理研究

本试验胶凝材料中含有水泥熟料、矿渣、金尾矿粉和石膏四种组分,这些原料中有的自身就能与水发生水化反应,生成新的矿物相,而有的则是水化过程进行一段时间后在一定的条件才开始参与反应,使新的矿物相再次发生变化,整个水化过程中,水化产物中的矿物相不断发生变化,从而直接影响胶凝材料的各项性能,直到水化反应过程完全停止。因此,试验采用 XRD、FTIR、SEM 等测试方法研究试件的水化产物及微观结构,分析胶凝材料的水化反应机理及其对 Cl^- 的固化机理。

试验将预先处理的水泥熟料、金尾矿粉、矿渣、石膏分别按质量分数 37%、27%、27% 和 9% 的配合比制备胶凝材料,按 4.2.3 中的方法成型净浆块,标准养护 3d、7d、28d 后取样待测。

1.胶凝材料净浆试件的 XRD 分析

图 4.27 为金尾矿胶凝材料净浆试件 3d、7d 和 28d 龄期的 XRD 谱图,从中可以看出,不同龄期净浆试件谱图存在差异,同一衍射角度范围内有的衍射峰消失,有的衍射峰峰值有升高或降低,这说明水化反应持续进行,表现出不同龄期水化产

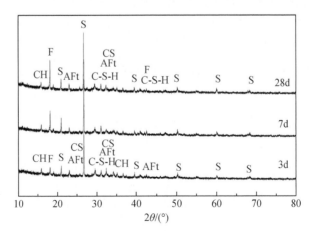

图 4.27　胶凝材料净浆试件各龄期的 XRD 谱图
S. SiO_2;F. Friedel's 盐;CS. C_3S/C_2S;CH. $Ca(OH)_2$

物中的物相组成不同的现象。从各龄期物相分析谱图中不难发现,石英(SiO_2)的衍射峰依然凸显,这一矿物始终存在于胶凝材料体系中,但通过相对强度数据分析,发现其衍射峰峰值有所降低,说明金尾矿粉中性质稳定的石英也因表面特性也发生改变而参与反应。

在早期 3d 的物相分析中未发现原料中 C_3A、C_4AF 的衍射峰,而是出现大量峰值低、种类繁多的弥散峰。在 2θ 为 $25°\sim40°$ 的角度范围内,从峰的特征可以判断出对应的主要矿物有硅酸钙(C_2S、C_3S)、AFt 和 C-S-H 凝胶,说明水泥熟料中的 C_3A、C_4AF 及石膏中的 $CaSO_4$ 共同参与水化反应,在早期水化产物中就大量地生成了这类含非晶态成分多和结晶程度差的矿物,因此出现图谱中宽泛的凸包背景现象。另外,在其他角度范围内还有 $Ca(OH)_2$、SiO_2 和衍射强度低的 Friedel's 盐的峰,表明水化过程陆续有原料的消耗和新物质的生成,只是表现得还不明显。从 28d 的物相分析可以看出有 $Ca(OH)_2$、AFt、C-S-H 凝胶、SiO_2 和 Friedel's 盐的更多产物出现。与此同时,在同一位置的衍射峰随龄期的延长而消失,而有的衍射峰则增强。例如,在 Friedel's 盐衍射峰出现处,峰值是随养护龄期延长逐渐升高的,表明生成的量越来越多,从而反映出增强的衍射峰。在 2θ 为 $45°$ 处,28d 图谱中发现了 3d 图谱中没有的 C-S-H 衍射峰,另外还有 $Ca(OH)_2$、硅酸钙衍射峰消失或减弱的现象,分析认为在原料中有活性组分金尾矿粉的情况下,生成的硅酸钙和 $Ca(OH)_2$ 随水化反应进行又被二次消耗掉,导致 28d 衍射谱图中衍射峰不明显,但 28d 分析图谱又见更多的 C-S-H 生成,而 AFt 量不变的情况,这是由于生成更多的 C-S-H 凝胶将 AFt 包覆起来形成致密结构的缘故。总体而言,越往后期水化反应越充分,生成的硅酸钙和 AFt 量更多。

2. 胶凝材料净浆试件的 FTIR 分析

图 4.28 为金尾矿胶凝材料 1d、7d 和 28d 净浆试件 FTIR 谱图。可判断出各龄期净浆试件的 FTIR 谱图差异不大,但在不同位置处出现了具有代表性的吸收峰,因此通过峰的特征即可判断相应的水化产物。经分析,在 $3418cm^{-1}$、$1641cm^{-1}$ 不同位置处,出现的是水中 O—H 键特征吸收峰[36],说明水参与水化反应变为吸附水或产生了含结晶水的物质,表明水化反应正在进行,有凝胶类的水化产物生成。在 $1448cm^{-1}$ 处出现的是 C—O 键吸收峰,这可能是 CO_2 参与水化反应生成了碳酸盐的物质或试件在发生碳化。$1420cm^{-1}$ 和 $798cm^{-1}$ 处出现的是 C-S-H 凝胶吸收峰[37],表明水化反应早期就有 C-S-H 凝胶产物的出现。$1097cm^{-1}$ 处出现的是 Si—O 键吸收峰,这是金尾矿粉中含石英的矿物,从图中比较不难发现 28d 时的 Si—O 键透过率比 3d 时低,这说明随着养护龄期延长,更多的 Si—O 键断裂,键能降低,使该吸收峰减弱,金尾矿粉充分参与反应,生成更多的 AFt 和 C-S-H。

993cm^{-1}和462cm^{-1}处出现的是硅酸盐、Si—O键及C-S-H凝胶吸收峰[38]，可以看出当养护龄期为28d时,吸收峰的伸缩振动频率变缓,逐渐锐化,这说明净浆试件硬化体系中的硅酸盐矿物更加复杂化和生成的C-S-H凝胶量增多。

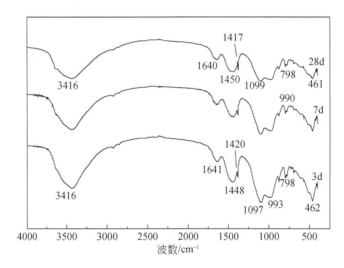

图4.28　胶凝材料净浆试件各养护龄期的FTIR谱图

3.胶凝材料净浆试件的SEM图分析

图4.29为金尾矿胶凝材料净浆试件水化过程的SEM图,图中左侧分别为试件3d、7d、28d的SEM图,右侧是与各龄期对应区域的局部放大SEM图。可以看出,胶凝材料养护龄期为3d时,出现大量的絮状和团簇状物质,分析认为这种处于非晶相的物质是C-S-H凝胶,说明水化反应正在进行且有水化产物生成。继续养护到7d龄期时,絮状的C-S-H凝胶初步定形,不再像3d龄期那样处于蓬松状态,同时发现有针棒状的物质存在,并穿插于C-S-H凝胶中,经分析这是AFt的晶体,两者相互混合交织共同形成了一个网络结构。从7d的SEM放大图中还可看出,整个空间中存在缝隙和硬化浆体密实度差的情况,这是由于水化反应还不充分,产生的水化产物数量有限。随着水化程度的加深,到28d龄期时,发现钙矾石晶体数量增多和尺寸变长,说明AFt结晶度变好,这与图4.27的XRD分析关于AFt衍射峰增强的现象吻合。从各龄期的微观结构图片中不难发现,与3d和7d相比,28d的水化反应更加充分,水化产物更加丰富,大量纤维状、针棒状和无定形的物质相互填充堆积,钙矾石又被C-S-H凝胶包覆,共同形成了一个密实而完整的硬化浆体体系,从而促进了胶凝材料净浆试件对Cl$^-$的固化作用。

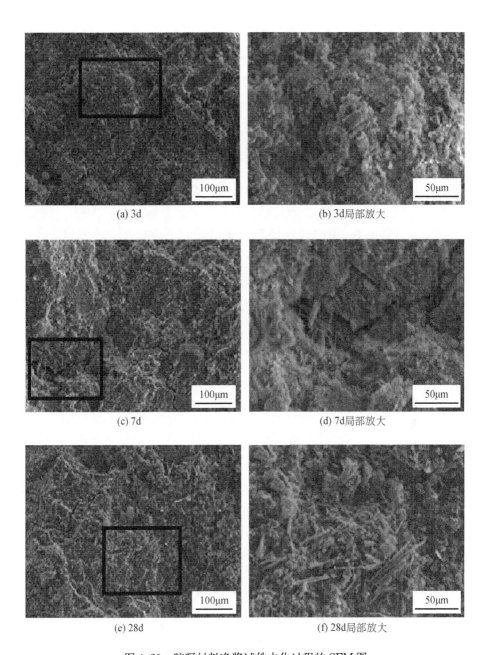

(a) 3d　　　　　　　　　　　(b) 3d局部放大

(c) 7d　　　　　　　　　　　(d) 7d局部放大

(e) 28d　　　　　　　　　　(f) 28d局部放大

图 4.29　胶凝材料净浆试件水化过程的 SEM 图

4.胶凝材料的固氯机理分析

结合上述金尾矿胶凝材料的水化反应机理及水化产物分析,胶凝材料净浆试件对 Cl^- 的固化机理可理解为:在水化反应过程中,水溶液中 Cl^- 与原料中的矿物共同发生化学反应,结合生成 Friedel's 盐,在水化反应中生成了氯铝酸钙($C_3A \cdot CaCl_2 \cdot 10H_2O$)类物质;水化产物中的 C-S-H 凝胶和 AFt 对 Cl^- 具有吸附固化作用,而 C-S-H 凝胶吸附作用很强烈;上述两者区别在于对 Cl^- 固化机理不同,前者属于化学固化而后者属于物理固化[39-42]。从 XRD 谱图中可以看出,有 Friedel's 盐、C-S-H 凝胶和 AFt 产物的生成,这是胶凝材料净浆试件对 Cl^- 固化较好的原因。另有研究发现,胶凝材料对 Cl^- 的固化还受矿物掺合料的影响,具体表现为矿物材料自身对 Cl^- 的结合能力,然后是掺合料的活性效应和填充作用。水化反应初期有 $Ca(OH)_2$ 存在,在此碱性条件下,Cl^- 还能与掺合料中的可溶出高活性 Al_2O_3 反应生成 Friedel's 盐[43]。最后生成的 Friedel's 盐和与未参与反应的矿物颗粒再共同堵塞孔隙,降低浆体的毛细孔隙率,改善其孔结构属性,起到很好的微集料作用。本试验使用的金尾矿粉可以消耗水泥熟料水化生成的 $Ca(OH)_2$,使得二次水化反应更充分,形成不易溶解、对 Cl^- 吸附性更好的低碱度、低钙硅比的 C-S-H 凝胶和数量更多的 AFt 产物,丰富的水化产物对浆体起到很好的充填作用,提高其密实性,从而降低游离 Cl^- 在孔隙中的传输效率,使得硬化浆体对 Cl^- 具有很好的固化作用,从图 4.29(e)和(f)可得到证实。

4.5　金尾矿胶凝材料制备混凝土研究

混凝土是由胶凝材料、骨料和水及外加剂按适当比例拌和并经一定时间养护硬化而成的,是建筑结构中应用最广泛、使用量最大的建设材料,在世界各地其利用率不断提高,在当今社会,混凝土逐步走向高强化和高性能化的发展趋势。胶凝材料和骨料作为混凝土的重要组成部分,是影响混凝土质量的主要因素,胶凝材料直接关系到混凝土强度的发展和后期耐久性,选用时应符合品种、强度等级和强度发展规律的要求,同时还应具有良好的体积安定性、与高效减水剂有很好的相容性等。骨料的性能和级配对混凝土拌合物的制备,混凝土强度发展、工作性及胶凝材料用量起到重要作用,级配良好的细骨料可减小胶凝材料用量,同时制得不泌水、不离析、和易性良好的混凝土拌合物,粗骨料压碎指标高,级配连续可使得孔隙率减小,增强界面黏结力等。因此,选用时砂宜为中砂,粗骨料应连续级配,这样可形成互补,合理填充,制得均匀密实的混凝土。由普通混凝土的应用经验可知,影响混凝土质量的因素还有原材料的质量、混凝土配合比及施工工艺等。

在我国使用最常见的是 42.5 强度等级的复合硅酸盐水泥,这类传统水泥逐渐被新型水泥所替代,如微粒水泥、球状水泥等,在水胶比不变的情况下,传统水泥标准稠度用水量大,水泥浆体流动性小,水灰比高,不利于混凝土强度的提升。胶凝材料作为混凝土胶凝作用的主要来源,其性能和掺量对混凝土的配制起着决定性作用,选择流动性好、早期反应性能低的胶凝材料更容易控制坍落度损失。因此,本章利用第 3 章固氯性能良好的金尾矿胶凝材料进行混凝土配制试验,研究金尾矿胶凝材料的各项性能和指标,并将其制备的混凝土与 P·C32.5 复合硅酸盐水泥制备的混凝土进行对比分析,使金尾矿胶凝材料配制出高性能混凝土。

4.5.1 金尾矿胶凝材料的性能测试

1.胶凝材料的制备

本节主要研究金尾矿胶凝材料的基本性能,使用的金尾矿粉原料由 4.3 节活化工艺得出,水泥熟料、矿渣及石膏由 4.2.4 节制备工艺得出,各原料比表面积分别为金尾矿粉 702m^2/kg、水泥熟料 355m^2/kg、矿渣 473m^2/kg、石膏 346m^2/kg。金尾矿胶凝材料各原料最优配合比由 4.3 节试验得出,将制备的原料按水泥熟料∶金尾矿粉∶矿渣∶石膏=37∶27∶27∶9(质量分数)的比例混合均匀,共同组成胶凝材料。

2.力学性能测试

金尾矿胶凝材料强度等级的划分参照水泥强度等级评定方法,即《水泥胶砂强度检验方法(ISO 法)》(GB/T 17671—1999)。试验结果如图 4.30 所示。

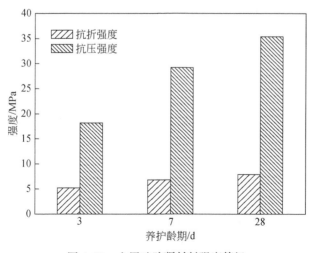

图 4.30 金尾矿胶凝材料强度等级

由图 4.30 试验结果可知,金尾矿胶凝材料 28d 抗压强度为 37.4MPa,与 42.5 硅酸盐水泥相比强度略低,但是通过分析得出胶砂试件各养护龄期强度均达到《通用硅酸盐水泥》(GB 175—2007)中规定的 P·C32.5 复合硅酸盐水泥标准(标准中要求 3d、28d 抗折强度分别大于等于 2.5MPa 和 5.5MPa,3d、28d 抗压强度分别大于等于 10MPa 和 32.5MPa),因此后续试验金尾矿胶凝材料的强度等级可按 P·C32.5 复合硅酸盐水泥强度等级来计,实测强度按 28d 的 37.4MPa 来计,因其制备的胶凝材料由各原料复合而成,组分较多,故对比试验用 P·C32.5 复合硅酸盐水泥进行。

3. 标准稠度用水量及凝结时间

标准稠度用水量是指以标准方法测定水泥净浆在达到标准稠度时所需的用水量与水泥的质量分数。金尾矿胶凝材料标准稠度用水量、凝结时间的测定参照《水泥标准稠度用水量、凝结时间、安定性检验方法》(GB/T 1346—2011)相关规定进行检验。结果见表 4.27。

表 4.27　胶凝材料标准稠度及凝结时间

胶凝材料	标准稠度/%	初凝/min	终凝/min
金尾矿胶凝材料	33.6	206	333
P·C32.5 复合硅酸盐水泥	25.2	138	215

由试验结果可知,金尾矿胶凝材料标准稠度用水量为 33.6%,比 P·C32.5 复合硅酸盐水泥标准稠度用水量大,说明该胶凝材料原料细度小,需水量大。用标准稠度用水量制备净浆试件,测得初凝时间为 206min、终凝时间为 333min,可知满足《通用硅酸盐水泥》(GB 175—2007)规范中复合硅酸盐水泥初凝时间不小于 45min、终凝时间不大于 600min 的国家标准规定要求。

4. 安定性试验

测定胶凝材料体积安定性,可作为评价胶凝材料质量的依据,胶凝材料在凝结硬化过程中体积变化不均匀视为体积安定性不合格,若胶凝材料硬化后体积发生不稳定变化,出现龟裂、崩溃或翘曲等现象,即可视为安定性不良,工程中安定性不良胶凝材料会使混凝土自身膨胀破坏,酿成工程安全事故。本试验同样依据《水泥标准稠度用水量、凝结时间、安定性检验方法》(GB/T 1346—2011),试验采用代用法。

(1)为尽可能提高准确度,试验分两组同时进行,在两块直径为 150mm 的玻璃板表面涂一层润滑油。

(2)将制备好的胶凝材料放在预先涂油的玻璃板上,玻璃板边轻微振动边用干净小刀由边缘向中间抹去,大致制成直径为 80mm、中心厚度为 10mm 的光滑试件。

(3)将制备好的试件随同玻璃板放入标准养护箱内蒸汽养护 24h 后,轻轻脱去玻璃板取下试件,后将试件放置在沸煮箱的试件架上,此过程保证水位淹没试件,随后在 30min 内加热至沸腾,并恒沸(180±5)min 后停止。

(4)沸煮结束后,打开箱盖,放掉煮沸用水,自然冷却至室温,随后取出试件观察判别。

试验时目测出试件未发现裂缝、体积变化明显等现象,直尺检验时试件底部平面与直尺重合无弯曲,故判定该金尾矿胶凝材料体积安定性合格。

5.胶凝材料与减水剂相容性试验

减水剂是配制混凝土的关键外加剂之一,减水剂掺量和胶凝材料用量之间要有合适的匹配,才能起到良好的吸附分散、润湿和润滑作用,制备出和易性良好的混凝土拌合物。减水剂与胶凝材料相容性良好的表现为:新拌混凝土工作性得到改善,流动度提高,密实性好,混凝土强度提高等。但用量过少难以达到使用目的,用量过多又会导致过度缓凝或离析等不良现象。

本试验探讨了金尾矿胶凝材料与 PC 减水剂的最佳掺量问题,按照《水泥与减水剂相容性试验方法》(JC/T 1083—2008)中的净浆流动度法进行试验。试验结果如图 4.31 所示。

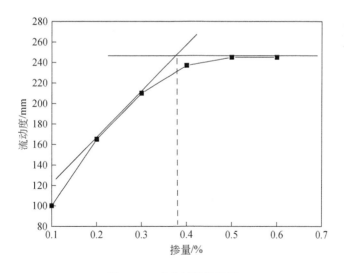

图 4.31　减水剂最佳掺量

从图 4.31 可以看出,随着 PC 减水剂掺量的增加浆体流动度不断增加,当 PC

减水剂掺量达到 0.5% 后,浆体流动度不再随 PC 减水剂掺量的增加而发生明显变化,说明掺量达到饱和,两曲线切线的交点为饱和掺量点,即 PC 减水剂在该胶凝材料中的最佳掺量为 0.38%,试验用时按 0.4% 计。

4.5.2　金尾矿胶材混凝土的制备

我国现行混凝土配合比设计主要按照《普通混凝土配合比设计规程》(JGJ 55—2011)的规定进行,以强度为指标,采用一种以经验为基础的半定量方法计算骨料用量,这种方法实质上是单一地确定水泥、骨料和水用量之间的比例关系,而现代高性能混凝土是由水泥、辅助胶凝材料、骨料、水和外加剂多种成分组成的,显然这种传统的混凝土配合比设计方法不再适用于成分复杂的胶凝材料。

混凝土配合比采用混凝土体积全计算法模型(见图 4.32),该模型使混凝土配合比设计更加科学、合理,全面地诠释了混凝土各组成材料之间的内在联系。

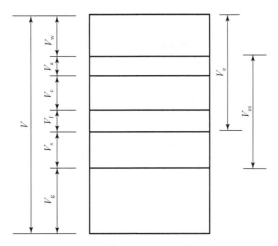

图 4.32　混凝土体积全计算法模型

V_a. 空气体积;V_c. 水泥体积;V_e. 浆体体积;V_{es}. 干砂浆体积;V_f. 细掺料体积;
V_g. 石子的体积;V_w. 水的体积;V_s. 砂的体积

1.混凝土配制强度计算

$$f_{cu,o} = f_{cu,k} + 1.645\sigma \tag{4.5}$$

式中,$f_{cu,o}$ 为混凝土配制强度,MPa;$f_{cu,k}$ 为混凝土立方体抗压强度标准值,MPa;σ 为混凝土强度标准差。混凝土配制等级与标准差 σ 按表 4.28 取值。

表 4.28　混凝土配置中 σ 标准差的选取

混凝土强度等级	σ
≤C20	4
C25~C45	5
C50~C55	6

2. 水与胶凝材料用量计算

1）水灰比计算

$$\frac{W}{C} = \frac{\alpha_A f_{ce}}{f_{cu,o} + \alpha_A \alpha_B f_{ce}} \tag{4.6}$$

式中，W 为水的质量，kg/m^3；C 为胶凝材料的质量，kg/m^3；f_{ce} 为胶凝材料 28d 实测强度，MPa；$f_{cu,o}$ 为混凝土配制强度，MPa；α_A、α_B 为回归系数。

2）用水量计算

根据水灰比计算公式（4.6）和混凝土体积全计算法公式（4.7），可推算出用水量公式（4.8）。

$$f_{cu,o} = \alpha_A f_{ce}\left(\frac{C}{W} - \alpha_B\right) \tag{4.7}$$

$$V_e = V_w + V_c + V_f + V_a \tag{4.8}$$

$$V_w = \frac{V_e - V_a}{1 + \dfrac{1}{(1-x)\rho_c + x\rho_f}\left(\dfrac{f_{cu,o}}{\alpha_A f_{ce}} + \alpha_B\right)} \tag{4.9}$$

式中，V_e 为浆体体积，m^3；V_a 为空气体积，m^3；ρ_c 为水泥密度，g/m^3；ρ_f 为矿物掺合料密度，g/m^3；x 为矿物掺合料占胶凝材料的体积分数。

3）胶凝材料用量计算

$$V_c = \frac{V_w}{W/C} \tag{4.10}$$

3. 砂石用量计算

由图 4.32 混凝土体积全计算法模型可知，石子间孔隙由干砂浆来填充，因此每立方米混凝土干砂浆体积可根据石子堆积密度和表观密度推导出式（4.11），砂石体积可根据混凝土体积模型得出式（4.12）和式（4.13）。

$$V_{es} = 1000\left(1 - \frac{\rho_g'}{\rho_g}\right) \tag{4.11}$$

$$V_s = V_{es} - V_e + V_w \tag{4.12}$$

$$V_g = 1000 - V_{es} - V_w \tag{4.13}$$

式中，ρ_g' 为石子堆积密度，g/cm^3；ρ_g 为石子表观密度，g/cm^3。

砂石用量分别为

$$M_s = V_s \rho_s \tag{4.14}$$
$$M_g = V_g \rho_g \tag{4.15}$$

4.5.3 金尾矿胶材混凝土的性能测试

1. 金尾矿胶材混凝土试件的制备

混凝土配合比设计除满足结构设计的强度等级要求外,还需使混凝土拌合物具有良好的和易性、经济合理性,满足工程所处环境对混凝土耐久性的要求。试验根据全计算法设计了C30、C40强度等级的混凝土配合比,其中C30金尾矿胶材混凝土的水胶比为0.44,C40金尾矿胶材混凝土的水胶比为0.35,减水剂占胶凝材料的0.4%。本试验同时用P·C32.5复合硅酸盐水泥作为对比,水泥用C代替,金尾矿胶凝材料用G代替,具体配合比计算结果见表4.29。

表 4.29 金尾矿胶材混凝土配合比方案

强度等级	胶凝材料/(kg/m³)	水/(kg/m³)	砂子/(kg/m³)	石子/(kg/m³)	减水剂/(kg/m³)
C30	405	178.5	685	978.7	1.62
C40	456.5	169	631	1030	1.83

试验根据表4.29混凝土配合比称量已准备就绪的各种物料,试验时按配合比并按比例进行10L拌和,试验方式为人工进行,按标准拌和均匀后,将料浆装入尺寸为100mm×100mm×100mm的塑料模具中,然后置于混凝土振动台,振动时间为1~2min,振动密实后用保鲜膜覆盖防止水分蒸发,试验全部完成后再移入养护箱。

2. 金尾矿胶材混凝土和易性测试

混凝土拌合物和易性是混凝土的重要技术指标之一,和易性是指混凝土拌合物易于施工操作(拌和、运输、浇注和捣实)并能获得质量均匀、成型密实的性能,包括流动性、黏聚性、保水性三个方面,工程中又称为工作性。混凝土拌合物制备及和易性依据4.2.3节测试方法严格进行,按表4.29混凝土配合比制备混凝土拌合物,采用坍落度法表征混凝土拌合物流动度,测试结果见表4.30。

表 4.30 金尾矿胶材混凝土和易性测试结果

试件编号	强度等级	胶凝材料	坍落度/mm	黏聚性	保水性
1	C30	C	245	良好	轻微泌水
2	C30	G	225	良好	良好
3	C40	C	233	良好	轻微泌水
4	C40	G	205	良好	良好

由表 4.30 可以看出,金尾矿复合胶凝材料配制 C30 和 C40 强度等级的混凝土坍落度分别为 225mm 和 205mm,符合该强度等级下坍落度为 200～250mm 的要求,属于大流动性混凝土类别。与 P·C32.5 复合硅酸盐水泥配制的混凝土相比坍落度略低,但是黏聚性、保水性能良好,由此说明该胶凝材料配制的混凝土和易性优于水泥配制的相同混凝土,具有很好的工作性能。

3. 不同养护龄期强度测试

本试验依据前面 4.2.3 节所述普通混凝土力学性能试验方法标准的规定进行试验,按表 4.29 混凝土配合比成型 100mm×100mm×100mm 混凝土立方体试件,养护脱模后再放入温度为 (20±1)℃、相对湿度为 95% 的养护箱中分别养护 3d、7d、28d,测试其抗压强度,如图 4.33 所示。试验结果见表 4.31。

(a) 破坏前　　　　　　　　　　　　　　　　(b) 破坏后

图 4.33　混凝土抗压强度试验

表 4.31　金尾矿胶材混凝土抗压强度测试结果

试件编号	强度等级	胶凝材料	3d 抗压强度/MPa	7d 抗压强度/MPa	28d 抗压强度/MPa
1	C30	C	14.1	25.5	36.0
2	C30	G	11.8	27.2	35.6
3	C40	C	15.4	30.1	48.3
4	C40	G	12.2	28.4	45.4

从表 4.31 可以看出,金尾矿胶凝材料配制的相同混凝土在养护 3d 和 7d 的抗压强度分别略低于水泥混凝土,说明在前期金尾矿胶凝材料配制的混凝土强度提升不如水泥迅速,发展缓慢,随着养护时间的延长,配制的 C30、C40 混凝土 28d 抗压强度分别为 35.6MPa 和 45.4MPa,强度逐步赶上水泥混凝土。金尾矿胶凝材料

配制的混凝土在初期和后期抗压强度总体还是略低于 P·C32.5 复合硅酸盐水泥，但是能达到配制目标强度等级要求。

4.5.4　金尾矿胶材混凝土的耐久性测试

耐久性是混凝土设计的一个重要指标，它是指暴露在一定环境条件下抵抗多种物理作用和化学作用破坏的能力。现在高性能混凝土并不单单是指强度高，而应该从混凝土结构安全性出发，满足符合一定环境条件的服役年限和使用寿命。

1.金尾矿胶材混凝土的抗 Cl^- 渗透性

混凝土抗 Cl^- 渗透性是耐久性众多内容中的一种，耐久性这一综合概念包括抗冻性、抗碳化性、抗侵蚀性、抗碱骨料反应、抗 Cl^- 渗透性等，这里它主要指的是在抗 Cl^- 侵蚀方面的能力，它虽然不能完全代表混凝土耐久性，但是却能间接判断出混凝土结构的耐久性。

本章以金尾矿制备的胶凝材料，目的在于其固化 Cl^- 效果高于普通水泥，然后用于混凝土中，使混凝土具有很好的抗 Cl^- 渗透能力，以获得耐久性优异的混凝土。本章存在的不完美之处在于未将已制备的混凝土进行抗 Cl^- 渗透性试验，未对其做出相应的抗渗等级评价。故以下总结了关于混凝土抗 Cl^- 渗透性的评价方法和指标，并提出了提升混凝土耐久性的有益措施。

1)电通量法

电通量法主要是指 ASTMC1202 直流电量法，该法于 1981 年由 Whiting 最先提出，并率先被美国采用[44]。该方法测试原理为一定厚度的饱水混凝土，在 60V 直流电压下其 6h 内通过的电量大小来评价混凝土渗透性。具体操作方法为：将混凝土试件切割成直径 100mm×50mm 的两个平行面，然后置于真空条件下浸水饱和，两端安装铜网置于试验箱，正负极分别浸入 0.3% NaOH 溶液和 3% NaCl 溶液，随后待通电测试。电通量法对混凝土抗 Cl^- 渗透能力的评价标准见表 4.32。

表 4.32　ASTMC1202 电通量法对混凝土抗 Cl^- 渗透能力的评价标准

6h 总导电量/C	Cl^- 渗透性
＞4000	高
2000～4000	中
1000～2000	低
100～1000	极低
＜100	忽略不计

2)NEL 法

NEL 法测试原理为将饱盐混凝土试件在 NEL 型 Cl^- 扩散系数测试系统下测

定 Cl⁻ 扩散系数。制样步骤为:切割标准养护混凝土制成三块 100mm×100mm×50mm 尺寸的试件,将试件置于 4mol/L NaCl 溶液进行真空饱盐,饱盐完成后待测。该方法对混凝土抗 Cl⁻ 侵蚀能力的评价标准见表 4.33。

表 4.33　NEL 法评价标准

Cl⁻ 扩散系数/($\times 10^{-14}$ m²/s)	混凝土渗透性
>1000	Ⅰ(很高)
500~1000	Ⅱ(高)
100~500	Ⅲ(中)
50~100	Ⅳ(低)
10~50	Ⅴ(很低)
5~10	Ⅵ(极低)
<5	Ⅶ(忽略不计)

3)提高抗 Cl⁻ 渗透性途径

首先,控制通过依靠减水剂降低水胶比,尽可能地合理利用胶凝材料用量,以解决混凝土因胶凝材料过多而引起的体积稳定性差的问题,增强混凝土密实性,在利用减水剂时还可复合一定用量的引气剂,保证混凝土具有一定的含气量,使混凝土中内部应力让封闭小气泡缓解,从而抑制裂缝的产生或扩张。

其次,当胶凝材料种类无法选择时,可以选取级配良好的骨料,降低浆体和骨料之间的比例,以达到减少拌和用水与胶凝材料浆量的目的,选取骨料时,还需按照《混凝土结构耐久性设计规范》(GB/T 50476—2008)严格控制其含碱量,以防止混凝土发生碱骨料反应。

最后,水泥或混凝土中大比例使用矿物掺合料,活性矿物细粉的掺入可以改善新拌混凝土的工作性、提高混凝土密实度、降低初期水化热,减少收缩裂缝、消耗碱性水化产物 $Ca(OH)_2$,充分发挥掺合料火山灰作用效应,保证混凝土后期力学性能和耐久性的提升。

2.金尾矿胶材混凝土的收缩性能测试

本试验依据测试方法 4.3.3 节中的第五点进行,利用金尾矿胶凝材料和 P·C32.5 复合硅酸盐水泥按表 4.29 配合比分别制备两组标准棱柱体试件,尺寸为 100mm×100mm×515mm。测基准前置于标准养护箱养护,养护温度(20±1)℃,相对湿度为 95%,测基准后置于标准干缩箱养护,干缩条件为温度(20±2)℃,相对湿度为(60±5)%。相应龄期后使用 HSP-540 型混凝土收缩膨胀仪(精度 0.001mm)测试取值,试验数据结果见表 4.34。

表 4.34　试件在不同龄期的收缩长度取值

试验组编号	等级	基准	收缩长度/mm						
			1d	3d	7d	14d	28d	60d	90d
1	C30	0.354	0.406	0.443	0.463	0.473	0.480	0.485	0.491
2	C30	0.361	0.395	0.430	0.450	0.471	0.482	0.486	0.491
3	C40	0.301	0.360	0.403	0.427	0.434	0.438	0.444	0.447
4	C40	0.524	0.562	0.597	0.620	0.636	0.650	0.654	0.658

　　根据表 4.34 试验结果，按规范中计算公式计算混凝土收缩值，并绘制其值与养护龄期变化的关系曲线，如图 4.34 所示。

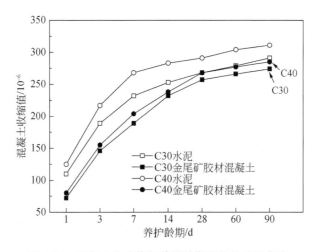

图 4.34　混凝土收缩值与养护龄期变化的关系曲线

　　由图 4.34 可以看出，金尾矿胶材混凝土各龄期收缩值低于 P·C32.5 复合硅酸盐水泥配制的同强度等级混凝土，说明金尾矿胶材混凝土具有较低的收缩性，抗裂风险能力比水泥配制的混凝土强。通过分析结果可以看出，混凝土强度等级越高，收缩越大，这是由于强度等级高的混凝土水胶比较小，使得毛细孔中自由水量减少，减小了临界半径，毛细孔内负压作用相对升高，导致混凝土收缩增大。另外，混凝土收缩是一直进行的，混凝土收缩大致分为两个阶段，1~14d，混凝土收缩发展相对剧烈，可划分为快速增长期；14~90d，混凝土收缩发展相对缓慢，可划分为趋于稳定期。在快速增长期内，不难发现与水泥相比，金尾矿胶材混凝土在硬化初期就具有很低的收缩值（C40：80×10^{-6}），且收缩变化曲线斜率比水泥低，收缩增幅比水泥低。在 1d、3d、7d、14d、28d、60d 和 90d 龄期时，与水泥相比，金尾矿胶凝材料配制的 C30 混凝土收缩值分别降低了 34.53%、27.75%、18.53%、8.3%、4.10%、4.66% 和 7.90%，C40 混凝土收缩值分别降低了 36.0%、28.57%、

23.88％、15.90％、7.90％、8.88％和 8.36％。金尾矿胶材混凝土收缩值较低的主要原因有：一是金尾矿粉中存在不参与体系水化反应的矿物颗粒；二是金尾矿粉在混凝土中二次水化反应需要时间。因此，胶凝材料中相对含量较少的水泥熟料与其他原料协同参与早期水化反应，生成了数量较少的水化产物，使得化学收缩减弱和自身减缩量减少，相应的收缩值减小。14d 以后，金尾矿胶材混凝土收缩仍在继续，而此时水泥配制的混凝土收缩相对平缓，由此说明金尾矿粉在胶凝材料中的活性效应比水泥缓慢得多，60d 以后，各试件收缩值增幅均减小。

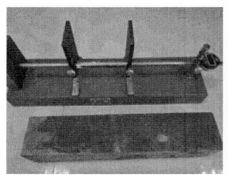

图 4.35　混凝土收缩试验

4.6　结　　论

（1）陕西省山阳秦鼎金尾矿的主要组成矿物有方解石、石英、白云石及少量的高岭石和斜长石，其硅铝比极高，具有火山灰质类原材料特征，但因其惰性组分较多，反应活性几乎没有，潜在活性的激发还需借助一定的外部条件，才能达到水泥混合材料的使用要求。

（2）研究发现，运用常规的机械粉磨方式不易将其活化，单纯依靠机械力作用只能改变金尾矿颗粒的粒径分布，并降低其组成矿物的结晶度，并不能改变矿物组成。通过活性测定，粉磨 60min 活性指数为 65.38％，反应活性较低，且不同粉磨时间金尾矿粉对水泥材料固氯性能提升并不明显。

（3）通过对金尾矿粉的热活化处理，金尾矿粉活性提升较大，但又发现煅烧温度不宜过高，否则会有其他矿物分解产生的 CaO 消耗活性 SiO_2 和 Al_2O_3 且形成莫来石，都将导致活性降低。试验确定经过粉磨 60min 再经 750℃热活化处理 1h 的金尾矿粉活性最好，28d 龄期对水泥材料 Cl^- 固化量为 4.72mg/g，相比纯水泥提升了 7.3％。

（4）通过单因素试验和正交优化试验，确定金尾矿原料最佳活化工艺为机械粉磨

75min 后再 750℃高温煅烧 1h。胶凝材料中最佳配合比为：水泥熟料（355m²/kg）：金尾矿粉（702m²/kg）：矿渣（473m²/kg）：石膏（346m²/kg）＝37：27：27：9。28d 龄期金尾矿胶凝材料净浆试件 Cl⁻ 固化量为 5.07mg/g，高于纯水泥固化量（4.40mg/g）。

（5）胶凝材料中金尾矿粉、水泥熟料、矿渣和石膏的相互协同激发作用，使各原料粒级和活性充分发挥，形成了丰富的水化产物 Friedel's 盐、AFt 及 C-S-H 凝胶，促进了水化过程中矿物与 Cl⁻ 的化学结合和水化产物对 Cl⁻ 的物理吸附。同时大量的水化产物互相穿插交织，未参与反应的极细颗粒微粉的填充作用，使得胶凝材料硬化体系更加完善，又进一步降低了游离 Cl⁻ 在孔隙中的传输能力。

（6）以金尾矿胶凝材料配制的 C30、C40 等级混凝土，28d 抗压强度分别为 35.6MPa、45.4MPa，满足不同强度等级的要求，且混凝土工作性良好，收缩值低，抗 Cl⁻ 渗透性强，具有较好的耐久性。

参 考 文 献

[1] Aïtcin P C. Cement of yesterday and today—Concrete of tomorrow[J]. Cement and Concrete Research,2000,30(9):1349-1359.

[2] 吴中伟,陶有生. 中国水泥与混凝土工业的现状与问题[J]. 硅酸盐学报,1999,(6):734-738.

[3] 吴中伟. 绿色高性能混凝土的发展方向[J]. 混凝土与水泥制品,1998,(1):3-6.

[4] Purdon A O. The action of alkalis on blast-furnace slag[J]. Journal of the Society of Chemical Industry,1940,50:191-202.

[5] Glukhovsky V D,Rostovskaja G S S,Rumyna G V. High strength slag-alkaline cements [C]//Proceedings of the 7th International Congress on the Chemistry of Cement,Paris,1980:164-168.

[6] Davidovits J. Geopolymers: Inorganic polymeric new materials[J]. Journal of Thermal Analysis and Calorimetry,1991,37:1633-1656.

[7] Davidovits J. Geopolymeric concretes for enviromental protection[J]. Concrete International,1990,12(7):30-40.

[8] 孙恒虎,李化建,李宇,等. 凝石材料:原理与意义[J]. 建设科技,2004,(13):30-32.

[9] 杨南如. 何谓一类新的胶凝材料[J]. 中国水泥,2005,(10):18-20.

[10] 王朝强,刘川北. 煤矸石-矿粉无熟料水泥的制备及性能研究[J]. 绿色建筑,2014,(5):89-90.

[11] 段瑜芳,王培铭. 煤矸石-矿渣无熟料水泥基材料的研究[J]. 粉煤灰综合利用,2008,(2):9-11.

[12] 倪文,张玉燕,郑永超,等. 一种利用铁尾矿生产混凝土活性掺合料的方法:中国,200710118711.9[P]. 2007-06-20.

[13] 郑永超,倪文,张旭芳,等. 用细粒铁尾矿制备细骨料混凝土的实验研究[J]. 金属矿山,2009,(12):151-153.

[14] Wu P C,Wang C L,Zhang Y P,et al. Properties of cementitious composites containing

active/inter mineral admixtures[J]. Polish Journal of Environmental Studies,2018,27(3):
1323-1330.

[15] 赵向民,王长龙,郑永超,等.含粉煤灰或铁尾矿粉复合胶凝材料性能的研究[J].煤炭学报,
2016,41:229-234.

[16] 葛会超,吕宪俊,刘磊,等.新型尾矿胶凝材料的实验研究[J].有色矿冶,2006,(S1):16-18.

[17] 殷佰良,周晓谦.尾矿胶结材料研究进展[J].现代矿业,2009,25(3):4-7.

[18] 刘文永,张长海,许晓亮,等.用铁尾矿烧制胶凝材料的实验研究[J].金属矿山,2010,(12):
175-178.

[19] 张宏志,王逢时,艾力亚尔·艾力,等.铜尾矿改性制作胶结材料可行性的初探[J].科技创新
导报,2014,(11):75-76.

[20] 朴春爱,王栋民,张力冉,等.化学-机械耦合效应对铁尾矿粉胶凝活性的影响[J].应用基础
与工程科学学报,2016,24(6):1100-1109.

[21] Thomas M D A,Bamforth P B. Modelling chloride diffusion in concrete effect of fly ash and
slag[J]. Cement and Concrete Research,1999,29(4):487-495.

[22] Tang L,Nilsson L O. Chloride binding capacity and binding isotherms of OPC pastes and
mortars[J]. Cement and Concrete Research,1993,23(2):247-253.

[23] Jain J A,Neithalath N. Chloride transport in fly ash and glass powder modified concretes-in-
fluence of test method on microstructure[J]. Cement and Concrete Research,2010,32(2):
148-156.

[24] Song H W,Lee C H,Ann K W. Factors influencing chloride transport in concrete structures
exposed to marine environments [J]. Cement and Concrete Composites, 2008, 30 (2):
113-121.

[25] Delagrave A,Marchand J,Ollivier J P,et al. Chloride binding capacity of various hydrated
cement paste systems[J]. Advanced Cement Based Materials,1997,6(1):28-35.

[26] 胡红梅,马保国.矿物功能材料的氯离子结合能力[J].建筑材料学报,2004,7(4):406-409.

[27] 勾密锋,管学茂,张海波.水化程度对水泥基材料固化氯离子的影响[J].材料导报,2011,
25(10):125-127.

[28] 刘莉君,付艳红,王纪镇,等.陕西某金矿选矿实验研究[J].西安科技大学学报,2017,
37(1):121-126.

[29] Takahashi H. Effect of dry grinding on kaolin minerals:Ⅰkaolinite[J]. Bulletin of the
Chemical Society of Japan,1959, 32(3):235-245.

[30] 易忠来,孙恒虎,李宇.热活化对铁尾矿胶凝活性的影响[J].武汉理工大学学报,2009,
31(12):5-7.

[31] Mak S L. Thermal reactivity of slag cement binders and the response of high strength
concretes to in-situ curing conditions[J]. Materials and Structures,2000,33(1):29-37.

[32] 郑永超,倪文.高硅铁尾矿制备高强混凝土的实验研究[J].建筑技术,2011,41(4):
369-370.

[33] 郑永超,倪文,郭珍妮,等.铁尾矿制备高强结构材料的实验研究[J].新型建筑材料,2009,

(3):8-10.

[34] 崔孝伟,狄燕清,南宁,等. 掺钼尾矿高性能混凝土的制备[J]. 金属矿山,2017,(1):192-196.

[35] 王绍东,王智. 水泥组分对混凝土固化氯离子能力的影响[J]. 硅酸盐学报,2000,12(16):570-574.

[36] 张吉秀,孙恒虎,万建华,等. 煤矸石胶凝材料水化产物及聚合度分析[J]. 中南大学学报,2011,42(2):329-335.

[37] Hanna R A, Barrie P J, Cheeseman C R, et al. Solid state ^{29}Si and ^{27}Al NMR and FTIR study of cement pastes containing industrial wastes and organics[J]. Cement and Concrete Research,1995,25(7):1435-1444.

[38] Yu P, Kirkpatrick R J, Poe B, et al. Structure of calcium silicate hydrate(C-S-H):Near-, mid-, and far-, infrared spectroscopy[J]. Journal of the American Ceramic Society,1999,82(3):742-748.

[39] 曹青,谭克锋. 水泥基材料氯离子固化能力的研究[J]. 武汉理工大学学报,2009,31(6):24-27.

[40] Arya C, Buenfeld N R, Newman J B. Factors influencing chloride binding in concrete[J]. Cement and Concrete Research,1990,20(2):291-300.

[41] Zibara H, Hooton R D. Influence of the C/S and C/A ratios of hydration products on the chloride ion binding capacity of lime-SF and lime-MK mixtures[J]. Cement and Concrete Research,2008,38(3):422-426.

[42] 王晓刚,史才军,何富强,等. 氯离子结合及其对水泥基材料微观结构的影响[J]. 硅酸盐学报,2013,41(2):187-198.

[43] 胡红梅,马保国. 矿物功能材料对混凝土氯离子渗透性的影响[J]. 武汉理工大学学报,2004,(3):19-22.

[44] 孙文标,孙恒虎,王岩,等. 凝石混凝土的抗氯离子渗透性能研究[J]. 稀有金属材料与工程,2007,(S2):571-573.

第5章　钒钛铁尾矿粉作为掺合料制备预拌混凝土的研究

5.1　概　　述

5.1.1　钒钛铁尾矿的应用背景及意义

作为选矿过程中产生的工业固体废弃物,尾矿产出量大,综合利用率低,已经成为我国经济社会发展中不可忽略的重要问题。大批尾矿堆积造成资源的严重浪费,且对土壤、水、空气造成污染,还占用大量土地,更产生了极大的安全隐患。从目前看,尾矿堆存引发的一系列问题,必须依靠二次资源的大宗利用来根本解决,这也是解决矿产资源短缺和发展矿山循环经济的有效途径,所以世界各国都很重视尾矿等二次资源开发利用。

河北省承德市矿产资源丰富,共发现矿产98种,已探明储量的有55种,已开发利用的有50种。承德市是我国钒钛铁矿的主要产地。受国内外钢铁市场的影响,承德市的钒钛铁矿被大量开发,在矿产开采、选矿过程中堆存了大量钒钛铁尾矿。近年来,国内学者在钒钛铁尾矿的综合利用中,开展了尾矿制备加气混凝土、硅钙板、微晶玻璃等方面的研究。如王修贵等[1]利用钒钛铁尾矿制备了耐硫酸盐侵蚀性能与抗渗透性能优良的高强混凝土制品;倪文等[2]用钒钛铁尾矿制作玻化砖。

用尾矿制备混凝土胶凝材料,是规模化应用尾矿的一个重要方面。现代建筑技术的发展对混凝土性能,如耐高温性能、耐久性、透水性等,提出了更高要求。因此,单一水泥组分的胶凝体系已不再满足现在混凝土技术要求,越来越多的科研人员提出了采用尾矿制备混凝土胶凝材料。这些利用尾矿制备混凝土胶凝材料的研究,有利于改善混凝土胶凝材料的性能,提高矿物掺合料使用率。

钒钛铁尾矿是钒钛磁铁矿经过破碎、磨矿,选出铁、钒、钛等有价组分后,产生的钒钛铁尾矿工业固体废弃物。我国有两大钒钛磁铁矿基地。承德的钒钛磁铁矿初步探明储量约为100亿t,按照钒钛铁尾矿产率约为90%,将产生90亿t的钒钛铁尾矿。钒钛铁尾矿综合利用主要包括五个方面:①钒钛铁尾矿再选;②钒钛铁尾矿生产建筑材料;③钒钛铁尾矿充填矿山采空区;④钒钛铁尾矿库复垦;⑤钒钛铁尾矿制作肥料。目前,钒钛铁尾矿综合利用发展十分缓慢,未能发挥钒钛铁尾矿的经济价值,而且带来了一系列环境问题。因此,如何实现钒钛铁尾矿的综合利用成为需要认真研究的一个方向。

5.1.2　国内外研究现状

1. 铁尾矿的国内外研究现状

1)国内铁尾矿的研究现状

铁尾矿的治理与综合利用一直是工业固体废弃物研究要解决的一个重点问题。目前,铁尾矿综合利用共有五个方向,铁尾矿再选、铁尾矿生产建筑材料、铁尾矿用于制作肥料、铁尾矿充填矿山采空区、尾矿库复垦,如图 5.1 所示。

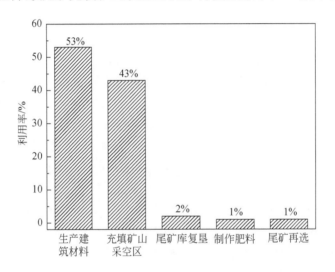

图 5.1　铁尾矿的综合利用

(1)铁尾矿再选,实现资源的二次利用。王花等[3]对铁尾矿进行了系统的回收硫试验研究,对选硫的粗选条件进行优化,采用两粗一精一扫的浮选流程,可获得品位为 48.36%、回收率为 83.93%、产率为 26.68% 的硫精矿。牛福生等[4]对某铁尾矿进行了回收钛的研究,采用磨矿—强磁—浮选流程从铁尾矿中回收钛,获得品位为 48.36%、回收率为 44.78% 的钛精矿。韦敏等[5]开展了铁尾矿浮选回收石墨的试验研究,获得碳品位 65.29%、回收率 52.85% 的石墨精矿。闫毅等[6]、袁致涛等[7]和李强等[8]分别开展了从铁尾矿中回收铁的研究,回收率都较好,创新了铁尾矿回收工艺。刘书杰等[9]对云南某富镁铁尾矿开展了综合回收伴生铜锌的选矿试验研究,采用铜、锌顺序优先浮选—铜、锌精选回路分别产出尾矿的工艺流程处理该矿石,获得的铜精矿中铜品位 27.34％、含锌 6.72％、铜回收率为 57.25％,锌精矿中锌品位 48.51％,为开发利用该类型富镁含低品位铜、锌的复杂铁多金属矿石提供了技术依据。上述这些研究表明,通过铁尾矿再选,创新铁尾矿回收工艺和方法,实现铁尾矿中有价组分钒、钛、硫、铁、石墨、铜、锌等的回收,技术上完全可行。以上研究能有较好的收益预期,为实现铁尾矿的二次资源化,提高其经济效益提供了坚实基础。

(2)可以用铁尾矿生产建筑材料,如混凝土。曹永民等[10]以本溪铁尾矿为主要原料制备 C25 混凝土,其中铁尾矿利用率为 40％。徐跃峰等[11]利用铁尾矿替代河砂制备出高强结构管材材料,其中管材里的铁尾矿掺量可以达到 30％。蔡基伟等[12]利用铁尾矿和废石作为骨料,制备工作性和泌水性均良好的 C70 混凝土,而且可以达到混凝土泵送要求。王冬卫等[13]的研究得出 C20～C55 铁尾矿混凝土轴心抗压强度与立方体抗压强度的比值范围为 0.8～0.9。天然砂石混凝土的坍落度大于尾矿废石混凝土(相同的水灰比、外加剂用量、用水量);铁尾矿废石混凝土的黏聚性和保水性略差于天然砂石混凝土,而泵送指标相近(当配合比和坍落度相同时)。用铁尾矿制备超高强性能混凝土时要注意,由于铁尾矿比表面积较大且表面粗糙,铁尾矿的掺量与大孔隙率的增加呈正比关系,在全部替代天然砂时,新拌混凝土的需水量增大,流动性降低,抗压强度降低;当替代量小于 40％时,其 90d 抗压强度比全部天然砂制备的混凝土低 8％,抗折强度增长 11％。

除混凝土外,铁尾矿还用来制作微晶玻璃、陶粒、烧结砖等建筑材料。王长龙等[14]以固体废弃物煤矸石和铁尾矿为硅质原料,采用熔融法浇铸制备微晶玻璃,对微晶玻璃的力学性能进行测试,探讨了微晶玻璃微观结构对力学性能的影响。陈晓玲[15]用以安徽省低硅铁尾矿为主要原料,采用烧结法研究微晶玻璃的制备,确定了制备低硅铁尾矿微晶玻璃的较佳熔制工艺参数和基础配方。孙强强等[16]以低硅铁尾矿为主要原料,采用烧结法研制微晶玻璃,为低硅铁尾矿的利用开辟了一条新的途径。李晓光等[17]用低硅铁尾矿制备出烧结型轻质陶粒,其堆积密度705kg/m³,表观密度 1612kg/m³,吸水率 9.67％,筒压强度 6.81MPa。陈永亮[18]将铁尾矿烧结砖的烧结过程分为干燥预热、加热、烧成及冷却四个阶段。初期以固相表面的扩散传质为主,中后期以熔融液相作用下的固体颗粒重排和塑性流动传质为主,熔融液相对铁尾矿砖坯的烧结致密及固相反应起到重要的促进作用。马爱萍等[19]以铁尾矿为主要原料,以珍珠岩为骨料添加剂,以普通硅酸盐水泥为胶凝材料,研制出新型轻质保温砖;又以铁尾矿为主要原料,以普通硅酸盐水泥为胶凝材料,配以矿石子以及各种外加剂,在常温、常压条件下养护制成混凝土多孔砖。以上研究表明,以铁尾矿为主要原料,在建筑材料方面,有广泛的应用前景。

(3)用铁尾矿制作肥料。铁尾矿中富含利于植物生长、促进土壤营养组分转化吸收和质量优化的微量元素,可用于制作肥料。丁文金等[20]以选铁尾矿粉为磁性材料,在 8000mT 场强下磁化 10s 生产的磁化复混肥料磁化效果最佳,且有害元素含量均低于国家复混肥料标准,不会对土壤产生重金属污染和影响作物品质。郭腾等[21]提出,铁尾矿中含有一定量的 Fe、Zn、Mn、Cu 等微量元素,是植物生长所必需的微量元素,可掺入一定比例的 N、K、P 等元素,生产出磁尾复合肥,对于植物的生长十分有利。Wu 等[22]用磷铁尾矿、硫酸、尿素直接加工成含有缓释作用的氮磷钾硫多元粒状复合肥,对水稻、花生、玉米等作物经大田试验,获得较好的增产效果。夏洪波等[23]用铁尾矿库回采的铁尾矿为原料,通过加工、精准分离和无害化处理,将 80% 的铁尾矿制成建设用砂原料、铁精粉等产品,而剩余 20% 的无害化尾渣作为原料用于生产纳米生态缓释肥料和纳米-亚微米生态修复功能材料,实现了铁尾矿无害化处理。这些研究,主要依据不同铁尾矿的矿物成分,加以有效利用,制备成农作物生长需要的肥料,促进植物更好生长,实现了铁尾矿生态利用。

(4)利用铁尾矿作为填充材料充填矿山采空区。这能够降低企业的生产成本,对解决铁尾矿污染,降低矿山安全隐患具有重要意义。铁尾矿填充新技术有代表性的是全尾砂胶结充填技术和高水固结充填采矿法两种。纪宪坤等[24]针对铁尾矿特性开发了专用胶结充填固化剂,固化剂用量低而且性能优异,能大幅度降低充填成本。在冀南地区,符山矿铁选厂对铁尾矿利用“废石＋选矿厂铁尾矿填充”的技术方案进行采空区进行充填,充填效果较好。张晋霞等[25]以矿渣和铁尾矿为原料,氢氧化钠为激发剂,工业液体硅酸钠作结构模板剂制备了矿山充填胶结材料,得出了物料最佳配合比。通过这些研究可以看出,我国铁尾矿充填技术已经比较成熟,利用铁尾矿充填矿山采空区,既可以解决矿山充填原料来源,又能够解决或部分解决尾矿的排放问题,一举两得,是解决铁尾矿排放问题的有效途径。

(5)铁尾矿库复垦。铁尾矿库复垦包括三大阶段:①规划设计阶段;②工程实施阶段,即工程复垦阶段;③工程复垦后的改善及其管理阶段。通常情况下对工程实施阶段进行着重研究。刘惠欣等[26]采用铁尾矿盆栽法对接种丛枝菌根真菌的大豆生长、菌根侵染率及尾矿养分变化进行了研究,通过试验,接种丛枝菌根真菌对促进大豆在铁尾矿中效果显著,对提高大豆对尾矿中营养物质的吸收以及尾矿生态复垦起到了积极作用。郭素萍等[27]以河北省临城县南沟村铁尾矿砂废弃迹地为试材,通过田间调查和室内测定相结合的试验方法,对不同复垦措施对苹果幼树生长发育以及铁尾矿砂废弃地治理效果的影响进行了研究,通过试验发现了壤土与铁尾矿砂混合填充地的苹果幼树长势良好。付文昊等[28]采用了在铁尾矿上进行土壤改良的试验方法,发现能明显提高土壤中有机质含量,改善土壤肥力状况,土壤全量养分也发生了一定的变化,全氮、全钾、全镁含量增加。上述研究有利于矿区生态恢复,保护了土壤环境、水环境、空气环境,改善了尾矿库安全,对铁尾矿库复垦起到了积极作用。

2)国外尾矿的研究现状

铁尾矿的研究工作国外起步早于国内。很多国家在铁尾矿的综合利用方面开展了大量工作,并取得了相应的研究成果,同时出台了很多鼓励尾矿研究和生产尾矿产品的政策。在加拿大、美国等少数发达国家,微晶玻璃的制作往往以铁尾矿为原料,一部分已经开始量产。其中,加拿大的魁北克矿山将铁尾矿先磨细,然后将其作为原材进行烧制,从而完成耐火硅砖的制作。而土耳其的 Cine-Milas 省则采用重力分离、浮选和磁场等一系列工艺方法对铁尾矿进行处理,用处理后的铁尾矿制备陶瓷。印度以铁尾矿为主要原料,生产出具有高硬度及强度符合 EN 标准的陶瓷地板和瓷砖。另一部分铁尾矿可以用来修筑公路,美国的爱达荷州公路局将沉积的粗粒级的铁尾矿作为原材料,在克劳格修筑了一条长约 6.5km 的州际公路。卡奇卡纳尔钦磁铁矿选矿厂将铁尾矿用作酸性土壤中和改良剂。美国明尼苏达州的墨萨比矿区安尼克斯山选矿厂则采用浮选流程,每年处理含铁品位为 25% 的铁尾矿 100 万 t,生产品位为 60% 的铁精矿 20 万 t。由于铁尾矿碎石的密度较高且耐久性良好,在 2003 年,还应用于修建布雷纳德国际汽车拉力赛(Brainerd International Raceway)赛道,采用沥青铁尾矿碎石混合料铺筑赛道出发台,在当个赛季即打破两项世界纪录。铁尾矿应用前景十分广阔,在国外的综合利用率已高达 60%。

国外对于采用铁尾矿为主要原料来制备混凝土的研究较多。Rai 等[29]利用铁尾矿、铜尾矿和锌尾矿制备的砂浆和混凝土,其耐久性和强度都首屈一指且不含有害物质,其中尾矿与粗砂的混合,可获得细度模数约为 1.5 的混合砂,水泥用量和需水量可达到正常水平。Yellishetty 等[30]对铁尾矿进行分级,得到粒级不同的废石、铁尾矿砂、铁尾矿土和铁尾矿泥,提出利用 12.5～20mm 粒径的废石骨料制备混凝土,4.75～12.5mm 粒径的尾矿砂可作为建筑材料中细骨料,小于 4.75mm 粒径的铁尾矿泥和铁尾矿土可用来制备砖,同时利用废石骨料制备混凝土中的水硬性材料可以有效固结废石中有害元素。Ugama 等[31]利用细度模数为 2.53、铁含量为 33.39% 的铁尾矿作为细骨料替代河砂制备混凝土和砂浆。结果表明,随着铁尾矿掺量增加混凝土的坍落度降低,由于铁尾矿铁含量高易造成混凝土容重较大,因此混凝土作为建筑结构构件中替代河砂量不超过 20% 时;在胶砂比为 1∶3 时,力学性能最优的胶砂试件铁尾矿与河砂的比例为 1∶4。Shetty 等[32]用含铁 20%～30% 的铁尾矿和赤泥分别代替细骨料和胶凝材料制备混凝土,当铁尾矿替代河砂量为 30%,当赤泥替代水泥量为 2% 时,生产出的混凝土的力学性能和工作性能达到标准值。Kumar 等[33]用 10%、20%、30%、40% 和 50% 的铁尾矿替代河砂作为细骨料制备混凝土,随着铁尾矿的掺量增加混凝土的和易性降低,铁尾矿掺量为 40% 时混凝土养护 28d 抗压强度最大,基准混凝土的抗折强度最大。Huang 等[34]利用铁尾矿代替微细硅砂制备绿色水泥基复合材料(engineering cementitious composite,ECC),发现铁尾矿粒度对新拌砂浆的塑性黏度、抗拉性能、抗压性能和纤维的分散均匀性指标存在影响,在适当的粒度下,铁尾矿代替微细硅砂制备的 ECC 性能可以达到使用微细硅砂制备的传统 ECC 标准。这些研究表明,铁尾矿可以替代水泥、细骨料、粗骨料等,混凝土原材料组分的多元化,是推动现代水泥混凝土技术发展的一种趋势。

2. 矿物掺合料的研究现状

1)国内矿物掺合料的研究现状

胶凝材料,又称胶结料,当混凝土中的砂和石子等固体物料胶结成整体时便具有一定的机械强度。矿物掺合料实质上是一种辅助胶凝材料,是在混凝土制备时加入的能够改善混凝土性能的无机矿物细粉。常见的矿物掺合料有粉煤灰、矿渣粉、硅灰、天然沸石粉、偏高岭土、石粉钢渣粉等。本章重点介绍粉煤灰、矿渣粉和铁尾矿三种矿物掺合料的研究现状。

粉煤灰也称飞灰,是在燃煤电厂烟气中收集的细粉末,已广泛应用于矿物掺合料,粉煤灰对改善混凝土的工作性、耐久性、减少水化热、提高强度等具有作用。通过研究发现,粉煤灰作为矿物掺合料对改善混凝土性能有重要影响。粉煤灰在预拌混凝土的形态效应、微集料效应、活性效应三个方面的作用,掺量为 20% 时效果最好。超过 30% 时,其坍落度、强度明显降低,凝结时间却大幅增长。Ⅰ级和Ⅱ级粉煤灰掺合料对水泥基材料的抗硫酸钠侵蚀性能有改善作用,随着粉煤灰掺量的增大而改善效果呈现线性增强的趋势,但存在一个临界掺量。单掺粉煤灰时,早期的胶砂试件强度随掺量增高而降低,按 28d 强度评定,粉煤灰最大掺量不应超过 20%,在大体积混凝体工作中可按 60d 或 90d 的强度进行评定,利用大体积混凝土自身温度养护下,粉煤灰最大掺量可达 50%,不会影响结构强度。掺合料是负温混凝土制备的关键技术之一,粉煤灰和硅灰双掺具有化学效应和微集料效应,而且通过增强混凝土的密实性、改善水泥石的孔结构及具有的后期反应活性来提高混凝土的强度和耐久性。通过低水胶比粉煤灰混凝土、大掺量磨细矿渣混凝土的抗裂性能的对比发现,不同掺合料混凝土所表现出来的抵抗塑性开裂能力的差距明显。粉煤灰在海工混凝土中的掺入可降低混凝土早期强度,提高早期渗透性,但降低中后期渗透性,且提高腐蚀电位,对耐久性有利。

矿渣粉是高炉矿渣粉的一种简称,是高炉炼铁排出的熔渣,经水淬而成的粒状矿渣,可通过掺加少量石膏磨制成一定细度的粉体,用来作为矿物掺合料。矿渣粉掺量 50% 时能够明显改善混凝土的早期强度,矿渣粉掺量 70% 的 28d 抗压强度有大幅度降低。矿渣粉掺量 20%~40% 时,混凝土 28d 抗压强度相比同龄期的基准混凝土强度高 15.7MPa,90d 抗压强度比基准混凝土强度高 14.3MPa。单掺矿渣粉时,早期强度随掺量增加而降低,但后期强度发展较快,增长幅度远高于单掺粉煤灰的混凝土。矿渣粉、粉煤灰、在单掺与不同比例复掺时,对低水胶比混凝土渗透性的影响试验显示,低水胶比的混凝土抗 Cl^- 渗透性可以通过矿物掺合料得到改善,当复掺粉煤灰和矿渣时,混凝土的抗 Cl^- 渗透等级随着矿渣比例的增加而降低。由此可以发现,矿渣粉能够有效改善混凝土早期强度,需要注意矿渣粉掺入比例。

铁尾矿活性激发方式主要为三种:物理激发、化学激发和热力学激发。通过不同的激发方式,将铁尾矿作为矿物掺合料,为固体废弃物资源化利用提供了新的思路。铁尾矿作为矿物掺合料在碱性激发剂 $Ca(OH)_2$ 的激发下,生成的 C-S-H 凝胶与铁尾矿发生离子交换,导致原始化学键断裂,生成新的较强的化学键,从而产生致密的絮凝体,为混凝土强度提供重要保障。铁尾矿粉可作为矿物掺合料应用于混凝土中,且整体活性偏低。另外,养护条件对铁尾矿活性影响较大。采用机械力活化+热活化+化学活化+复合活化叠加的方法为:将铁尾矿、电石渣活石灰、蚀变剂、石膏混合粉磨后,置于 700℃ 旋风式悬浮反应器中进行蚀变反应,后与矿渣混合、粉磨,得到活性矿物掺合料;筛分后铁尾矿中粒径较大的作为细骨料,较细的进行梯级粉磨作为混凝土胶凝材料;同时,控制养护条件、水胶比等指标制备出铁尾矿掺量可达 70% 的高性能混凝土。铁尾矿比表面积为 $400m^2/kg$ 时仅有微弱的水硬性,且不具备火山活性,因此铁尾矿只能与矿渣粉、粉煤灰复合使用。试验表明,铁尾矿与矿渣复合后能够有效改变混凝土的性能,同时减少收缩,其作用远大于与粉煤灰复合。

2)国外矿物掺合料的研究现状

在混凝土中掺入粉煤灰的思路起步较晚。在大量研究中发现,粉煤灰加入混凝土当中能够发生一系列反应,可以显著提升混凝土的许多特性。

高炉矿渣处理技术整体水平,在混凝土新用途开发方面,欧美等发达国家和地区遥遥领先。当矿渣代替水泥掺量的 40% 时,其制备的混凝土比不掺矿渣的混凝土先破坏;当矿渣代替水泥掺量的 80% 时,其制备的混凝土抗硫酸盐侵蚀性能显著提高。Gollop 等[35]认为,当矿渣掺量低于 50%,且 Al_2O_3 含量大于 18% 时,矿渣的掺入不利于混凝土抗硫酸盐侵蚀;当 Al_2O_3 含量小于 11% 时,矿渣的掺入有利于混凝土抗硫酸盐侵蚀。Yusuf 等[36]采用高炉矿渣与超细棕榈油粉煤灰两种火山灰固体废弃物作为基础材料,研制了高碱活性强度混凝土。研究表明,矿渣细度是影响混凝土强度的另一因素。

铁尾矿在国外混凝土应用中一般是用作细骨料,对铁尾矿作为矿物掺合料的研究较少。尽管关于铁尾矿的研究正逐步展开,但对钒钛铁尾矿综合利用的研究工作较少。钒钛铁尾矿的 SiO_2 主要以透辉石的物相存在,而透辉石是常压下稳定存在的,常温下很稳定。因此,将处理之后的铁尾矿粉添加到混凝土中,其自身的微集料效应如何依然需要研究。钒钛铁尾矿粉如果起填充作用,对混凝土的孔隙率的应该会有改善作用,在理论上,一定情况下可阻止 Cl^-、SO_4^{2-} 进入混凝土,避免了钢筋混凝土结构体系中外界有害离子对钢筋的腐蚀,但是对其抵抗腐蚀能力究竟如何依然需要研究。此外,钒钛铁尾矿中矿物相不同于其他铁尾矿矿物相,主要以透辉石和铁角闪石为主,SiO_2 主要以透辉石物相存在。需要说明的是,钒钛铁尾矿中的 Fe^{3+} 含量较高,对于耐久性,尤其是抵抗 Cl^-、SO_4^{2-} 侵蚀效果如何,依然需要进一步研究。

3. 预拌混凝土的国内外研究现状

预拌混凝土是指用水泥、水、砂、石子(必要时加入其他掺合料)以及外加剂,按一定比例配制,经搅拌、成型、养护而得到的拌合物,预拌混凝土的最重要的性能是强度高、工作性以及耐久性好。与普通混凝土相比,预拌混凝土具有集中拌制、商品化供应、质量好、施工速度快、节约场地、提高劳动效率、改善施工环境等特点。

1)预拌混凝土国内研究现状

预拌混凝土从质量管理角度看,重点要做好"两检",混凝土是由水、水泥、掺合料、外加剂、砂、石等六大原料组成的。新拌混凝土的工作性、硬化混凝土的强度、耐久性能很大程度上取决于原材料质量。同时,因原材料质量变化,如粉煤灰细度、需水量比变化、外加剂减水率变化、混凝土的配合比等也要进行相应调整,并没有通用的固定配合比。因此,原材料的检测是实验室的日常工作,这项工作是确定配合比的依据,是生产控制的依据。从质量管理和环境保护角度来看,预拌混凝土全封闭自动供料系统将是未来发展趋势。预拌混凝土全封闭自动供料系统是应用于混凝土搅拌站的一种新型设备,包括混凝土卸料系统和混凝土上料系统,能够在很大程度上提高混凝土搅拌站的生产效率,环境保护、物力资源的消耗。与此同时,绿色生产技术逐步在预拌混凝土站推广,这些生产技术包括骨料仓地垄式结构的采用,搅拌站的储水池、空压机室使用地下形式,电伴热技术,砂石的分离和浆水回收再利用技术等。粉尘、噪声污染的控制,对生产废弃物进行再次利用,开发应用生态混凝土,对废气混凝土和废渣进行利用,注重搅拌站的内外部环境等,也是绿色生产技术所涵盖的内容。未来预拌混凝土可能推进全产业链绿色发展,涵盖建设绿色骨料基地、提高固体废物资源化水平、美化绿化工厂景观、全面实施绿色环保生产、实施物流运输环保化工程。上述研究表明,绿色环保、自动化理念将会成为我国预拌混凝土的主题。

2)预拌混凝土国外研究现状

英国于 1872 年建造了世界上第一座预拌混凝土工厂,德国于 1903 年建造了国内的第一座预拌混凝土工厂。20 世纪中叶,美国国内共有 1700 座混凝土预拌混凝土厂,到 2013 年美国的预拌混凝土生产总量达到 $230 \times 10^8 \mathrm{m}^3$,土耳其紧随其后,总产量达到 $102 \times 10^8 \mathrm{m}^3$,如表 5.1 所示。

表 5.1　预拌混凝土年生产总量

国家	预拌混凝土年生产总量/$(10^8 \mathrm{m}^3)$		
	2011 年	2012 年	2013 年
法国	41.3	38.9	38.6
德国	48.0	46.0	45.6
意大利	52.6	39.9	31.7
日本	88.0	92.0	99.0
波兰	23.7	19.5	18.0
俄罗斯	40.0	42.0	44.0
西班牙	30.8	21.6	16.3
土耳其	90.0	93.0	102.0
美国	203.0	225.0	230.0

目前,多数发达国家更倾向于采用预拌混凝土生产,智能控制粗细骨料和水的混合设计,机械化操作的工艺,减少水泥散装搬运浪费,减少劳动力成本和现场监督成本,适当控制原材料的使用、节约自然资源和降低项目的时间。与此同时,国外的预拌混凝土在环境保护方面有严格的控制。其中,德国在环境污染指标控制方面非常严格,施工区粉尘含量小于等于 $20 \mathrm{mg/m}^3$、噪声小于等于 $55 \mathrm{dB}$。日本对预拌混凝土质量体系有严格的监测措施:一是对搅拌站进行检测,二是现场检测 Cl^- 和水的含量,三是建立统一的检测系统。美国的前卸料搅拌输送车最为成熟,

基本上成为搅拌站必备的装备。

与国外相比,我国的预拌混凝土行业还存在混凝土强度等级不够、配套设备不成熟、产品单一、污染大等问题,但随着国内外行业交流的深入,国家和行业对这些问题的高度重视,我国的预拌混凝土会逐步朝着绿色化、智能化的方向发展。

5.1.3　钒钛铁尾矿制备预拌混凝土的研究内容

以钒钛铁尾矿为研究对象,采用激光粒度仪、XRD、X射线荧光光谱仪(X-ray fluorescence,XRF)、SEM等技术手段,揭示钒钛铁尾矿的表面形貌对混凝土工作性能的影响。从钒钛铁尾矿的特性出发,研究机械力学效应对钒钛铁尾矿的活化机理;系统全面地研究钒钛铁尾矿作为混凝土矿物掺合料应用于混凝土的影响规律,并提出钒钛铁尾矿粉在混凝土中的应用技术,实现钒钛铁尾矿粉脱离实验室阶段达到工程应用水平。具体研究内容如下。

1. 钒钛铁尾矿特性分析

水泥基材料中的掺合料大多采用工业固废,固体废弃物类型不同,会导致其颗粒大小、外观形貌物相差异、化学性质差异,对水泥基材料的性能会产生很大的差异。因此,对钒钛铁尾矿的特性分析显得尤为重要。本章通过粒度分布、XRD、XRF、SEM等测试手段对钒钛铁尾矿进行化学成分分析、粒度、物相、外观形貌分析。

2. 钒钛铁尾矿粉活性分析

钒钛铁尾矿活性是铁尾矿综合利用的重要方法,对水泥基材料的性质有比较重要的影响。铁尾矿活化主要有机械力活化、热活化、化学活化等三种方式,也有利用两种或三种复合活化的方式对尾矿进行活化处理。考虑到能耗问题,本章采用机械力活化的方式对原状钒钛铁尾矿进行活化处理,以期得到比较理想的活化效果。为对比不同废弃物的活性,本章采用矿渣粉及粉煤灰进行复掺的梯度试验对尾矿的活性进行综合评价,客观反映尾矿粉的活性大小,对于实际工程应用具有很大的参考价值以及比较理想的效果。

3. 复合胶凝材料的水化机理分析

探索钒钛铁尾矿复合胶凝材料的水化放热量和水化放热速率的规律,以不同原料配合比方案制备胶凝材料并成型净浆试件,将样品进行相应处理后运用XRD、SEM等测试手段,对不同龄期水化产物进行物相分析,对其矿物种类、数量和组成进行鉴别,观察胶凝材料水化过程发生的微观结构变化及物相变化,综合分析影响这些变化的主要因素,揭示钒钛铁尾矿在胶凝材料中的水化机理。

4. 钒钛铁尾矿粉对预拌混凝土的工作性能和力学性能影响

混凝土的工作性是混凝土最为重要的性质之一。工作性决定了混凝土能否较好地成型,使新拌混凝土的混合浆体充满整个模具,混凝土内部的密实度得以保证。工作性甚至对混凝土的力学性能及耐久性能产生重要影响。研究钒钛铁尾矿粉作为矿物掺合料对混凝土力学性能的影响,得到钒钛铁尾矿粉的基本力学性能指标。

5. 钒钛铁尾矿粉对预拌混凝土耐久性的影响

根据已优化的配合比,利用钒钛尾矿作为矿物掺合料制备 C30 混凝土,测试混凝土的工作性,并通过抗冻性测试、抗 Cl- 渗透性测试、抗碳化测试、体积稳定性测试,研究了 C30 混凝土耐久性。在此基础上,提出了钒钛铁尾矿制备混凝土的应用技术,并在混凝土搅拌站进行了工业试生产。

5.1.4 钒钛铁尾矿制备预拌混凝土的创新点

(1)以极细颗粒钒钛铁尾矿为原料制备的钒钛铁尾矿粉复合胶凝材料配合比质量分数为:水泥∶粉煤灰∶矿渣粉∶钒钛铁尾矿粉＝56∶8∶20∶16,与不加钒钛铁尾矿粉的矿渣粉-粉煤灰复合胶凝材料相比,钒钛铁尾矿粉的掺量达到 16%,固体废弃物总掺量达到 44%。

(2)通过 XRD、SEM、水化热分析等测试方法对复合胶凝材料的水化机理研究发现,钒钛铁尾矿-水泥体系的水化反应体系中增加钒钛铁尾矿的掺量,胶凝材料的水化程度降低;28d 龄期内钒钛铁尾矿-水泥体系随着养护龄期的增加,水化产物 AFt 和 C-S-H 凝胶的含量在增加,C_2S、C_3S、$Ca(OH)_2$ 的含量在降低,而体系内依然有石英和透辉石矿物残留。由此说明少量硅铝质矿物在机械力作用下被活化,在胶凝材料体系中发生二次水化反应,钒钛铁尾矿在体系内还起到优化颗粒级配和填充密实的作用。

(3)胶凝材料中钒钛铁尾矿粉掺量达 16% 时,所制备 C30 预拌混凝土的 3d、28d 抗压强度分别为 13.4MPa 和 40.3MPa。钒钛铁尾矿粉的掺入大大提高了抗冻融循环能力,抗冻融循环次数为 125 次,而普通混凝土的抗冻融循环次数为 25 次;钒钛铁尾矿混凝土收缩值略有提高,收缩值比普通混凝土增加 0.81×10^{-4}。

5.2 钒钛铁尾矿制备预拌混凝土的研究方案

5.2.1 钒钛铁尾矿制备预拌混凝土的研究思路

以钒钛铁尾矿为主要研究对象,根据水泥混凝胶凝材料的要求,采用钒钛铁尾矿粉作为矿物掺合料,制备出满足《预拌混凝土》(GB/T 14902—2012)要求的 C30 预拌混凝土。采用特性分析→探索试验→配合比优化→机理研究→工程实践的研究思路,做到了理论与实践工作的有效结合。具体如下:

(1)钒钛铁尾矿的矿物学特性分析。采用筛分法对钒钛铁尾矿的粒度组成进行分析;结合 XRD、XRF、SEM 等测试技术对钒钛铁尾矿的矿物组成进行分析。

(2)矿物掺合料的活化试验。采用实验室用小型球磨机,每次 5kg,对预拌混凝土所用的钒钛铁尾矿进行不同程度的粉磨。使用激光粒度分析仪分析钒钛铁尾矿粉的粒度分布状况并用勃氏比表面积测定仪测定其比表面积,并通过胶砂试件试验,选择合理的粉磨时间。

(3)胶凝材料的水化机理分析。结合 XRD、水化热分析仪、SEM 等测试方法对反应产物的种类进行判定,并对其形成机理进行分析,展示了钒钛铁尾矿水化产物的种类和形成过程。

(4)矿物掺合料制备预拌混凝土。首先进行制备预拌混凝土前期探索试验,初步确定原料的基本配方。然后进行单因素试验,根据标准采用 100mm×100mm×100mm 的试件对预拌混凝土的工作性、力学性能、耐久性等进行测试。试件制备流程如下:按配合比将粉磨后的钒钛铁尾矿粉和矿渣、粉煤灰、水泥、砂子、石子搅拌均匀,加入水和外加剂搅拌 60s,对制品的性能进行检测,研究各原料成分对预拌混凝土性能的影响,并对试验配方进行优化,并测试分析预拌混凝土的力学性能、工作性、耐久性等。

5.2.2 钒钛铁尾矿制备预拌混凝土的技术路线

本章的钒钛铁尾矿制备预拌混凝土的技术路线如图 5.2 所示。

首先是对原状钒钛铁尾矿的处理,先用小型振动磨磨 200g,测试其密度;然后采用实验室用小型球磨机,每次 5kg,对混凝土所用的钒钛铁尾矿进行不同程度的粉磨(粉磨时间分别为 10min、20min、30min、40min、50min),并测试其比表面积,采用 XRD、XRF、SEM、激光粒度等手段分析不同粉磨时间下尾矿的粒度分布、均匀程度及形貌特征。其次是研究不同比表面积钒钛铁尾矿的活性指数。将不同粉磨时间下的尾矿,按照不同比例及标准配制的胶砂试件,测试其抗压强度及流动度。同时制备净

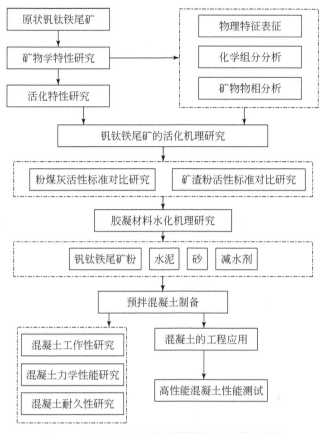

图 5.2　钒钛铁尾矿制备预拌混凝土的技术路线

浆试件,利用 XRD、SEM、水泥水化热测定仪等仪器,研究其水化形成过程、水化产物、水化速率。随后根据以上试验来确定尾矿在 C30 预拌混凝土中的掺量,研究各原料成分对预拌混凝土性能的影响,并对试验方案进行优化。研究预拌混凝土的工作性、力学性能和耐久性。最终根据工程实际情况确定方案应用在工程上。在工程中留样测试其力学性能,观察钒钛铁尾矿混凝土路面后期使用情况,使钒钛铁尾矿的综合效益最大化。

5.2.3　试验所需原料

1. 水泥

试验所用水泥为 P•O42.5 普通硅酸盐水泥和 P•I42.5 基准水泥,净浆试验选用曲阜中联水泥有限公司生产的 P•I42.5 基准水泥,主要成分为 SiO_2 21.81%、CaO 63.55% 和其他氧化物 13.15%,P•I42.5 基准水泥的烧失量为 1.67%,主要

矿物组成为 C_3S 和 C_2S,7d 的抗压强度为 48.7MPa,28d 的抗压强度为 60.7MPa。由粒度分布可以看出,P·I42.5 基准水泥的粒径主要分布在 $0\sim100\mu m$,基准水泥是由硅酸盐水泥熟料加石膏后磨细而成的强度等级大于 P·O42.5 普通硅酸盐水泥,不掺加任何混合材料,其主要用于研究钒钛铁尾矿混凝土水化机理。表 5.2 为 P·I42.5 基准水泥的主要化学成分结果,图 5.3 和图 5.4 为 P·I42.5 基准水泥的矿物组成和粒度分布。

表 5.2　P·I42.5 基准水泥的主要化学成分分析结果(质量分数)

成分	含量/%
SiO_2	21.81
Fe_2O_3	2.78
CaO	63.25
Al_2O_3	5.00
MgO	2.28
TiO_2	0.25
Na_2O	0.15
K_2O	0.56
SO_3	2.13
烧失量	1.67
合计	99.88

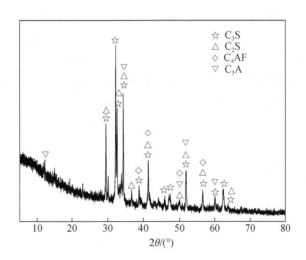

图 5.3　P·I42.5 基准水泥的 XRD 谱图

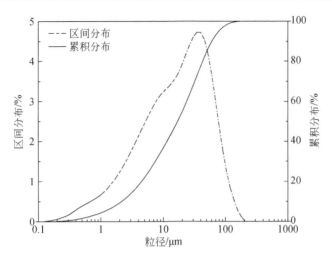

图 5.4　P·I42.5 基准水泥的粒度分布

其他试验(除净浆外)选用北京金隅集团有限责任公司(北京金隅)的 P·O42.5
普通硅酸盐水泥,主要成分为 SiO$_2$ 23.26%、CaO 54.50% 和其他氧化物 17.76%,
P·O42.5 普通硅酸盐水泥的烧失量为 3.04%,主要矿物组成为 C$_3$S 和 C$_2$S,
P·O42.5 普通硅酸盐水泥的表观密度为 3.08×10^{3}kg/m^3。由粒度分布可以看出,
P·I42.5 基准水泥的粒径主要分布在 0~100μm。表 5.3 为 P·O42.5 普通硅酸盐水
泥的主要化学成分分析结果,图 5.5 和图 5.6 为 P·O42.5 普通硅酸盐水泥的矿物组
成和粒度分布。

表 5.3　P·O42.5 普通硅酸盐水泥的主要化学成分分析结果(质量分数)

成分	含量/%
SiO$_2$	23.26
Fe$_2$O$_3$	2.69
CaO	54.50
Al$_2$O$_3$	6.89
MgO	3.96
TiO$_2$	0.40
Na$_2$O	0.46
K$_2$O	0.67
SO$_3$	2.69
烧失量	3.04
合计	98.56

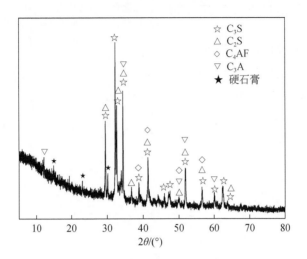

图 5.5　P·O42.5 普通硅酸盐水泥的 XRD 谱图

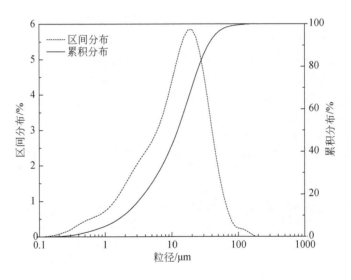

图 5.6　P·O42.5 普通硅酸盐水泥的粒度分布

2. 粉煤灰

　　本节试验所用粉煤灰的表观密度是 $2.35 \times 10^3 \, \mathrm{kg/m^3}$，粒径大于等于 $45 \mu m$ 且小于 $80 \mu m$ 的为 18.6%，粒径大于等于 $80 \mu m$ 的为 8.4%，粉煤灰的标准稠度用水量为 33.5%，28d 活性指数为 88%，主要化学成分为 SiO_2 45.94%，Al_2O_3

35.17%,其他氧化物 9.86%。粉煤灰的主要矿物成分为石英和莫来石,烧失量 8.09%,根据《用于水泥和混凝土中的粉煤灰》(GB/T 1596—2017)烧失量大于 8.0%,属于Ⅲ级粉煤灰,粒径大于等于 $45\mu m$ 的为 18.6%,不大于Ⅱ级粉煤灰的 25.0%,故该粉煤灰属于Ⅲ级粉煤灰。表 5.4 为粉煤灰的主要化学成分分析结果,图 5.7 和图 5.8 为粉煤灰的矿物组成和粒度分布。

表 5.4 粉煤灰的主要化学成分分析结果(质量分数)

成分	含量/%
SiO_2	45.94
Fe_2O_3	4.36
CaO	3.25
Al_2O_3	35.17
MgO	0.40
TiO_2	1.35
K_2O	0.42
SO_3	0.08
烧失量	8.09
合计	99.06

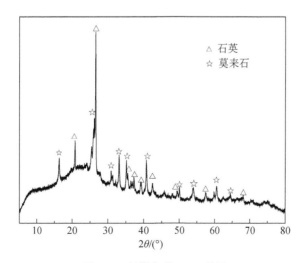

图 5.7 粉煤灰的 XRD 谱图

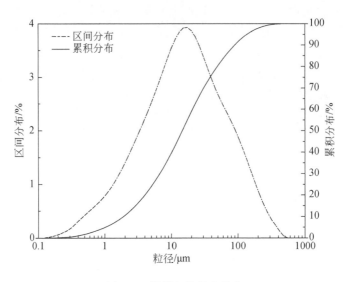

图 5.8　粉煤灰的粒度分布

3. 矿渣粉

本节试验所用的矿渣粉的主要化学成分为 SiO_2 29.88%、CaO 39.12%、Al_2O_3 14.77%、MgO 9.06%，以及少量的其他氧化物。矿渣粉的主要化学成分见表 5.5。矿渣粉的主要矿物相为钙镁黄长石和钙铝黄长石，如图 5.9 所示。

表 5.5　矿渣粉的主要化学成分分析结果（质量分数）

成分	含量/%
SiO_2	29.88
Fe_2O_3	0.78
CaO	39.12
Al_2O_3	14.77
MgO	9.06
TiO_2	2.19
Na_2O	0.53
K_2O	0.41
SO_3	1.81
烧失量	0.62
合计	99.17

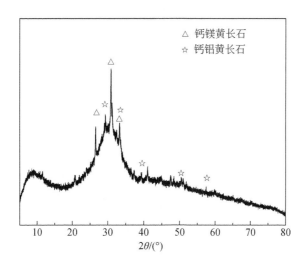

图 5.9　矿渣粉的 XRD 谱图

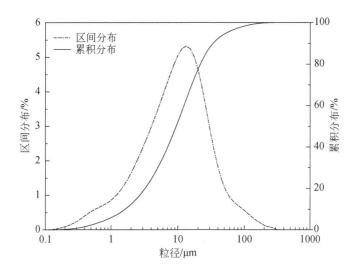

图 5.10　矿渣粉的粒度分布

　　从图 5.10 可以看出,矿渣粉的粒径≥45μm 占 4.9％,粒径≥80μm 占 17.6％。矿渣粉的表观密度为 2.94×10³kg/m³。矿渣粉 7d 活性指数为 77％,大于 75％而小于 95％,属于 S95 级矿渣粉;矿渣粉 28d 的活性指数为 107％,大于 105％,属于 S105 级矿渣粉。

4. 钒钛铁尾矿

本节试验所用钒钛铁尾矿的表观密度是 $3.22\times10^3\,kg/m^3$，钒钛铁尾矿基本特征将在 5.3.1 节详细介绍。

5.2.4　试验所需条件

1. 试验中使用的仪器设备

试验中使用的主要仪器设备见表 5.6。

表 5.6　钒钛铁尾矿混凝土研究中使用的主要仪器设备

主要仪器	型号
水泥试验小型球磨机	SMΦ500mm×500mm
微量热分析仪	TAM AIR
全自动比表面积测定仪	CZB-9
混凝土碳化试验箱	CABR-HTX12
电子天平	JJ224BC
X射线能谱仪	GENESIS XM
震击式标准振筛机	ZBSX 92A
X射线粉末衍射仪	Ultima-IVX-Ra
水泥胶砂振动台	GZ-75
水泥净浆搅拌机	NJ-160A
水泥胶砂搅拌机	JJ-5
水泥胶砂流动度测定仪	NLD-3
环保型水泥细度负压筛析仪	FSY-150D
波长色散型X射线荧光光谱仪	AxiosmAX
三相异步电动机	YZ-100L1-4
扫描电子显微镜	JSM-6700F
电热鼓风干燥箱	101-0-4
水泥胶砂抗折抗压试验机	TYE-300D
微机控制压力试验机	WHY-3000
冻融试验箱	BC-23
振动磨	HRJ-3
混凝土 Cl^- 扩散系数电通量测定仪	CABR-RCMP

2. 材料及成品性能测试方法

1) 原材料密度测试方法

首先将煤油倒入瓶子中,直到凹液面至 0~1mL 的刻度线后,盖上玻璃瓶塞,放进恒温水槽中(20±0.2)℃恒温至少 30min,取出瓶子首次读数 V_1,称量瓶子和煤油的总重 M_1,将原材料加入可读刻度线以上(如果原材料是水泥则加入的水泥为 60g,其他原材料可依据实际情况而定)。称量煤油和原材料以及瓶子的总重 M_2,加样品过程中反复摇动至无气泡排出。再把瓶子放在恒温水槽中静置 0.5h,记下第二次读数 V_2。原材料密度按式(5.1)进行计算:

$$\rho = \frac{M_1 - M_2}{V_2 - V_1} \times 10^6 \tag{5.1}$$

式中,ρ 为密度,kg/m³;M_1 为瓶子和煤油质量,g;M_2 为煤油和原材料以及瓶子质量,g;V_1 为未加入样品时的体积,mm³;V_2 为加入样品后的体积,mm³。

2) 活性指数

活性指数是指胶砂试件的试验组抗压强度和对比组抗压强度的比值。实验室温度(20±2)℃,相对湿度不小于 50%;且试验原料及试验所用器具与试验室温度保持统一。对照组试验用水泥 450g、标准砂 1350g。用水量按照水灰比 0.5 计算,测定胶砂试件的抗压强度。计算活性指数的公式如式(5.2)所示。

$$A_7 = \frac{R_7}{R_{07}} \times 100 \tag{5.2}$$

式中,A_7 为 7d 活性指数,%;R_{07} 为对比组胶砂试件 7d 抗压强度,MPa;R_7 为试验组胶砂试件 7d 抗压强度,MPa。活性指数的结果精确到整数位,28d 抗压强度 R_{28} 计算和 R_7 计算方法一样。

5.3　钒钛铁尾矿特性及活化研究

5.3.1　钒钛铁尾矿特性研究

1. 钒钛铁尾矿的产出

钒钛铁尾矿是钒钛磁铁矿选矿后产生的工业固体废弃物。钒钛磁铁矿是以铁、钒、钛元素为主,并与多种有价元素共生的复合铁矿,因此其选矿工艺较为复杂。目前,处理钒钛磁铁精矿的主要方法是高炉法,但该方法无法实现钛铁有效分离,造成钛资源的浪费,可采用预还原-电炉法,在该工艺基础上添加选取钛的工艺,解决钛渣中钛资源利用率低的难题。解决高炉法选矿不利影响的另一种有效方法是直接还原技术,包括回转窑法、转底炉法、竖炉法、流化床法、隧道窑法等。针对钒钛磁铁矿石的特点,最大限度地多碎少磨,降低生产成本,采用原矿粗粒抛尾—阶磨阶选(选铁)—强磁预选—浮选(选钴、钛)的工艺流程取得了良好的实验室指标。针对低品位钒钛磁铁矿选矿,推荐的预分选—阶段磨选选铁流程和强磁—浮选选钛流程,选矿技术指标良好。尾矿的颗粒形貌如图5.11所示,原状钒钛铁尾矿形状大多无规则,相比其他尾矿,其颗粒较大,烘干后外观呈黑色。

图5.11　钒钛铁尾矿颗粒形貌

2.钒钛铁尾矿的物理特性

对原状钒钛铁尾矿的粒度进行分析,在这里用细度模数对钒钛铁尾矿进行粗细分布和分类分析。依据《建设用砂》(GB/T 14684—2011)标准,标准方孔筛的套筛孔径为4.75mm、2.36mm、1.18mm、0.6mm、0.3mm、0.15mm,将烘干状态下的钒钛铁尾矿进行筛分分析,表5.7是原状钒钛铁尾矿的筛分结果。利用以下公式计算细度模数:

$$M_x = \frac{(A_{0.15} + A_{0.3} + A_{0.6} + A_{1.18} + A_{2.36}) - 5A_{4.75}}{100 - A_{4.75}}$$

式中,$A_{0.15}$、$A_{0.3}$、$A_{0.6}$、$A_{1.18}$、$A_{2.36}$、$A_{4.75}$分别为0.15mm、0.3mm、0.6mm、1.18mm、2.36mm、4.75mm筛孔直径的累计筛余率,%。

从筛分结果计算出该钒钛铁尾矿细度模数为2.52,属于中砂的范畴,钒钛铁尾矿粒径集中分布在0.6mm以下,钒钛铁尾矿直接用于混凝土作为矿物掺合料不符合规范,需要进一步粉磨处理。

表 5.7 原状钒钛铁尾矿筛分后的粒度分布

筛孔直径/mm	筛余量/g	分计筛余率/%	累计筛余率/%
4.75	0.5	0.1	0.1
2.36	16.7	3.3	3.4
1.18	77.6	15.5	18.9
0.6	167.5	33.5	52.4
0.3	157.9	31.6	84
0.15	47.9	9.6	93.6
<0.15	32	6.4	100

3. 钒钛铁尾矿的组成

1) 钒钛铁尾矿的化学成分分析

不同地方的尾矿在化学成分、矿物组成和外观形貌上都有差异,这就使尾矿的研究具有很大难度。

表 5.8 为钒钛铁尾矿的化学成分分析结果。可以看出,钒钛铁尾矿主要由 SiO_2 和 CaO 及少量其他金属元素组成,这些元素大都以氧化物的形式储存于不同的矿物中。钒钛铁尾矿中 SiO_2 和 CaO 含量占总含量的 66.09%,其中 SiO_2 含量接近总含量的一半,Fe_2O_3、MgO 和 Al_2O_3 占总含量的 29.38%,钒钛铁尾矿烧失量为 2.08%,说明钒钛铁尾矿中除含有较多的矿物结晶水和结构水外,还有很少的碳等杂质存在。钒钛铁尾矿高硅含量符合火山灰质原材料的特点,因此采用有效方法激发钒钛铁尾矿中 SiO_2 活性将作为钒钛铁尾矿活化研究的重点。

表 5.8 钒钛铁尾矿主要化学成分(质量分数)

成分	含量/%
SiO_2	44.47
Fe_2O_3	10.78
CaO	21.62
Al_2O_3	7.39
MgO	11.21
TiO_2	0.86
Na_2O	0.55
K_2O	0.23
SO_3	0.09
烧失量	2.08
合计	99.28

2)钒钛铁尾矿的矿物组成分析

原状钒钛铁尾矿用震动磨粉磨 50g 样品做 XRD 分析测试。图 5.12 为钒钛铁尾矿的 XRD 谱图,钒钛铁尾矿的主要矿物成分有透辉石和铁角闪石,次要矿物成分有石英、斜长石、黑云母、绿泥石和钛铁矿。透辉石是钙镁硅酸盐,是一种硅酸盐矿物。铁角闪石是一种铝硅酸盐矿物,钒钛铁尾矿的矿物组成决定其具有一定的水化活性。

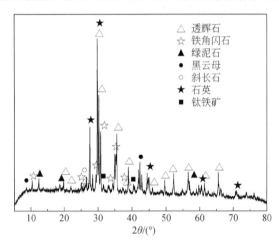

图 5.12　钒钛铁尾矿的 XRD 谱图

3)钒钛铁尾矿的 SEM 分析

原状钒钛铁尾矿在电镜下的整体视图和放大的矿物颗粒表面形貌如图 5.13 所示。从图 5.13(a)可以看出,原状钒钛铁尾矿的颗粒大小不一,形状不规则,其中有些颗粒平整度较好,呈柱状晶体,在取样过程中发现里面有一些浅灰绿色颗粒,且呈柱状,经分析是透辉石。从图 5.13(b)可以看出,矿物颗粒表面附着有小颗粒,表面有孔洞、缝隙,说明钒钛铁尾矿在出厂过程中对颗粒起到一定的破坏作用。

(a) 整体　　　　　　　　　　　(b) 局部放大

图 5.13　钒钛铁尾矿的 SEM 图

5.3.2　钒钛铁尾矿的机械力活化研究

1. 不同粉磨时间钒钛铁尾矿的 XRD 分析

图 5.14 为不同粉磨时间钒钛铁尾矿的 XRD 谱图。可以看出,钒钛铁尾矿通过不同时间的机械粉磨,钒钛铁尾矿中各矿物物相衍射峰位置、衍射峰强度、种类数量均未发生明显变化,只是个别衍射峰强度降低或上升,说明机械粉磨对钒钛铁尾矿中的矿物组成无影响,但是可以改变矿物的结晶度。从 XRD 谱图中看出,变化是 $30°$、$55° \sim 60°$、$65°$ 位置处的衍射峰,该衍射峰强度随着机械粉磨时间的延长而增强,经分析这是钙镁硅酸盐类的透辉石矿物,从图中还可以看出其他矿物衍射峰也发生不同程度的变化。经机械粉磨的钒钛磁铁尾矿的衍射线强、尖锐且对称,衍射峰的半高宽接近仪器测量的宽度,说明钒钛铁尾矿中的矿物结晶度强,而结晶度差的晶体,往往是晶粒过于细小,晶体中有位错等缺陷,使衍射线峰宽而弥散。结晶度越差,衍射能力越弱,直到消失在背景中。以上分析表明,机械粉磨未改变钒钛铁尾矿的矿物组成,只是使颗粒细化和矿物晶体结构变化,提高了粉体材料的表面能,降低了少量硅铝质矿物参与二次水化反应所需的能量,从而使钒钛铁尾矿粉反应活性增强。

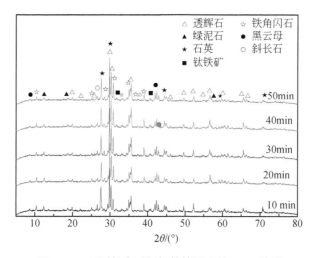

图 5.14　不同粉磨时间钒钛铁尾矿的 XRD 谱图

2. 不同粉磨时间钒钛铁尾矿的比表面积分析

钒钛铁尾矿通过球磨机经过 10min、20min、30min、40min、50min 的粉磨,其比表面积的测试情况见表 5.9。随着粉磨时间的不断推移,比表面积逐渐增大。粉磨 10min 时，其比表面积只有 156.8m²/kg，粉磨 20min 时，其比表面积达到 354.6m²/kg。比表面积增长速率为 197.8(m²/kg)·min。从表 5.9 可以看出，第一个 10min 比表面积增长幅度最为明显，第二个 10min 仅次之。原状钒钛铁尾矿经过筛分试验测得为中砂，颗粒相对较大。置于球磨机中粉磨，大颗粒在不同大小钢球之间，反复碰撞、封锁，再经钢锻的反复挤压破碎，更容易在短时间内迅速地提高自身的比表面积。粉磨 20min 时，钒钛铁尾矿的比表面积为 354.6m²/kg，已经达到甚至大于一般水泥的比表面积。通常用同样 5kg 的水泥球磨机，磨制经破碎机破碎之后，加上适量石膏的水泥熟料，至少球磨 40min，才能够达到国家标准要求的水泥比表面积要求。可见，钒钛铁尾矿相比于水泥，更容易磨细，从侧面反映了钒钛铁尾矿的磨制需要更少的能耗，满足了低能耗的生产要求。

表 5.9　不同粉磨时间钒钛铁尾矿的比表面积

试件编号	粉磨时间/min	比表面积/(m²/kg)
1	10	158.6
2	20	354.6
3	30	400.1
4	40	485.5
5	50	566.9

3. 不同粉磨时间钒钛铁尾矿粉的粒度分布

通过对钒钛铁尾矿粉的粒度分布及比表面测试分析(见图 5.15)，可以看出原状钒钛铁尾矿粒径集中分布在 90~4750μm。经过五个不同时间段的粉磨，不同大小颗粒的分布呈现出明显的变化规律。由区间分布图可知，沿着横坐标轴由右向左观察，随着粉磨时间的延长，曲线更加"肥胖"，粒度分布的范围逐渐变宽，曲线的峰变"矮"且向左移动，代表了大颗粒群体总量的大幅度减少；同时，更小颗粒的群体分布比例迅速上升。如图 5.15 所示，粉磨 10min 的钒钛铁尾矿粉 200μm 的颗粒占整体颗粒比例将近 60%，粉磨 20min 之后，200μm 颗粒大小在整体中仅占了不到 10%，而此时 90μm 大小的颗粒迅速增多，占据了整个曲线的峰值位置，占 45%。与此同时，与粉磨 10min 的曲线相比，粉磨 20min 的曲线，峰左侧的曲线变得更加陡峭，小颗粒的分布变得密集。峰右侧的曲线，虽然曲线的坡度没有多大变化，但是高度明显降低。粉磨 30min、40min、50min 的曲线，也呈现同样的变化规律。粉磨 30min 之后，颗粒分布范围有小幅度的变动，可能是由于颗粒分子在粉磨的过程中，颗粒表面的范德瓦耳斯力和静电引力增大，产生部分团聚现象，但是这种变化不太明显。尤其从累积分布图 5.15(b)可以看出，这种逐渐变化的趋势比较明显。

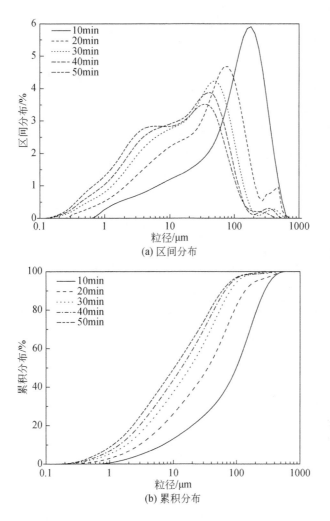

图 5.15　不同粉磨时间钒钛铁矿尾矿的粒度分布

4. 不同粉磨时间钒钛铁尾矿粉的 SEM 分析

图 5.16 为不同粉磨时间钒钛铁尾矿粉的 SEM 图及粉磨 50min 的放大图,从 SEM 图中可以分析出,随着粉磨时间的延长,钒钛铁尾矿颗粒的尺寸在变小,微细 粉在明显增加,颗粒形貌由原先较平整的不规则体到表面粗糙有破坏痕迹的细小 颗粒。图 5.16(f)是粉磨 50min 的放大图,从图中可以看出钒钛铁尾矿经过粉磨后 是棱状的晶型,且表面附着细微颗粒,颗粒形貌发生了明显变化。

(a) 粉磨10min　　　　　　　　　　　(b) 粉磨20min

(c) 粉磨30min　　　　　　　　　　　(d) 粉磨40min

(e) 粉磨50min　　　　　　　　(f) 粉磨50min的局部放大

图 5.16　不同粉磨时间钒钛铁尾矿粉的 SEM 图

5. 粉煤灰标准下不同细度钒钛铁尾矿粉的性能分析

本试验采用三种不同粉磨时间下的钒钛铁尾矿粉做活性测试,其对应比表面积为 $400\mathrm{m^2/kg}$(1♯钒钛铁尾矿粉)、$491\mathrm{m^2/kg}$(2♯钒钛铁尾矿粉)、$567\mathrm{m^2/kg}$(3♯钒钛铁尾矿粉)。

1)不同细度钒钛铁尾矿矿物掺合料的性能分析

参照《铁尾矿砂》(GB/T 31288—2014)的要求,设计了表 5.10 的试验配合比方案。将三种细度的钒钛铁尾矿粉设计了同样的配合比方案,按照所占胶凝材料 30%的掺入钒钛铁尾矿粉,试验结果见表 5.11。

表 5.10　钒钛铁尾矿粉活性指数测试配合比方案

试件编号	水泥/g	钒钛铁尾矿粉/g	水/g	标准砂/g
C-0	450	0	225	1350
C-1(1#)	315	135	225	1350
C-2(2#)	315	135	225	1350
C-3(3#)	315	135	225	1350

表 5.11　钒钛铁尾矿粉活性指数测试结果

试件编号	28d 抗压强度/MPa	流动度/%	活性指数/%
C-0	60.7	100	100
C-1(1#)	42.6	96	70
C-2(2#)	41.8	95	69
C-3(3#)	45.6	93	75

钒钛铁尾矿粉的比表面积为 400m²/kg,大于等比例水泥的比表面积,意味着与水接触的面积大大增加,细微颗粒的表面与水接触并湿润的概率大大增加,所需用水量也极大地增加。要想与空白组的流动度相同,必须增加实际用水量,才足以达到纯水泥的流动度。随着掺加的钒钛铁尾矿粉比表面积的增加,流动度逐渐减小,但是当比表面积为 400m²/kg 时,流动度达到 96%,基本与纯水泥一致,继续提高钒钛铁尾矿粉的比表面积,流动度稍有减小,但是影响并不明显。

根据《用于水泥和混凝土中的铁尾矿粉》(YB/T 4501—2016),在一定范围内,比表面积对活性指数的影响很大。当钒钛铁尾矿粉的比表面积为 400m²/kg 时,其活性高达 70%,大于等于标准要求 60%的活性指数,表明钒钛铁尾矿粉属活性掺合料。当钒钛铁尾矿粉比表面积大于 400m²/kg 时,活性指数的提高不再那么明显。钒钛铁尾矿粉比表面积的增加对活性指数的影响并不是那么大。甚至在比表面积为 491m²/kg 时,其活性指数甚至还会略有降低。当比表面积为 567m²/kg 时,比表面积增加了 167m²/kg,活性指数只提高了 7.14%。由此可见,在一定的范围内,比表面积的增加并不能对活性指数提供太多的贡献。

2)钒钛铁尾矿粉和粉煤灰复掺对胶凝材料性能的影响

钒钛铁尾矿本身的活性较低,为了大批量应用,尝试采用多种矿物复掺的方式,提高固体废弃物的整体利用率。参照粉煤灰的应用标准,采用梯度试验的设计方案,保持粉煤灰与钒钛铁尾矿粉的总体占比不变,相对调整粉煤灰与钒钛铁尾矿粉的比例,来探究混合胶凝材料的强度性质以及活性指数等技术性质。

根据《用于水泥和混凝土中的粉煤灰》(GB/T 1596—2017),表 5.12 为该标准下复合掺合料的试验配合比方案,表 5.13 为试验结果。

表 5.12　钒钛铁尾矿粉复掺粉煤灰对胶凝材料性能影响试验的配合比方案

试件编号	水泥/g	粉煤灰/g	钒钛铁尾矿粉/g	水/g	标准砂/g
D-0	450	0	0	225	1350
D-1	315	135	0	225	1350
D-2	315	90	45	225	1350
D-3	315	45	90	225	1350

表 5.13　钒钛铁尾矿粉复掺粉煤灰对胶凝材料性能影响试验结果

试件编号	28d 抗压强度/MPa			活性指数/%			流动度比/%		
	1#	2#	3#	1#	2#	3#	1#	2#	3#
D-0	60.7	60.7	60.7	—	—	—	—	—	—
D-1	53.5	53.5	53.5	88	88	88	73	73	73
D-2	52.4	49.6	45.9	86	82	76	80	80	80
D-3	50.7	31.3	48.7	84	52	80	87	89	90

粉煤灰相对比例的降低,对于其抗压强度有一定的削减作用,降低幅度为 48.4%～7.2%。由表 5.13 可以看出,当掺加比表面积为 400m²/kg 的钒钛铁尾矿粉时,粉煤灰和钒钛铁尾矿粉的相对比例 2∶1 的强度与 1∶2 的强度相差不大,高了 1.7MPa;当掺加比表面积 491m²/kg 的钒钛铁尾矿粉时,随着钒钛铁尾矿粉的增加,抗压强度降低明显,降低了 18.3MPa;当掺加比表面积 567m²/kg 的钒钛铁尾矿粉时,随着钒钛铁尾矿粉的增加抗压强度增加了 2.8MPa。粉煤灰和钒钛铁尾矿粉复掺时的抗压强度并不是有规律地提高和降低,它和钒钛铁尾矿粉的比表面积有很大的关系,而当掺加的钒钛铁尾矿粉比表面积为 400m²/kg 时,相对于另外两种细度的钒钛铁尾矿粉要好点。试验结果表明,当复合掺合料的相对比例一致时,比表面积 400m²/kg 的钒钛铁尾矿粉活性指数要大于其他两种比表面积大于 400m²/kg 的钒钛铁尾矿粉活性指数,只掺加粉煤灰的流动度最低,只有对比组的 73%。随着钒钛铁尾矿粉的掺量增加,其流动度有很大的提高,钒钛铁尾矿粉的比表面积也会影响流动度,钒钛铁尾矿粉的掺加对流动度的改善效果明显。

6. 矿渣粉标准下不同比表面积钒钛铁尾矿粉的性能分析

1) 不同细度钒钛铁尾矿的矿物掺合料性能分析

表 5.14 是依据《用于水泥、砂浆和混凝土中的粒化高炉矿渣粉》(GB/T 18046—2017)制定的试验配合比方案,测试结果见表 5.15。

表 5.14　钒钛铁尾矿粉细度对胶凝材料性能影响试验的配合比方案

试件编号	水泥/g	钒钛铁尾矿粉/g	水/g	标准砂/g
E-0	450	0	225	1350
E-1(1#)	225	225	225	1350
E-2(2#)	225	225	225	1350
E-3(3#)	225	225	225	1350

表 5.15　钒钛铁尾矿粉细度对胶凝材料性能影响试验结果

试件编号	7d 抗压强度/MPa	28d 抗压强度/MPa	7d 活性指数/%	28d 活性指数/%	流动度比/%
E-0	48.7	60.7	—	—	—
E-1	17.3	27.9	36	46	93
E-2	21.0	27.6	43	45	94
E-3	19.7	25.6	41	42	93

由表 5.15 可以看出,按照粒化高炉矿渣粉的技术标准要求,将钒钛铁尾矿粉的掺量提高到胶凝材料的总量的 50%,水胶比为 0.5,胶砂比为 1∶3,其 7d 的活性指数最大为 43%。掺加同样比例的粒化高炉矿渣粉,其 7d 的活性指数为 77%。掺加矿渣粉的胶凝材料比掺加钒钛铁尾矿粉的胶凝材料,其活性指数高出一倍。掺加钒钛铁尾矿粉的 28d 活性指数最大可达到 46%,与其 7d 活性指数相比略有提高,提高幅度最大为 27.8%,由此可见,钒钛铁尾矿比表面积为 400m²/kg 时,其 28d 活性指数是最高的。活性指数的增幅也是最高的。这可能是由于胶凝材料在进行水化反应时,适当比表面积的钒钛铁尾矿粉能有效地稀释水泥水化反应的浓度,有效控制了水泥早期的水化反应速率,使水泥不会因水化反应过快,而出现水泥层之间的相互包裹的现象,影响了水泥水化反应程度以及水化反应深度,从而阻滞了水泥后期水化反应的持续进行,保证了强度增长的连续性。尽管如此,相比同样掺量的矿渣粉,其 28d 活性指数为 107%,说明钒钛铁尾矿粉的活性较差。

随着钒钛铁尾矿粉比表面积的增加,7d 活性指数出现先增加后逐渐减小的趋势。当比表面积为 491m²/kg 时,其 7d 活性最高,甚至比同样比表面积掺量的钒钛铁尾矿粉 28d 活性指数略高。对于前期强度要求比较高的水泥基材料,采用 $491m^2/kg$ 的钒钛铁尾矿粉效果最佳。与此同时,随着钒钛铁尾矿粉的比表面积的增加,其 28d 龄期的活性指数不断降低。可见,在一定范围内,钒钛铁尾矿粉比表面积持续增加,对于 28d 强度是不利的。

钒钛铁尾矿粉的掺加对流动度的影响不是很明显,比纯水泥胶砂的流动度最大减小 7%。总之,钒钛铁尾矿比表面积对流动性影响不明显。钒钛铁尾矿粉掺量在 50% 时会明显降低胶凝材料体系的力学性能,因此钒钛铁尾矿粉作为中低活性矿物掺合料应控制掺量。

2)钒钛铁尾矿粉和矿渣粉复掺对胶凝材料性能的影响

本试验尝试采用多种矿物掺合料复掺的方式,提高固体废弃物的整体利用率。参照矿渣粉的应用标准,采用梯度试验的设计方案,保持矿渣粉与钒钛铁尾矿粉的总体占比不变,相对调整矿渣粉与钒钛铁尾矿粉的比例,来探究混合胶凝材料的强度性质以及活性指数等技术性质。

依据《用于水泥、砂浆和混凝土中的粒化高炉矿渣粉》(GB/T 18046—2017)标准,表 5.16 为该标准下钒钛铁尾矿粉复掺试验配合比方案,表 5.17 为 $400m^2/kg$ 钒钛铁尾矿依据矿渣粉标准测试了 7d 和 28d 的抗压强度。

表 5.16　钒钛铁尾矿粉复掺矿渣粉对胶凝材料性能影响试验的配合比方案

试件编号	水泥/g	矿渣粉/g	钒钛铁尾矿粉/g	水/g	标准砂/g
F-0	450	0	0	225	1350
F-1	225	225	0	225	1350
F-2	225	180	45	225	1350
F-3	225	135	90	225	1350
F-4	225	90	135	225	1350
F-5	225	45	180	225	1350

表 5.17　$400m^2/kg$ 钒钛铁尾矿粉复掺矿渣粉对胶凝材料性能影响试验结果

试件编号(1#)	7d 抗压强度/MPa	28d 抗压强度/MPa	7d 活性指数/%	28d 活性指数/%	流动度比/%
F-0	48.7	60.7	—	—	—
F-1	37.7	65.1	77	107	93
F-2	35.3	57.7	64	95	97
F-3	31.6	48.8	65	80	94
F-4	29.0	44.3	60	73	96
F-5	22.5	36.0	46	59	93

从表 5.17 可以看出,与矿渣粉相比,钒钛铁尾矿粉的活性显得很低,为了达到固体废弃物资源化综合利用的目的,常常需要其他辅助胶凝材料一种或者两种的复掺,在保证水泥基材料力学性能的情况下大幅利用钒钛铁尾矿。

表 5.18 是矿渣粉和比表面积 491m²/kg 的钒钛铁尾矿粉复掺试验结果。表5.19 中复掺使用的钒钛铁尾矿粉比表面积为 567m²/kg,配合比见表 5.16。

表 5.18　491m²/kg 钒钛铁尾矿粉复掺矿渣粉对胶凝材料性能影响试验结果

试件编号(2#)	7d 抗压强度/MPa	28d 抗压强度/MPa	7d 活性指数/%	28d 活性指数/%	流动度比/%
F-0	48.7	60.7	—	—	—
F-1	37.7	65.1	77	107	93
F-2	34.3	59.7	70	98	96
F-3	32.1	50.4	66	83	95
F-4	29.8	44.0	61	72	95
F-5	24.4	37.0	50	61	96

表 5.19　567m²/kg 钒钛铁尾矿粉复掺矿渣粉对胶凝材料性能影响试验结果

试件编号(3#)	7d 抗压强度/MPa	28d 抗压强度/MPa	7d 活性指数/%	28d 活性指数/%	流动度比/%
F-0	48.7	60.7	—	—	—
F-1	37.7	65.1	77	107	93
F-2	35.9	56.0	74	92	96
F-3	33.1	48.5	68	80	97
F-4	29.5	42.9	61	71	97
F-5	24.8	36.2	51	60	94

随着所掺钒钛铁尾矿粉的比表面积的增大,同一配合比方案的 7d 和 28d 的活性指数提高不明显。由此可知,当选用矿渣粉和钒钛铁尾矿粉作掺合料时,钒钛铁尾矿粉的比表面积为 400~567m²/kg,钒钛铁尾矿粉细度在活性提升方面影响不大,也说明钒钛铁尾矿粉的活性确实很低。钒钛铁尾矿粉为比表面积为 400m²/kg 的钒钛铁尾矿粉,矿渣粉和钒钛铁尾矿粉的总占比为胶凝材料的 50% 不变的情况下,复掺钒钛铁尾矿粉与矿渣粉比例为 1:4 时,该组试件的 7d 抗压强度为 35.3MPa 比纯水泥对比组的强度低 13.4MPa,而该组 28d 的抗压强度为 57.7MPa,比纯水泥对比组低 3MPa,说明少量的钒钛铁尾矿粉复掺大量的矿渣粉其后期强度基本可以达到纯水泥的抗压强度;复掺时钒钛铁尾矿粉用量最多且钒钛铁尾

矿粉和矿渣粉相对比例为 4∶1 时,该组试件的 7d 抗压强度 22.5MPa 比纯水泥对比组的强度低 26.2MPa,而该组 28d 的抗压强度为 36.0MPa 比纯水泥组低24.7MPa,说明大掺量的钒钛铁尾矿粉配少量的矿渣粉其无论早期强度还是后期强度都有大幅度的降低。这说明矿渣粉的活性要比钒钛铁尾矿粉的活性高得多。

由流动度测试结果可知,矿渣粉和钒钛铁尾矿粉复掺的流动性没有什么规律可循,其流动度均在 93%～97%。

综上所述,当钒钛铁尾矿粉掺量占胶凝材料的 50% 时,其流动度比纯水泥最大降低 7%,当钒钛铁尾矿粉掺量达到 30% 时,随着掺加的钒钛铁尾矿粉比表面积的增加,流动度逐渐增加,但是当比表面积为 491m²/kg 时,流动度比达到 95%,基本与纯水泥一致,继续提高钒钛铁尾矿粉的比表面积,流动度比稍有提高,但是影响并不明显。然而,当和粉煤灰相比较,只掺粉煤灰的流动度最低,只有对比组的73%,随着钒钛铁尾矿粉的掺量增加,其流动度有很大的提高。

5.4　钒钛铁尾矿制备预拌混凝土的研究

在钒钛铁尾矿活性研究的基础上,选用粉磨 40min 的钒钛铁尾矿粉为主要原料制备胶凝材料。在胶凝材料的制备过程中,为了更好地发挥钒钛铁尾矿粉的反应活性,在胶凝材料中掺加矿渣粉和粉煤灰,并对各组分的配合比进行优化设计,设计配合比时注意两个方面的因素:①胶凝材料的水化反应必须达到水泥水化的基本要求;②应尽可能多地利用钒钛铁尾矿,少用水泥,节约资源,同时分别参考粉煤灰和矿渣粉标准制定试验方案。然后制备钒钛铁尾矿胶凝材料试件;与此同时,对最佳性能试件留样,分析水化过程,运用 XRD、标准稠度、水化热及 SEM 等测试手段分析钒钛铁尾矿胶凝材料的水化产物及反应速率。

5.4.1　钒钛铁尾矿制备胶凝材料的研究

1.钒钛铁尾矿胶凝材料的配合比设计

本节研究主要是针对钒钛铁尾矿粉复掺粉煤灰和钒钛铁尾矿粉复掺矿渣粉的复合胶凝材料的水化过程,初步确定制备钒钛铁尾矿粉复合胶凝材料中所用的试验原料。

本试验在已有的研究基础上,制备净浆试件研究其水化过程。依据标准《用于水泥和混凝土中的粉煤灰》(GB/T 1596—2017),水泥和总固体废弃物掺合料的比例为 7∶3。表 5.20 是该标准下设计的掺粉煤灰和钒钛铁尾矿粉试验配合比方案;依据《用于水泥、砂浆和混凝土中的粒化高炉矿渣粉》(GB/T 18046—2017),水泥和总掺合料的比例为 1∶1,表 5.21 为该标准下的钒钛铁尾矿粉复掺矿渣粉的配合比方案。随后用净浆搅拌机搅拌,将搅拌好的净浆灌入 30mm×30mm×50mm 的三联模,用振动台振实,而后放入恒温恒湿养护箱里带模养护 1d,然后将脱模后的试件放进养护箱养护,到养护龄期(1d、3d、7d、14d、28d)后测试其抗压强度,将压过的净浆一部分研磨进行 XRD 分析,另一部分制样进行 SEM 分析。

表 5.20　钒钛铁尾矿粉复掺粉煤灰胶凝材料配合比方案

试件编号	水泥/g	粉煤灰/g	钒钛铁尾矿粉/g	水/g
E-1	500	0	0	135
E-2	350	150	0	135
E-3	350	75	75	135
E-4	350	0	150	135

表 5.21　钒钛铁尾矿粉复掺矿渣粉胶凝材料配合比方案

试件编号	水泥/g	矿渣粉/g	钒钛铁尾矿粉/g	水/g
F-1	500	0	0	135
F-2	250	250	0	135
F-3	250	125	125	135
F-4	250	0	250	135

2.不同原料组成胶凝材料的物理性能

图 5.17 为依据粉煤灰标准试验方案的抗压强度结果柱状图。可以看出,这几组试验方案的早期(3d)抗压强度相比后期抗压强度上升的幅度大,纯水泥的净浆 1d 到 3d 的抗压强度上升幅度最大,上升了 33.9MPa,三天之后的抗压强度上升渐缓。掺加 150g 粉煤灰净浆的 14d 和 28d 的抗压强度相差 1.3MPa,说明掺加粉煤灰的后期抗压强度变化不大。掺加 75g 粉煤灰和 75g 钒钛铁尾矿粉的净浆 28d 抗压强度达到 88.6MPa,掺加 150g 钒钛铁尾矿粉的净浆 28d 抗压强度比掺加 150g 粉煤灰的净浆 28d 抗压强度多了 0.1MPa,比掺加两种混合料的抗压强度低 2.2MPa。总体来说,三种不同掺量掺合料的净浆 28d 抗压强度相差不大,从钒钛铁尾矿粉的利用来考虑钒钛铁尾矿粉掺加 150g 可以达到掺加 150g 粉煤灰的 28d 抗压强度。

图 5.18 为依据矿渣粉标准试验方案的抗压强度结果柱状图,水泥掺量固定为 70%,固体废弃物掺量为 30% 的条件下,从只考虑钒钛铁尾矿粉掺量的角度看,钒

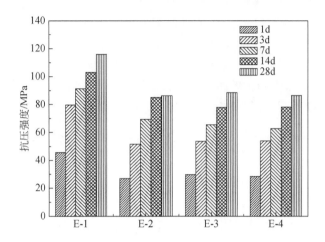

图 5.17　不同胶凝材料的抗压强度（粉煤灰）

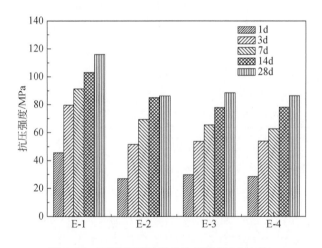

图 5.18　不同胶凝材料的抗压强度（矿渣粉）

钛铁尾矿粉的掺量也有个最佳值，掺 150g 钒钛铁尾矿粉的净浆要比掺 250g 钒钛铁尾矿粉净浆的 28d 抗压强度多 39.1MPa，这说明钒钛铁尾矿粉不是掺量越多抗压强度越高。

　　从图 5.18 可以看出，掺加 50％矿渣粉的 1d 抗压强度是对比组纯水泥净浆 1d 抗压强度的 50％，掺加 50％矿渣粉净浆的 1d、3d、7d、14d 抗压强度相邻两个龄期相差 20MPa。28d 抗压强度比对比组强度低 21.3MPa。而掺加 250g 钒钛铁尾矿粉净浆的 3d 抗压强度达到它 28d 抗压强度的 69％，而它的 28d 抗压强度达到对比组的 41％。从后期强度分析，掺 125g 矿渣粉加 125g 钒钛铁尾矿粉净浆是最合适的。

3.胶凝材料标准稠度用水量

1)粉煤灰标准下的胶凝材料标准稠度用水量分析

图5.19是粉煤灰标准下标准稠度用水量趋势图,标准稠度用水量就是测量净浆在标准稠度下用水量占水泥的百分比。试验结果表示纯水泥的标准稠度用水量为27%,其他几组掺加矿物掺合料的标准稠度用水量都要比基准水泥的用水量大,其中最大的是掺加150g粉煤灰的标准稠度用水量,说明粉煤灰的需水量大,用75g钒钛铁尾矿代替一半粉煤灰时可以减少4%的用水量,当用150g钒钛铁尾矿粉全部代替粉煤灰时和水泥的标准稠度用水量是一样的,说明掺加钒钛铁尾矿粉代替部分粉煤灰可以减少用水量。

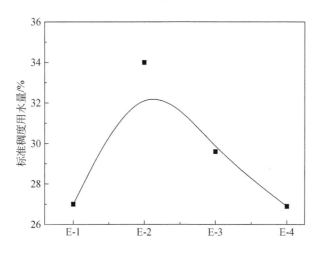

图5.19　胶凝材料的标准稠度用水量(粉煤灰)

2)矿渣粉标准下的胶凝材料标准稠度用水量分析

图5.20是矿渣粉标准下标准稠度用水量趋势图。掺加矿渣粉和钒钛铁尾矿粉的标准稠度用水量上下变化不大,说明掺加矿渣粉和钒钛铁尾矿粉的需水量相比粉煤灰的需水量要小。掺加150g钒钛铁尾矿粉比掺加250g钒钛铁尾矿粉的标准稠度用水量少1%,可以说明钒钛铁尾矿粉的用水量和水泥的差不多。

3)胶凝材料体系的粒度优化

图5.21和图5.22是胶凝材料水泥、粉煤灰、矿渣粉和钒钛铁尾矿粉的粒度分布图。这节从胶凝材料粒度分布角度来分析对钒钛铁尾矿粉水化过程的影响。由5.3节胶凝材料的标准稠度用水量和力学性能可知,钒钛铁尾矿粉替代粉煤灰后拌合物流动性和填充性能均有所提高。钒钛铁尾矿粉的颗粒(D_{50}为15.36μm)较

粉煤灰颗粒(D_{50}为 16.72μm)更细,且钒钛铁尾矿粉表观密度更大,因此在相同体积下,钒钛铁尾矿粉的颗粒数量较粉煤灰多,微集料效应更明显。而钒钛铁尾矿粉替代矿渣粉后拌合物的流动性几乎不变,但力学性能降低了。主要是因为矿渣粉颗粒(D_{50}为 10.82μm)较钒钛铁尾矿粉(D_{50}为 15.36μm)更细,在相同体积下,矿渣粉拌合物中粉体颗粒总量较尾矿粉拌合物更多,所以力学性能更好。可以看出,拌合物中胶凝材料组分起到填充密实效应的作用,其中矿渣粉>钒钛铁尾矿粉>粉煤灰。

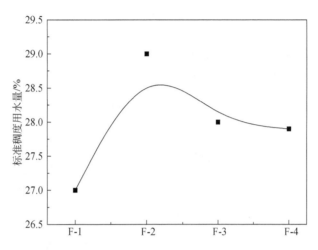

图 5.20　胶凝材料的标准稠度用水量(矿渣粉)

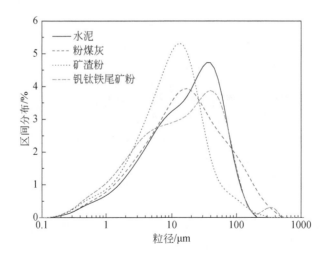

图 5.21　胶凝材料粒度的区间分布

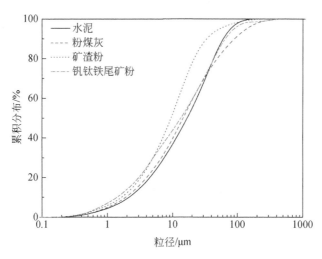

图 5.22 胶凝材料粒度的累积分布

少量硅铝质矿物在机械力作用下磨细并在胶凝材料体系中参与二次水化反应,但钒钛铁尾矿粉火山灰活性仍较低;微细粒钒钛铁尾矿粉在体系中起到填充密实的作用;在混凝土中加入钒钛铁尾矿粉可以保障浆体体积,包裹骨料,有利于维持混凝土工作性能。

5.4.2 钒钛铁尾矿胶凝材料的水化机理分析

1.胶凝材料水化热分析

水化热的测试主要分三步,首先对仪器进行校准,然后是试验前准备,备料,根据试验配合比对干物料进行称量,干物料总重 4g,水 2g,将材料放入 A 通道,把 B 通道装有玻璃珠的瓶子放回 B 通道,静置 4h 以上,待平衡后进行下一步。最后就是开始试验。

1)粉煤灰标准下的胶凝材料水化热分析

图 5.23 是根据表 5.20 胶凝材料的配合比方案,测试的 7d 的水化热结果。可以看出,20h 之前的水化热从低到高顺序是 E-2、E-4、E-3、E-1。其中,10h 前 E-4 的水化热峰值高于 E-2。累计水化热 E-2<E-4<E-3<E-1,但是 E-2 和 E-4 累计水化热基本间隔不大,这和他们的净浆抗压强度表现是一致的,24h 前 E-4 的累计水化热比 E-3 累计水化热高,24h 后 E-3 的累计水化热高于只是掺加钒钛铁尾矿粉的 E-4。由此可以说明,水化热可以反映水化的程度。30%尾矿占比的胶凝材料 E-4 的水化程度高于 E-2,可能是钒钛铁尾矿粉比表面积大于粉煤灰,钒钛铁尾矿粉的晶核效应较粉煤灰略明显,促进了水泥的早期水化,导致水化峰值略早于粉煤灰混凝土。

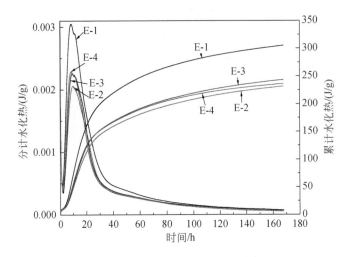

图 5.23　胶凝材料的 7d 水化热（粉煤灰）

2)矿渣粉标准下的胶凝材料水化热分析

从图 5.24 可以看出,无论是分计水化热还是累计水化热都是一个规律,水泥＞矿渣粉＞复掺矿渣粉和钒钛铁尾矿粉＞钒钛铁尾矿粉,可以得出胶凝材料里随着钒钛铁尾矿粉的增加,胶凝材料总水化放热量降低。

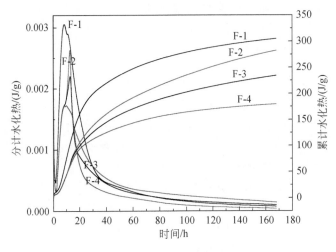

图 5.24　胶凝材料的 7d 水化热（矿渣粉）

2.胶凝材料 XRD 分析

综上所述,从净浆试验的力学性能考虑,在水泥中掺入 30％钒钛铁尾矿粉进行测试分析,研究钒钛铁尾矿粉的水化产物,不同龄期物相变化如图 5.25 所示。可以看出,随着养护龄期的增加,AFt、C_2S、C_3S、$Ca(OH)_2$,是新生成的物相,石英、透辉石经过 28d 养护后依然存在,可以初步确定石英、透辉石的活性较低,经过标准养护后未能全部参与反应。经过养护后,可以用下列方程表示钒钛铁尾矿胶凝材料的水化反应过程。

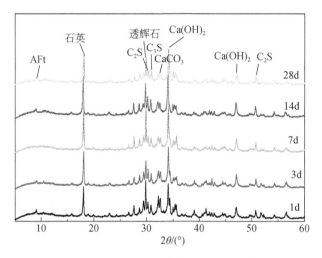

图 5.25　胶凝材料的 XRD 谱图

$$C_3S+5.3H \longrightarrow CSH+1.3CH \tag{5.3}$$

$$C_2S+4.3H \longrightarrow CSH+0.3CH \tag{5.4}$$

$$C_3A+3CSH_2+26H \longrightarrow C_6AS_3H_{32} \tag{5.5}$$

$$C_4AF+3CSH_2+30H \longrightarrow C_6AS_4H_{32}+CH+FH_3 \tag{5.6}$$

$$2C_3A+C_6AS_3H_{32}+4H \longrightarrow 3C_4ASH_{12} \tag{5.7}$$

$$2C_4AF+3CSH_2+12H \longrightarrow 3C_4SH_{12}+2CH+2FH_3 \tag{5.8}$$

$$C_3A+6H \longrightarrow C_3(A,F)H_6 \tag{5.9}$$

$$C_4AF+10H \longrightarrow 3C_3(A,F)H_6+CH+FH_3 \tag{5.10}$$

$Ca(OH)_2$ 的衍射峰在水化后期呈逐渐降低的趋势,这是由于尾矿中的活性组分在水化后期发生了碱-火山灰反应,即二次水化反应,吸收了部分 $Ca(OH)_2$,导致 $Ca(OH)_2$ 的量有所降低,水泥水化的主要产物是无定形 C-S-H 凝胶和 $Ca(OH)_2$,但由于 C-S-H 凝胶属于胶状物质,所以在 XRD 谱图中几乎无法识别,其反应式可表示为

$$(0.8\sim1.5)Ca(OH)_2+SiO_2+n-(0.8\sim1.5)H_2O \longrightarrow (0.8\sim1.5)CaO \cdot SiO_2 \cdot nH_2O \tag{5.11}$$

$$x(1.5\sim2.0)CaO \cdot SiO_2 \cdot nH_2O + ySiO_2 \longrightarrow z(0.8\sim1.5)CaO \cdot SiO_2 \cdot nH_2O$$

$$(5.12)$$

活性 Al_2O_3 有类似的反应：

$$xCa(OH)_2 + Al_2O_3 + mH_2O \longrightarrow xCaO \cdot Al_2O_3 \cdot nH_2O \qquad (5.13)$$

3. 胶凝材料 SEM 分析

纯水泥体系和掺加 30％钒钛铁尾矿粉的钒钛铁尾矿粉-水泥体系净浆水化的 SEM 图如图 5.26 所示，由于水化 1d、7d、14d 的水化产物不明显，这里对上述两组净浆试件水化 3d、28d 进行详细比较。

从图 5.26 可以看出，纯水泥水化 3d 时有大量棒状的 AFt，正六边形的水化产物 $Ca(OH)_2$ 晶体水化呈板状堆积；随着钒钛铁尾矿粉的掺入，钒钛铁尾矿-水泥体系净浆 3d 水化也有大量细长棒状的 AFt，但其水化产物 $Ca(OH)_2$ 晶体和无定形 C-S-H 凝胶反应在一起[37]。水化 28d 后的纯水泥浆体虽然结构致密，除可以看到 $Ca(OH)_2$ 晶体存在外，同时也可以看出水泥硬化后有很多细小间隙，如图 5.26(a)

(a) 纯水泥3d　　　　　　　　　　　(b) 钒钛铁尾矿-水泥3d

(c) 纯水泥28d　　　　　　　　　　(d) 钒钛铁尾矿-水泥28d

图 5.26　胶凝材料 SEM 图

所示间隙处有大量细长棒状晶型的 AFt;钒钛铁尾矿-水泥体系净浆 28d 水化反应产物以 Ca(OH)₂ 晶体为主,掺加尾矿的水泥硬化浆体较紧密,孔隙较小,所以生成的 AFt 数量也较少。从 SEM 分析得到的结论:钒钛铁尾矿-水泥体系随着水化反应的进行,AFt 在增加,Ca(OH)₂ 不断减少。此结论正好对应了 XRD 分析结果。

5.4.3 钒钛铁尾矿预拌混凝土的制备

1.混凝土试件的制备

分别使用钒钛铁尾矿粉替代粉煤灰和矿渣粉配制 C30 混凝土,并测试工作性、力学性能和耐久性,试验配合比方案见表 5.22。本试验用掺加粉煤灰和矿渣粉作为试验的对比组,采用不同的水灰比 0.46 和 0.48,制备掺入不同比例粉煤灰、矿渣粉、钒钛铁尾矿粉三种矿物掺合料的试件作为试验组,本试验采用的外加剂是减水剂,混凝土中的减水剂为 4.5kg,钒钛铁尾矿粉用的是粉磨 40min 比表面积为 491m²/kg 的钒钛铁尾矿粉,砂和石子都是北京金隅提供的,砂细度模数 2.75,砂含水率为 3.7%;石子粒径 5~20mm,含水率为 0.35%。

表 5.22　C30 钒钛铁尾矿混凝土配合比方案

试件编号	水/(kg/m³)	水泥/(kg/m³)	粉煤灰/(kg/m³)	矿渣粉/(kg/m³)	钒钛铁尾矿粉/(kg/m³)	砂/(kg/m³)	石/(kg/m³)	外加剂/(kg/m³)
C30-0	180	209	60	106		832	1037	4.5
C30-A1	180	209	30	106	30	832	1037	4.5
C30-A2	173	209	30	106	30	832	1037	4.5
C30-B1	180	209	30	91	45	832	1037	4.5
C30-B2	173	209	30	91	45	832	1037	4.5
C30-C1	180	209	30	76	60	832	1037	4.5
C30-C2	173	209	30	76	60	832	1037	4.5

试验按照表 5.22 的设计比例进行备料,试验之前准备好 100mm×100mm×100mm 试模,刷好脱模剂(这里的脱模剂是飞机用油),用薄纸片挡住试验模具底部的小气孔,防止混凝土浆体从气孔流出,试验采用的是型号为 YZ-100L1-4 的搅拌机搅拌混凝土。试验时,先将干物料倒入搅拌机待干物料搅拌 5min 后,将一半水先倒入搅拌机搅拌,然后用剩下的水将减水剂冲进搅拌机,将搅拌好的混凝土先做坍落度试验,然后装进塑料试模并用振动台进行振捣,将振动后的混凝土表面刮干净面,抹平后盖上塑料保湿膜。实验室的温度控制在(20±1)℃,养护 1d 后开始

脱模然后放入标准养护室中养护(见图 5.27),脱模中一定要轻拿轻放,保证混凝土试件的完整性。脱模时把试模倒放过来用气泵对准试模底部的气孔,用气压把试件压出来。

(a) 试件养护　　　　　　　　　　　　　　(b) 试件加载

图 5.27　混凝土试件的养护及加载测试

2. 混凝土和易性测试

混凝土的制备不光要有很好的强度,还要有合适的工作性,故在大量制备混凝土之前要调整减水剂的用量,根据试验的调整最终把减水剂的用量定在占胶凝材料的 2‰,新拌混凝土的三项指标之间相互关联和制约。黏聚性好的新拌混凝土,其保水性也好,但其流动性较差;流动性越大的新拌混凝土,往往黏聚性和保水性有变差的趋势。随着现代混凝土技术的发展,从 2004 年开始《商务部、公安部、建设部、交通部关于限期禁止在城市城区现场搅拌混凝土的通知》对现场搅拌有了规定,混凝土目前一般采用泵送施工的方法,对新拌混凝土的和易性要求很高,三方面性能必须协调统一,才能既满足施工操作要求,又确保后期工程质量良好。

表 5.23 是根据表 5.22 设计方案的和易性测试结果。可以看出,各组试验新拌混凝土坍落度均在(210±5)mm,对工作性影响不大。各组钒钛铁尾矿混凝土黏聚性好,且钒钛铁尾矿混凝土泌水少。总体来说各组新拌混凝土工作性良好。

表 5.23　C30 钒钛铁尾矿混凝土和易性测试结果

试件编号	强度等级	坍落度/mm	黏聚性	保水性
C30-0	C30	213	良好	轻微泌水
C30-A1	C30	210	良好	轻微泌水
C30-A2	C30	208	良好	轻微泌水

续表

试件编号	强度等级	坍落度/mm	黏聚性	保水性
C30-B1	C30	211	良好	轻微泌水
C30-B2	C30	215	良好	轻微泌水
C30-C1	C30	206	良好	轻微泌水
C30-C2	C30	208	良好	轻微泌水

3. 不同混凝土龄期力学性能

本试验依据《混凝土物理力学性能试验方法标准》(GB/T 50081—2019),测试3d、7d、28d、60d 的抗压强度,试件测试时要注意以下几方面:①保证试件和承压板干净;②试件放在承压面的轴心位置,不得偏离试验机的中心;③试验过程要注意荷载速率,根据 C30 混凝土的标准进行加载(0.6MPa/s);④试件发生破坏时,要密切关注液压的实际情况。

不同龄期强度测试结果如图 5.28 所示。可以看出,水胶比为 0.48,钒钛铁尾矿粉掺量分别为 30kg、45kg 时,与基准配合比相比较,3～28d 强度呈逐渐降低的趋势,28d 强度由 43.9MPa 降低至 42.2MPa。60d 时,掺加 30kg 钒钛铁尾矿粉的混凝土抗压强度较基准配合比高出 1.7MPa,掺加 45kg 钒钛铁尾矿粉的混凝土抗压强度较基准配合比低 0.7MPa,表明掺加钒钛铁尾矿粉有益于长龄期试件强度增进。

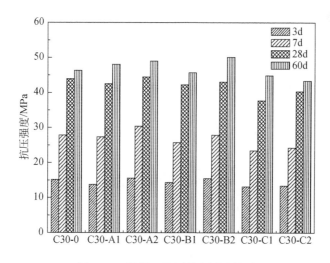

图 5.28　混凝土抗压强度测试结果

水胶比为 0.46,掺入钒钛铁尾矿粉低于 45kg 时,各龄期强度普遍高于基准配合比,表明水胶比是混凝土强度的主要影响因子。

钒钛铁尾矿粉掺量为 60kg(C30-A2)时,无论是否降低水胶比,各龄期混凝土抗压强度均较基准配合比低,但钒钛铁尾矿混凝土长龄期抗压强度增进量较大,60d 时抗压强度比达到 94% 以上。

各组配合比抗压强度均达到 C30 混凝土要求的水平。

5.4.4　钒钛铁尾矿预拌混凝土耐久性的研究

随着现代建筑业的快速发展,各式各样不同功能用途的建筑层出不穷,但现有的建筑大部分都离不开混凝土的应用,混凝土的工作性和力学性能是其最基本的要求。对于不同功能用途的建筑,涉及建筑物耐久性的要求。耐久性与安全性、适用性是评判建筑物可靠度的三个指标,而混凝土耐久性是保证建筑物使用年限的重要部分。住宅等民用建筑的使用年限为 50 年,有纪念意义的建筑博物馆等使用年限为 100 年,还有很多其他用途的建筑可能需要的年限更久,使用年限越久对建筑或者混凝土的耐久性要求越高。

本章从抗 Cl^- 渗透性、抗冻融循环、抗碳化和收缩性能四个方面研究钒钛铁尾矿混凝土的耐久性。

1. 混凝土抗 Cl^- 渗透性

由 5.4.3 节中的钒钛铁尾矿混凝土的力学性能和工作性分析中,选出 2 组掺入钒钛铁尾矿粉的混凝土(C30-B1、C30-C1)进行耐久性测试,并与 C30-0 混凝土(未掺入钒钛铁尾矿粉)的测试数据进行对比。

本节主要从钒钛铁尾矿混凝土抗 Cl^- 渗透能力来评价钒钛铁尾矿混凝土的耐久性,下面主要介绍 RCM 测试方法。

RCM 法又称快速 Cl^- 迁移系数法,具体操作步骤依据《普通混凝土长期性能和耐久性能试验方法标准》(GB/T 50082—2009)。钒钛铁尾矿混凝土的非稳态 Cl^- 迁移系数按下式计算:

$$D_{RCM} = \frac{0.0239(273+T)L}{(U-2)t}(Xd-0.0238)\sqrt{\frac{(273+T)LXd}{U-2}} \tag{5.14}$$

式中,D_{RCM} 为混凝土的非稳态 Cl^- 迁移系数,10^{-12} m^2/s;U 为所用电压的绝对值,V;T 为阳极溶液的初始温度和结束时的平均温度,℃;L 为试件的厚度,mm;X_d 为渗透深度的平均值,mm;t 为试验的持续时间,h。

表 5.24 是钒钛铁尾矿混凝土抗 Cl^- 渗透性测试结果。根据《普通混凝土长期性能和耐久性能试验方法标准》(GB/T 50082—2009)标准 RCM 法进行抗 Cl^- 渗

透性测试,Cl^- 迁移系数 $D_{RCM} \leqslant 7 \times 10^{-12} \, m^2/s$,符合环境条件为去除高浓度 Cl^- 水体且有干湿交替的工程各结构部位对抗 Cl^- 性能的要求,基于 Cl^- 迁移系数的混凝土渗透性等级为 III 级,混凝土渗透性低。

表 5.24 钒钛铁尾矿混凝土抗 Cl^- 渗透性测试结果

试件编号	Cl^- 迁移系数/$(\times 10^{-12} \, m^2/s)$
C30-0	2.253
C30-B1	3.911
C30-C1	4.016

2. 混凝土抗冻融循环测试

混凝土抗冻融循环测试是为了模拟在严寒、微冻环境下混凝土可以抵抗冻融的一种能力,这种人为环境下相当于严寒地区的几十年,可以间接知道混凝土的抗冻融能力。主要测试方法有慢冻法、快冻法和单面冻融法。本试验采用快冻法,快冻法的试验过程根据《普通混凝土长期性能和耐久性能试验方法标准》(GB/T 50082—2009)中的快冻法进行混凝土抗冻融循环性能测试,测试结果见表 5.25。

表 5.25 钒钛铁尾矿混凝土抗冻融测试结果

试件编号	测试结果/次
C30-0	25
C30-B1	125
C30-C1	125

混凝土中加入防冻型外加剂、引入适量均匀气泡或增加混凝土密实性均可以提高混凝土抗冻性能。从表 5.25 可以看出,同种外加剂条件下,对比样 25 次冻融循环后已冻坏,分别掺入 45kg/m³、60kg/m³ 钒钛铁尾矿粉后,抗冻融循环能力显著提高。试验表明,掺入钒钛铁尾矿粉可以提高混凝土的密实性,提高抗冻融循环能力,从而提高混凝土的耐久性。

3. 混凝土抗碳化测试

水泥一经水化游离出大约 35% 的 $Ca(OH)_2$,它对混凝土的硬化起重大作用。已经硬化的混凝土表面受到 CO_2 作用,使 $Ca(OH)_2$ 逐渐变化,生成硬度较高的碳酸钙,即发生混凝土的碳化现象,它对回弹法强度的测试有显著影响。碳化使混凝土表面硬度增加,混凝土的抗碳化能力对混凝土保护钢筋也起到作用,抗碳化原理:本试验采用在(20±3)%浓度的CO_2介质中进行快速碳化试验,基本上保持和自然碳化相同的规律,在该试验条件下碳化28d相当于自然环境中50年的碳化深度。

表5.26是钒钛铁尾矿混凝土抗碳化的测试结果,钒钛铁尾矿混凝土的碳化深度低于20mm,符合《混凝土结构耐久性设计规范》(GB 50476—2008)中一般环境中设计使用年限100年的各结构部位对抗碳化性能的要求。加强混凝土的抗碳化性能有下面两个方法:其一,水泥用量固定条件下,水灰比越低,碳化速度越慢;其二,控制混凝土所在环境的CO_2浓度和湿度。

表 5. 26　　钒钛铁尾矿混凝土抗碳化测试结果

试件编号	碳化深度/mm
C30-0	16.6
C30-B1	18
C30-C1	18.2

4. 混凝土收缩性能测试

钒钛铁尾矿混凝土65d收缩率如图5.29所示。可以看出,随着钒钛铁尾矿粉掺量的增大,混凝土收缩率略有提高,掺加45kg钒钛铁尾矿粉后,收缩率比基准混凝土增加$0.45×10^{-4}$,掺加60kg钒钛铁尾矿粉时,收缩率比基准混凝土增加$0.81×10^{-4}$,这是由于随着水泥水化和掺合料的二次水化作用,体系中固相的绝对体积不

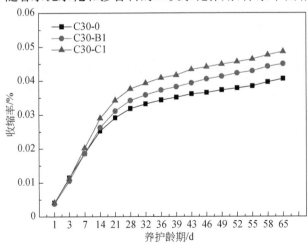

图 5.29　混凝土收缩率

断增加,但固相与液相体积总和呈减小趋势[38]。由于钒钛铁尾矿粉较粉煤灰、矿渣粉水化活性低,二次水化作用较弱,水化产物绝对体积也略低,并且伴随着化学收缩、干燥收缩作用,钒钛铁尾矿粉掺量较多的混凝土收缩率也略大。

通常,随着水泥水化和掺合料的二次水化作用,体系中固相的绝对体积不断增大,但固相与液相的体积总和呈减小趋势。钒钛铁尾矿粉较粉煤灰、矿渣粉的水化活性低,因此二次水化作用产生的总固相量低于未使用钒钛铁尾矿粉试件。另外,经过磁选后的尾矿中少量的 Fe 元素主要以硅酸盐、铝硅酸盐等结合态存在,不会对混凝土的各项性能产生不利影响。

5.5　钒钛铁尾矿混凝土的工程应用

本节是以钒钛铁尾矿粉作为矿物掺合料制备 C30 路面混凝土,将尾矿大宗利用在混凝土中。下面主要介绍工程概况、钒钛铁尾矿混凝土的成本计算、钒钛铁尾矿粉配制路面混凝土施工过程、在浇注 C30 路面混凝土时对其工作性进行留样,测试 3d、7d、28d 不同龄期的抗压强度。

1. 工程概况

河北睿索固废工程技术研究院有限公司位于承德市高新区,承德恒盛混凝土有限公司使用北京建筑材料科学研究总院有限公司(简称北京建材总院)与河北睿索固废工程技术研究院有限公司合作开发的钒钛铁尾矿粉制备混凝土进行 3000m² 路面工程施工。共计使用 600m² C30 路面混凝土,环型路面厚 20cm,宽 6m。钒钛铁尾矿粉通过委托加工方式制备,共计 80t。图 5.30 是河北睿索固废工程技术研究院有限公司施工前地貌。

图 5.30　施工前地貌

2.尾矿路面混凝土的成本计算

通过利用钒钛铁尾矿粉替代粉煤灰,并对混凝土配合比进行优化,使其经济效益达到最大化。配合比及材料成本见表 5.27,水泥 345 元/t,粉煤灰 117 元/t,矿渣粉205 元/t,钒钛铁尾矿粉的成本包括材料费、加工费及运输费等按 70 元/t 计,常规 C30 路面混凝土材料成本 167.28 元/m³,钒钛铁尾矿粉 C30 路面混凝土材料成本 164.05 元/m³,每立方米可节约材料成本 3.23 元。同类磨型能耗的对比分析:粉磨至比表面积为 400m²/kg 时,钒钛铁尾矿粉磨能耗为 52kW·h/t,较矿渣(58kW·h/t)易于粉磨。

表 5.27　C30 路面混凝土用材料配合比及成本

配合比组成	普通混凝土/(kg/m³)	钒钛铁尾矿混凝土/(kg/m³)	材料成本/(元/t)
水	180	180	暂不计
水泥	233	227	345
粉煤灰	45	0	117
钒钛铁尾矿粉	0	47	70
矿渣粉	86	90	205
砂	794	794	28
石	1096	1096	33
泵送剂	4	4	1400

5.5.1　钒钛铁尾矿路面混凝土的配制

北京建材总院的课题组对混凝土制备及施工养护方面提出建议。为保证工程的质量,从原材料质量的检测、路面混凝土的制备、施工过程、养护这几方面做了严格把关,施工过程和养护过程如图 5.31 所示。混凝土施工质量控制细节如下。

1.原材料的质量控制及预拌混凝土的质量

严格控制原材料并进场检验,确保所用原材料质量符合标准;C30 路面预拌混凝土所用的原材料是水泥、钒钛铁尾矿粉、矿渣粉、砂、石。其中钒钛铁尾矿粉的性质已详细研究过,水泥和矿渣粉是北京金隅提供的,砂和石就地取材,来自附近矿山上的废石,为此北京建材总院对石和砂做了基本的检测。

(a) 洒水

(b) 浇筑和振捣

(c) 路面找平

(d) 收面抹压

(e) 薄膜养护

(f) 割缝

图 5.31　施工过程图

制备 C30 路面预拌混凝土的机制砂属于中砂,石粉含量 2.0%,含泥量 0.2%,各粒级最大质量损失 3.6%,总质量损失 3%,坚固性-单级最大压碎指标为 12%,其表观密度 2800kg/m³,松散堆积密度 1620kg/m³,还有各项有害物质检测均合格,符合标准《建设用砂》(GB/T 14684—2011)的要求。

石子采用颗粒级配 5~25mm 连续粒级配的石子,含泥量 0.1%,坚固性质量损失量 3%,坚固性压碎指标经测试为 7%,表观密度为 2820kg/m³,松散堆积密度为 1600kg/m³,含水率 0.3%,各项有害物质经检测均合格,符合标准《建设用卵石、碎石》(GB/T 14685—2011)的要求。

2. 配合比设计

混凝土搅拌站的装料设备构造不同,已知装混凝土矿物掺合料的位置只有两个口,故这里只掺加矿渣粉和钒钛铁尾矿粉两种掺合料。从混凝土搅拌站制备的预拌混凝土一定要按照配合比配制,在保证达到设计强度的同时,还要保证有良好的工作性,坍落度控制为到场约 180mm,不宜太大。

3. 质量检验

混凝土的进场检验由专人负责,并安排专业人员完成混凝土试件的制作。成型试件性能测试一组交给冀东恒盛集团进行测试,一组送回北京建材总院进行测试。

施工中保证施工人员配置充分,混凝土浇注前需洒水润湿路面基层且保证施工时无积水;严禁施工过程中向混凝土随意加水;振捣时要密实,不漏振、不过振;加强抹面工序管理,根据情况可适当增加抹压频次;终凝后及时洒水并覆盖薄膜进行保湿养护;根据混凝土强度增长情况及时切缝;每天安排专人浇水养护,养护时间不少于 7 天;合理安排混凝土运输车辆,避免长时间断车或压车现象。

5.5.2　钒钛铁尾矿路面混凝土的施工

C30 钒钛铁尾矿混凝土由混凝土运输车运送到现场,混凝土的工作性能见表 5.28。混凝土出厂坍落度为 200mm,到达现场的坍落度为 190mm,符合混凝土配合比设计达到到场坍落度 180mm 的要求,初凝时间和终凝时间也都符合施工的要求。

表 5.28　C30 钒钛铁尾矿混凝土工作性能

出厂坍落度	到场坍落度	初凝时间	终凝时间
200mm	190mm	7h5min	10h50min

对浇注的 C30 路面混凝土进行留样,测试结果如图 5.32 所示。一部分是在北京建材总院测试的结果,另一部分是在冀东恒盛公司测试的结果。对两个地点的测试结果进行了对比。

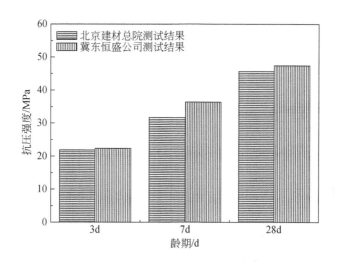

图 5.32　C30 钒钛铁尾矿混凝土强度测试结果

北京建材总院是在标准养护室内进行养护,钒钛铁尾矿混凝土试件 3d 抗压强度为 21.9MPa,达到设计强度的一半,28d 抗压强度 45.7MPa。总体来说在冀东恒盛养护的试件比北京建材总院养护的试件 3d、7d、28d 抗压强度都稍高。可能是混凝土压力设备性能特征不一样,也有可能是养护条件没有达到相同的标准。使用钒钛铁尾矿粉制备的 C30 路面混凝土工程外观无缺陷,28d 抗压强度在 45MPa 以上,满足设计要求。达到降低成本、提高资源综合利用率的目的,具有良好的社会经济效益。

C30 路面钒钛铁尾矿混凝土最终成型路面平整,无裂缝,外观无缺陷,至今使用情况良好。

5.6　结　　论

本章以钒钛铁尾矿为出发点,以胶凝材料理论为基础,以制备 C30 预拌混凝土为目标,沿着“原料分析→特性分析→活性分析→宏观分析→微观分析→混凝土制备”的主线展开,得出如下结论。

(1)钒钛铁尾矿的主要化学成分为 SiO_2、CaO、Fe_2O_3、Al_2O_3,主要矿物组分为铁角闪石、透辉石。通过机械粉磨方式做活化处理,研究发现,钒钛铁尾矿在机械粉磨后,在一定粉磨时间内,比表面积的增长,会随着粉磨时间的不断延长而不断增大。超出一定粉磨时间后,钢球的封锁能力逐渐降低,粉磨效率逐渐降低。

(2)钒钛铁尾矿的矿物组成以铁角闪石、透辉石矿物相等为主,且硅铝质量含量较低,使用物理化学方法很难提高其水硬性能,钒钛铁尾矿粉的活性指数,与矿渣粉和粉煤灰相比低16%。

(3)水化机理研究发现,钒钛铁尾矿-水泥体系的水化反应体系中,胶凝材料的水化程度降低起因于钒钛铁尾矿掺量的增加;早龄期与后龄期相比,钒钛铁尾矿-水泥体系随养护龄期的增加,$Ca(OH)_2$ 的含量在降低,无论 AFt 还是 C-S-H 数量都会增加,整个龄期都会有石英和透辉石矿物残留。机械力化学作用下,硅铝质矿物被活化,在体系内钒钛铁尾矿粉有一定的活性,还起到优化颗粒级配和物理填充的作用。

(4)胶凝材料中钒钛铁尾矿粉的用量为16%时,预拌混凝土28d抗压强度达到40.3MPa。普通混凝土的抗冻融循环次数为25次,钒钛铁尾矿粉的掺入大大提高了抗冻融循环能力,抗冻融循环次数增加至125次,整整提高了100次;收缩率有一定提高,比纯水泥混凝土提高了0.0084%,与纯水泥混凝土相比,伤害很小。

(5)预拌混凝土的钒钛铁尾矿粉的掺量占胶凝材料的13%,矿渣粉和钒钛铁尾矿粉共占胶凝材料的38%,此配合比情况下,钒钛铁尾矿混凝土的现场坍落度达到190mm,工作性良好,且经标准养护条件预拌混凝土样品,其28d强度达到45.7MPa,能够满足C30路面预拌混凝土的设计要求。目前C30尾矿预拌混凝土路面无缺陷,使用性良好。说明尾矿作为矿物掺合料可以用在预拌混凝土工程中。

参 考 文 献

[1] 王修贵,秦连银.利用钒钛磁铁矿尾矿制备高强度混凝土的实验研究[J].钢铁钒钛,2019,40(3):77-82.

[2] 倪文,张春艳,邹一民.大庙铁矿尾矿制作玻化砖研究[J].陶瓷,1997,(6):27-31.

[3] 王花,王宇斌,余乐,等.从某选铁尾矿中回收硫的实验研究[J].化工矿物与加工,2015,44(11):11-13.

[4] 牛福生,李卓林,张晋霞.从某铁尾矿中回收钛的实验研究[J].矿山机械,2015,43(11):113-117.

[5] 韦敏,张凌燕,王文齐.辽宁某选铁尾矿浮选回收石墨实验研究[J].非金属矿,2016,39(3):81-83.

[6] 闫毅,李梅,高凯,等.从白云鄂博尾矿中回收铁的选矿实验[J].金属矿山,2017,(4):177-181.

[7] 袁致涛,马玉新,李庚辉,等.某铁尾矿再回收铁矿物实验研究[J].矿冶工程,2016,36(4):37-40.

[8] 李强,周平,庄故章. 云南某细粒难选铁尾矿铁的回收实验[J]. 现代矿业,2017,33(8): 121-123.

[9] 刘书杰,谭欣,肖巧斌,等. 云南某富镁铁尾矿综合回收伴生铜锌的选矿实验研究[J]. 有色金属(选矿部分),2019,(2):23-28.

[10] 曹永民,张昊初,董福琳. 铁尾矿混凝土配合比设计及强度性能研究[J]. 辽宁建材,2001, (3):26-27.

[11] 徐跃峰,徐维瑞. 一种凝石混凝土管材的制造方法:中国,1944325A[P]. 2010-10-27.

[12] 蔡基伟,封孝信,赵丽,等. 铁尾矿砂混凝土的泌水特性[J]. 武汉理工大学学报,2009, 31(7):88-91.

[13] 王冬卫,康洪震,刘平. 铁尾矿砂混凝土立方体抗压强度与轴心抗压强度的关系[J]. 河北联合大学学报(自然科学版),2013,35(3):102-105.

[14] 王长龙,郑永超,刘世昌,等. 煤矸石铁尾矿制备微晶玻璃的微观结构和力学性能[J]. 稀有金属材料与工程,2015,44(S1):234-238.

[15] 陈晓玲. 低硅铁尾矿制微晶玻璃的实验研究[J]. 矿产综合利用,2011,(5):41-44.

[16] 孙强强,南宁,刘萍. 一种低硅铁尾矿微晶玻璃的研制[J]. 商洛学院学报,2018,32(2): 67-73.

[17] 李晓光,尤碧施,高睿桐,等. 低硅铁尾矿陶粒烧结工艺优化实验[J]. 硅酸盐通报,2019, 38(1):294-298.

[18] 陈永亮,张一敏,陈铁军,等. 鄂西铁尾矿烧结砖的烧结过程及机理[J]. 建筑材料学报, 2014,17(1):159-163.

[19] 马爱萍,王永生,唐庆华. 利用铁尾矿生产混凝土多孔砖的实验研究[J]. 砖瓦,2012,(1): 23-25.

[20] 丁文金,李丁,马友华,等. 磁化复混肥料的磁化工艺及磁性稳定性研究[J]. 磷肥与复肥, 2014,29(2):13-15.

[21] 郭腾,麻建锁,强亚林,等. 铁尾矿资源的研究与应用[J]. 江西建材,2018,(4):16-19.

[22] Wu S X,Wang L S,Zhao L S,et al. Recovery of rare earth elements from phosphate rock by hydrometallurgical processes—A critical review[J]. Chemical Engineering Journal,2018, 335(1):774-800.

[23] 夏洪波,董志灵,张夫道. 铁尾矿无害化处理及生态应用研究[J]. 黄金,2015,36(10): 78-81.

[24] 纪宪坤,周永祥,杨建辉,等. 铁尾矿全尾砂胶结充填固化剂及工程应用[J]. 新型建筑材料, 2014,41(4):30-33.

[25] 张晋霞,刘淑贤,牛福生,等. 矿渣尾矿制备矿山充填胶结材料工艺条件的研究[J]. 中国矿业,2012,21(8):110-112.

[26] 刘惠欣,张俊英,李富平. 丛植菌根在尾矿废弃地生态恢复中的实验研究[J]. 中国农学通报,2012,28(14):285-289.

[27] 郭素萍,班亚东,苏鹏飞,等. 不同复垦措施对铁尾矿砂废弃地复垦效果的研究[J]. 河北林果研究,2011,26(2):157-160.

[28] 付文昊,王岩,于清芹,等. 不同土壤改良模式对铁尾矿复垦效果的影响[J]. 北方园艺,2012,(8):158-163.

[29] Rai M,Mehrotra G S,Chandra D. Use of Zinc,iron and cooper tailings as a fine aggregate in concrete[J]. Durability of Building Materials,1983,4(1):377-388.

[30] Yellishetty M,Karpeb V,Reddyb E H,et al. Reuse of iron ore mineral wastes in civil engineering constructions:A case study[J]. Resources, Conservation and Recycling,2008,52(11):1283-1289.

[31] Ugama T I,Ejeh S P. Iron ore tailing as fine aggregate in mortar used for masonry[J]. International Journal of Advances in Engineering and Technology,2014,7(4):1170-1178.

[32] Shetty K K,Nayak G,Vijayan V. Effect of red mud and iron ore tailings on the strength of self-compacting concrete[J]. European Scientific Journal,2014,10(21):168-176.

[33] Kumar B N S,Suhas R,Shet S U,et al. Utilization of iron ore tailings as replacement to fine aggregates in cement concrete pavements [J]. International Journal of Research in Engineering and Technology,2014,3(7):369-376.

[34] Huang X Y,Ranade R,Ni W,et al. Development of green engineered cementitious composites using iron ore tailings as aggregates[J]. Construction and Building Materials,2013,44:757-764.

[35] Gollop R S,Taylor H F W. Microstructural and microanalytical studies of sulfate attack. V. Comparison of different slag blends[J]. Cement and Concrete Research, 1996, 26 (7): 1029-1044.

[36] Yusuf M O,Johari M A M,Ahmad Z A. Evolution of alkaline activated ground blast furnace slag-ultrafine palm oil fuel ash based concrete[J]. Materials and Design,2014,55:387-393.

[37] 冯春花,盖海东,黄超楠,等. 矿渣-水泥硬化浆体水化物结构研究[J]. 新型建筑材料,2018,45(12):29-32.

[38] 陈瑜,钱益想,邓怡帆. 水泥基材料化学收缩与自收缩试验方法研究[J]. 硅酸盐通报,2016,35(2):443-448.